中俄东线天然气管道
智能化建设探索与实践

国家管网集团北方管道有限责任公司　编著

石油工业出版社

内 容 提 要

本书介绍了中俄东线天然气管道智能化建设试点项目的经验，包含了该管道建设的背景、总体设计方案、全数字化移交和全智能化运营及全生命周期管理的内容，总结了该项目技术及管理方面的创新，并展望了行业的发展。

本书可供相关企业、科研院所、高等院校的管理人员、技术人员阅读参考。

图书在版编目（CIP）数据

中俄东线天然气管道智能化建设探索与实践 / 国家管网集团北方管道有限责任公司编著 . —北京：石油工业出版社，2022.7

ISBN 978-7-5183-5403-0

Ⅰ.①中⋯ Ⅱ.①国⋯ Ⅲ.①天然气输送– 长输管道–管道工程– 建设– 中国、俄罗斯　Ⅳ.① TE832

中国版本图书馆 CIP 数据核字（2022）第 092966 号

出版发行：石油工业出版社
　　　　　（北京市朝阳区安华里 2 区 1 号楼　100011）
　　　　网　　址：www.petropub.com
　　　　编辑部：（010）64243803
　　　　图书营销中心：（010）64523633
经　　销：全国新华书店
印　　刷：北京晨旭印刷厂

2022 年 11 月第 1 版　2022 年 11 月第 1 次印刷
787×1092 毫米　开本：1/16　印张：13.5
字数：330 千字

定价：90.00 元
（如发现印装质量问题，我社图书营销中心负责调换）
版权所有，翻印必究

《中俄东线天然气管道智能化建设探索与实践》

编审人员

主　　编	王巨洪				
副 主 编	王　婷	刘建平	李荣光	李保吉	徐　波
	李柏松				
编写人员	姜有文	王　新	王大伟	贾立东	滕延平
	余　冬	赵云峰	王海明	陈　健	陈洪源
	王　勇	周　琰	刘少柱	杨全博	王禹钦
	毛平平	李　睿	朱尚杰	李　刚	李晶淼
	王殿学	赵建刚	刘宁宇	朱　蕾	
审定人员	刘志刚	杨建新	张世斌	宋　飞	陈朋超
	蔡德宇	李永宏	张小俊	王学力	樊江涛
	季　明	张文伟	郭　超	张永盛	张　舒
	燕冰川	艾慕阳	赵丑民	李　立	赵洪亮
	张宏涛				

前言

随着国民经济对能源需求的日益增长，作为重要基础设施之一的油气管道，输送业务在"十二五"和"十三五"期间呈现快速发展趋势，有力支撑了国民经济快速发展，我国的长输油气管网建设规模迅速扩大。

2013年"11·22"输油管道爆炸事故之后，各级政府、社会公众、新闻媒体对油气管道行业的安全性日益关注，新修订的《中华人民共和国安全生产法》和《中华人民共和国环境保护法》颁布，油气管输企业面临的安全环保压力不断升级。同时随着管输量不断增大，管输成本及能耗不断攀升，管输效益亟待进一步提升。如何保障油气管网运行安全，充分发挥管网资产价值，服务好能源运输，保障国家能源安全的同时实现管输效益最大化，业已成为油气管道企业必须要面对的重大课题。

为了提升油气管道本质安全和卓越运营，国内外管道企业在智能化建设与运营方面开展了深入研究，取得了许多阶段性成果。特别是新一代信息技术与工业化的深度融合，正在引发影响深远的产业变革，大数据、云计算、物联网、人工智能等技术的创新应用，促进企业向智慧化迈进。走创新驱动的发展道路，向数字化网络化智能化转型，是管输企业未来发展的必由之路。

中俄东线天然气管道工程是中俄两国能源合作的重要战略性项目，是世界级水平的天然气管道工程，也是我国实现"气源多元化、管道网络化、气库配套化、管理自动化、调度统一化"的天然气管道发展目标的重要组成部分。该工程将对优化我国能源结构、实现节能减排、改善大气环境、提高人民生活质量、实现社会经济可持续发展产生积极深远的影响。

为推广石油天然气管道智能化建设理念及实践经验，推动行业转型升级，本书从油气长输管道发展历程、行业发展现状及面临的诸多风险和挑战，全面梳理中俄东线天然气管道北段（黑河—长岭段）智能化管道建设经验，总结技术及管理方面的创新，同时对行业发展进行展望。本书内容来源于中俄东线天然气管道北段（黑河—长岭段）智能化建设试点项目，突出理论创新，可为工业企业、科研院所和高等院校的管理人员、工程技术及研究人员提供借鉴参考。

本书由参与中俄东线智能化建设的相关单位和人员编写，是集体智慧的结晶。在本书编写过程中，国家管网集团副总经理姜昌亮、国家管网集团副总经理王振声、西南管道公司执行董事崔涛和北方管道公司总经理刘志刚等领导同志均给予了技术把关和指导。

本书第一章和第二章由王巨洪、王婷编写；第三章由刘建平、李保吉、王大伟、王勇、刘宁宇编写；第四章由李荣光、徐波、王新、姜有文、赵云峰、贾立东、滕延平、杨全博、朱尚杰编写；第五章由刘建平、李荣光、李柏松、姜有文、王新、陈健、王海明、余冬、刘少柱、陈洪源、李睿、周琰、李刚编写；第六章由王巨洪、王婷、王大伟、毛平平、李晶淼、王禹钦、王殿学、朱蕾编写；第七章由王巨洪、李保吉、赵云峰、赵建刚编写。

全书的编写过程查阅了大量国内外文献，历经数次修改，全体编写人员付出了艰辛劳动。书稿编写过程中，得到行业内有关专家、技术人员和管理人员倾情助力，为本书最终成稿提供了有力保障，在此一并致谢。

智能管道、智慧管网建设仍处于初始阶段，相关技术发展年限较短，受到本书编者的知识认知和生产实践的局限，书中难免有疏漏和不妥之处，恳请批评指正，以期日后的不断修订和提高。

编　者

目录

第一章 智能管道建设背景·······1

第一节 油气长输管道发展及面临挑战·······3
第二节 工业4.0与产业转型升级·······16
参考文献·······21

第二章 建设总体设计方案·······23

第一节 智慧管网总体设计方案·······23
第二节 中俄东线智能管道建设方案·······31
参考文献·······36

第三章 全数字化移交·······38

第一节 数字化设计·······38
第二节 数字化采购·······47
第三节 智能工地·······51
第四节 数字化交付·······63
参考文献·······68

第四章 全智能化运营·······69

第一节 无人站场建设与运行管理·······69
第二节 远程应急指挥与辅助决策·······92
第三节 网络安全防护·······96
第四节 管网优化运行技术·······98
参考文献·······101

第五章 全生命周期管理·······103

第一节 站场关键设备远程诊断·······103
第二节 管道线路远程管控·······118
第三节 管道智能检测评价·······150
第四节 管道风险动态智能评价技术·······165

第五节　多源数据综合应用与可视化 172
参考文献 177

第六章　技术与管理创新 179

第一节　中俄东线技术创新成果与相关标准 179
第二节　管理模式创新 193
第三节　成果和奖项 201
参考文献 203

第七章　展望 204

第一节　智能管道/智慧管网面临的若干关键问题 204
第二节　智能管道/智慧管网发展方向 206
参考文献 207

第一章 智能管道建设背景

　　管道运输是继铁路、公路、水路、航空之后的第五大运输方式。长输管道是当今世界油气资源运输最主要的方式，具有运输量大、输送连续性高、损耗低且成本低等优点。20世纪80年代J.F. Kiefner等人的一项研究表明，管道运输的安全性是铁路罐车的40倍，是公路罐车的100倍。至2020年年底，全球管道总里程近201.4×10^4km。发达国家的原油管道运输量占其总输量的80%，天然气管道运输量占其总输量的95%，成品油长距离运输基本也实现了管道化。

　　随着管网规模不断扩大，以及大口径、高压力、高钢级管道的相继投产运行，人们在享受其带来的清洁能源和生活便利的同时，对于管网的安全可靠服役能力日益关注。特别是近些年管道事故的发生，带来了严重的经济损失、人员伤亡和环境污染（图1-1和图1-2），致使政府监管力度不断提升，企业也面临着巨大的经济和社会责任考验。

　　据美国管道与危险材料安全管理局（Pipeline and Hazardous Material Safety Administration，PHMSA）2010—2017年输油管道事故数据显示，事故发生后，53%的事故导致土壤污染，41%的事故影响到环境敏感区，事故损失为3.26×10^8美元/a，环境破坏和修复成本为1.4×10^8美元/a。2010年以来，国内共发生管道泄漏事故370余起，其中重特大事故4起，重大环境污染10次，直接经济损失达100×10^8元。

(a) 管道爆炸起火　　　　　　　　(b) 事故后现场照片

图1-1　2013年"11·22"青岛输油管道爆炸

(a) 管道爆炸起火 　　　　　　　　　　　　(b) 事故后现场照片

图 1-2　2018 年 TransCanada 西弗吉尼亚州尼克松岭输气管道爆炸

　　为了保证管道安全、高效运行，全世界的管道运营者不断提升管理和技术水平，在保障管道本质安全的前提下，追求更高的效益。管道管理状态也从被动地应对事故，改变为计划性维修、基于风险的维护，再提升到全生命周期的完整性管理。随着第四次工业革命（工业 4.0）席卷全球，以及大数据、物联网、云计算、人工智能等技术的不断发展与成熟，管道行业也逐步向数字化、智能化发展，出现了基于大数据分析、数据挖掘、决策支持、预测分析等技术的新型管理模式，为油气管道安全可靠、高效优化运行提供了支撑。

　　2014 年 5 月 21 日，在中国国家主席习近平和俄罗斯总统普京的共同见证下，中俄双方签署了总价值超过 4000×10^8 美元、年供气量 $380 \times 10^8 Nm^3$、期限 30 年的中俄天然气购销合同。2014 年 6 月 13 日，习近平总书记在中央财经领导小组第六次会议上提出"能源消费革命、能源供给革命、能源技术革命、能源体制革命，全方位加强国际合作"的能源安全新战略。2015 年 6 月 29 日，中俄东线天然气管道工程（以下简称中俄东线）正式开工。2019 年 12 月 2 日，国家主席习近平在北京同俄罗斯总统普京视频连线，共同见证中俄东线（黑河—长岭段，简称"北段"）的投产通气，习近平总书记评价"中俄东线天然气管道工程向世界展现了大国工匠的精湛技艺"，同时提出打造"平安管道、绿色管道、发展管道、友谊管道"的重要指示。

　　中俄东线是我国第三代管道标志性工程，同时也是国家管网集团首条"智能管道"试点工程。中俄东线智能化建设按照"全数字化移交、全智能化运营、全业务覆盖、全生命周期管理"的"四全"目标，基于大数据、云计算、物联网、人工智能等新一代信息技术，重点开展了五个方面的创新性研究：数据全面统一交付；构建管道、站场数字孪生体；提升面向本质安全的管道实时泛在感知能力；推进核心装备及控制系统软硬件成套国产化；探索天然气管网优化运行。国家管网集团北方管道公司基于中俄东线智能化建设成果，荣获"河北省智能制造标杆企业"、国家"智能制造优秀场景"称号，智能制造能力成熟度达到国家优化级。

　　中俄东线是一条具有划时代意义的管道，其建设和运营将为管道行业发展提供重要参考，为我国"能源互联网 + 智慧管网"建设贡献新的力量，为构建安全高效的油气管网系统和现代能源体系，促进社会经济发展和生态文明建设，实现"两个一百年"奋斗目标提供坚强保障。

本书将概要介绍油气长输管道发展历程、行业发展现状及面临的诸多风险和挑战，全面梳理中俄东线北段智能化管道建设经验，总结技术及管理方面的创新，同时对行业发展进行展望。

第一节　油气长输管道发展及面临挑战

一、国内外长输管道发展概述

（一）国外长输管道发展概述

1. 国外早期的长输管道

管道工业起源于19世纪中叶的北美。当时管道建设的技术水平一直不高，到20世纪30年代，常用的管径也只达到200mm左右，每天输送原油不过2500t，当时主要依靠海运和铁路运输石油。

据记载，加拿大第一条输气管道建于1853年，是一条25km长的铸铁管道，将天然气输送至美国加利福尼亚州Trois Rivières镇，这是当时世界上最长的输气管道。

1878年11月，宾夕法尼亚产油区的石油生产商拜伦·本森和他的商业伙伴创立了Tide Water管道公司，并计划建造一条相当于当时管道最长纪录4倍的长距离管道，此管道经过山脉，意味着在施工和加压系统方面有很大挑战，经过6个月的建设，该管道于1879年5月建成，图1-3是"潮水（Tide Water）"管道建设场景，管道全长约145km，管径152mm，年输油能力约50×10^4t，管道翻越了阿列汉尼山脉。

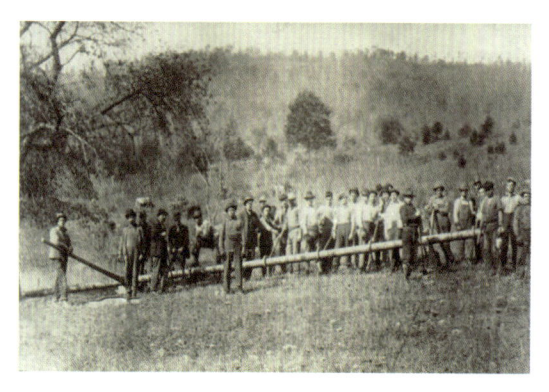

(a) 管材运输　　　　(b) 现场施工照片

图1-3　"潮水（TideWater）"管道建设场景

2. 现代长输管道的开端

直到1941年美国加入第二次世界大战，为了保证能源的供给和躲避敌人的袭击，提出了大量采用埋地管道进行能源输送的议题。1942年"Big Inch"管道（管径610mm，干线 2018km，支线 357km）和"Little Big Inch"管道（管径 510mm，干线 2374km，支线 385km）规划设计并陆续施工（图 1-4），这是当时世界上口径最大的长输管道。自此，欧美开始了大规模的管道建设，这也被称为现代长输管道的开端。

(a) 吊装布管　　　　　　　　　　(b) 焊接现场照片

图 1-4　1943 年"Big Inch"管道施工场景

3. 大口径输油气管道的发展

20 世纪 50—70 年代是世界油气田大发现的年代，石油消费量快速上升。世界各地开展了多项大口径、长距离的管道工程，把管道建设提高到一个新的水平。1955 年，美国西海岸传输有限公司（现为美国 Spectra Energy Inc.）开始修建一条从不列颠哥伦比亚泰勒到美国的 610mm 管道；1957 年，加拿大 TransCanada Pipelines 公司建设一条横跨加拿大的天然气管道；1973 年，由于第一次能源危机，美国动工建设横贯阿拉斯加的输油管道，管道全长 1287km，管径 1220mm，年输油能力约 2500×10^4 t，其技术难点在于穿越永久冻土带和地震多发区，为此进行了大量科学试验，独创性采取架空敷设方法（图 1-5）；1985 年，Interprovincial 管道公司（现为加拿大 Enbridge 管道公司）完成了诺曼井（Norman Wells）管道的施工，这是加拿大第一条穿越永久冻土区的埋地管道。

进入 21 世纪，随着人们对能源需求的日益增强，油气管道建设和运营持续发展，并向着高钢级、大口径、高压力、超长距离迈进。2011 年，加拿大 TransCanada 管道公司开始通过其 Keystone 管道将原油从阿尔伯特的 Hardisty 输送至美国俄克拉荷马州，这条全长 4324km、口径 760mm 的管道，在向北美市场输送加拿大和美国原油供应方面发挥着关键作用；2012 年，俄罗斯巴法连科—乌恰天然气管道建成投产，该管道是世界首条采用 1420 mm 管径、X80 钢级的管道，双管敷设，输送压力 11.8MPa，全长 1074km，年设计输量 $1150\times10^8\sim1400\times10^8$ Nm³；2015 年 8 月，作为"欧洲南方天然气走廊"的重要组成部分，跨安纳托利亚管道（TANAP）开工建设，该管道采用 X70 钢级、管径 1422mm、设计压力 10MPa、长度 1850km，以阿塞拜疆海上气田二期项目为起点，从土耳其东部一直延伸到西部，通往希腊和保加利亚边境，并于 2019 年 11 月全面建成投产；2018 年 11 月，作为"欧洲南方天然气走廊"另一组成部分的跨亚得里亚海天然气管道（TAP，长 878 km、管径 1219 mm、X70 钢级），与 TANAP 在土耳其和希腊边境的马里查河实现对接，于 2020 年 11 月建成投产。

(a) 架空敷设　　　　　　　　　(b) 穿越永久冻土带和地震多发区

图 1-5　阿拉斯加输油管道

（二）国内管道发展概述

我国现代管道发展始于 1959 年建成的新疆克拉玛依至独山子输油管道（克独线），随着大庆、胜利、四川、华北、中原、青海、塔里木和吐哈等油气田的相继开发建设，我国油气管道事业取得了令人瞩目的成就。截至 2021 年年底，我国已相继建成油气长输管道近 $15×10^4$ km，形成了"北油南运""西油东进""西气东输""海气登陆"的油气输送格局。

1. 第一代长输管道——传统管道

1959 年 1 月 10 日，中国第一条输油管道——克独线建成并开始输油，标志着我国无长输管道历史的结束，管道全长 147km，管径 150mm 无缝钢管，年输油能力 $53×10^4$ t。

为解决大庆原油外运的难题，1971 年，我国第一条长距离、大口径输油管道——八三管道开始建设，开启了中国长距离、大口径第一代传统油气管道建设的大幕，如图 1-6 所示。八三管道工程掀起我国第一次管道建设高潮，先后建成庆抚线、铁大线等 8 条输油管道，总长度约 2500km，设计压力 6.4MPa、管径 720mm、管材 16Mn 螺旋焊管，采用石油沥青防腐层，到 1975 年建成国内第一个原油管网。

随着辽河、胜利、华北、中原大型油田和西南气田的开发，国内先后建成了连接东北、华北和华东地区的东部输油管网及川渝输气管网。这一时期主要建设的是原油长输管道，天然气管道建设距离短、管径小、压力低、输量少。典型管道包括秦京线、任京线、库鄯线、鄯乌线等。当时管道主要围绕油气田周边布局，社会经济的发展要求油气管道的能源输送能力有进一步提升。

(a) 管材运输　　　　　　　　　　　　　　(b) 施工现场照片

图 1-6　八三管道工程庆铁线建设场景

2. 第二代长输管道——数字管道

从 20 世纪末开始，我国相继建设陕京线、西气东输、川气东送、甬沪宁、中俄原油管道、永唐秦、秦沈线、大沈线、中缅油气管道等一大批国家重点管道项目，管网覆盖 31 个省（区、市）和港澳地区，成就了我国第五大运输体系。与此同时，卫星遥感、全球定位、地理信息、数据管理、仿真模拟等数字和信息化技术蓬勃发展，并逐步应用于管道可行性研究、勘察测量、方案设计、施工及运营管理阶段，在确定最佳线路走向、资源优化配置、灾害监测预警和运营风险管理等方面发挥了很大作用，由此我国管道事业进入了第二代长输管道——数字管道时期，如图 1-7 至图 1-10 所示。2003 年，冀宁联络线（X70/X80 钢级、管径 1016mm、设计压力 10MPa）首次提出数字化管道建设目标，实现了数字化技术的局部应用。

数字管道的主要特征是综合应用遥感（RS）、全球定位系统（GPS）、地理信息系统（GIS）、分布式控制系统（DCS）、数据采集与监视控制系统（SCADA）、业务管理信息系统、计算机网络和多媒体技术、现代通信等技术手段，对管道资源、环境、社会、经济等复杂信息进行数字化整合，为管道建设与运营提供数据支持。

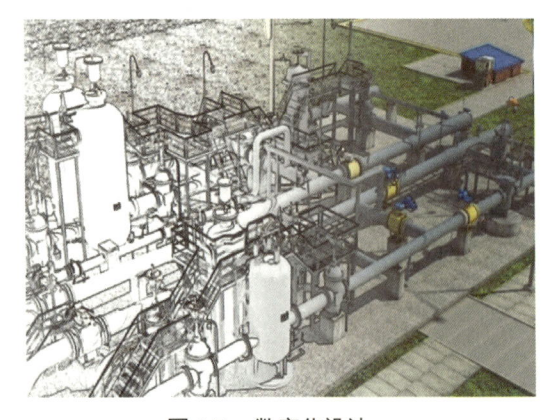

图 1-7　数字化设计　　　　　　　　　　图 1-8　半自动焊接大范围应用

图 1-9　数字化管道管理平台　　　　　图 1-10　集中远程调控

3. 第三代长输管道——智能管道

进入 21 世纪，人类社会开启了第四次工业革命的序幕，各个行业的传统管理模式逐渐发生转变。随着社会经济的快速发展，我国油气管道步入飞速发展期，在全球能源革命和后工业化发展的大潮中，能源互联网与智能化需求带给行业巨大的挑战和机遇。面对里程不断增加的油气管道业务，本着确保安全和降本增效的目标，在数字化管道推广、管道自动化水平和信息化技术不断提高的基础上，智能化技术在管道行业逐步应用，油气管道进入了智能新时代，如图 1-11 所示。

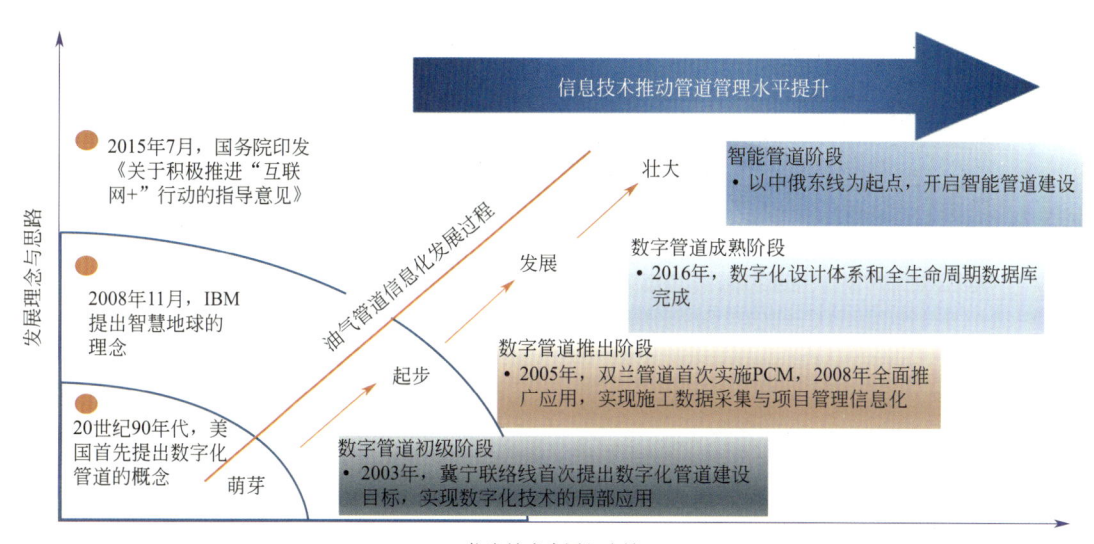

图 1-11　油气管道信息化发展历程

智能管道是充分利用信息技术和人工智能，在尽可能减少管道运行中人的体力和经验判断的前提下，实现对管道状态全面智能感知与自主分析计算，具备对各类生产需求和异常事件的自主决策与处置能力，能够对管道的安全和运行状态作出快速、灵活准确的判断及响应，实现全生命周期安全水平最高和运营效益最优的目标。例如，通过多专业协同设计云平台，实现管道高效优化选线；通过在油气管道感知技术引入边缘计算，实现地质灾害、管体等状态的实时感知，及时发现管道隐患（图1-12和图1-13）；通过大数据分析技术，对设备运行产生的各类数据进行分析，为设备状态评估和更科学配置备品备件提供依据；通过引入机器学习技术，实现管网运行的全局优化。

(a) 线路设计平台界面　　　　　　　　　　(b) 站场设计平台界面

图1-12　多专业协同设计云平台

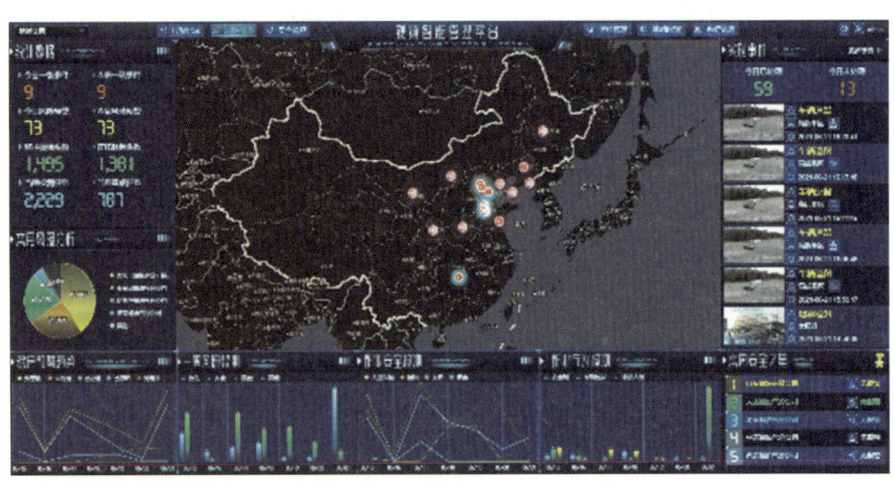

(a) 智能视频管理平台界面

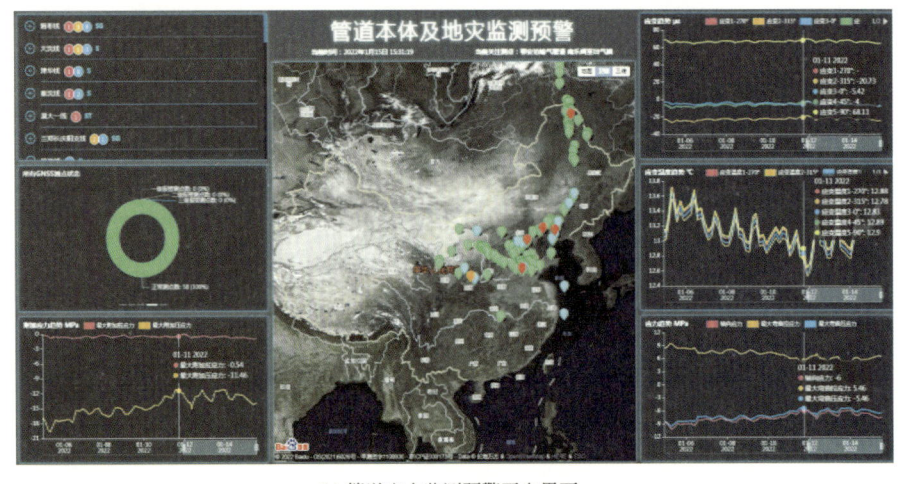

(b) 管道应力监测预警平台界面

图1-13　感知预警平台界面

中俄东线是智能管道建设的试点工程，是国内第三代管道的典型代表，其智能化成果突出表现在以下几方面：

（1）在工程建设过程中，通过数字化设计和采购、智能化施工及交付，探索了建设期数字孪生体的构建（图1-14），并将跟随运营期实时动态数据的不断丰富而同生共长。

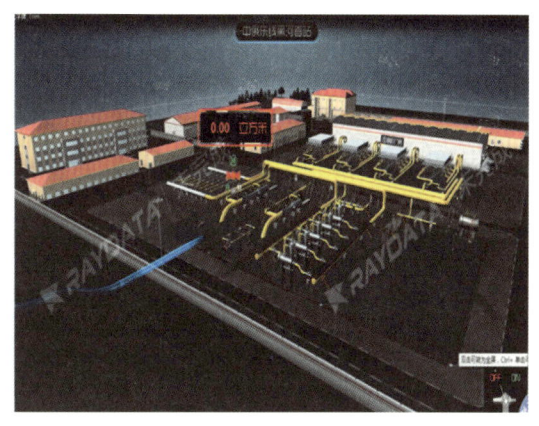

图 1-14　数字孪生体示例

（2）中俄东线首次实现核心控制系统软硬件成套国产化，自主研发的控制软件在全线首次正式应用。上述国产化成果，摆脱了对国外产品的技术依赖，对提升国家能源安全水平具有十分重要的意义。此外，通过技术攻关，中俄东线第一次实现了全线压缩机组远程一键启停机、一键启停站，只需调控中心一个指令，压缩机组即可按照预设控制逻辑顺序自动启停，不需人为操作和干预。该技术为实现无人站奠定了基础。

（3）中俄东线基于一系列智能感知技术的应用，实现了管道线路"天空地"一体化管控和站场"有人值守、无人操作"管理新模式。

中俄东线作为智能管道建设先行者，初步实现了远程运维智能新模式，实现了资产数字化、可视化、智能化管理，提高了工作效率，降低了运营成本和安全风险，保障了本质安全和卓越运营，如图1-15所示。

图 1-15　中俄东线智能管道试点现场

二、我国油气管道行业现状及面临挑战

进入 21 世纪以来，为适应日益增长的能源需求，我国油气管网规模不断扩大，管道建设施工及管理水平得到大幅提升。为保障国家能源消费，我国先后开辟了东北、西北、西南、海上四大油气战略通道。新修订的《中华人民共和国安全生产法》和《中华人民共和国环境保护法》颁布，管道企业面临的安全环保压力升级，促使企业通过进一步深化两化融合，全面感知风险，提升预测及管控水平，保障管道本质安全和绿色发展。2015 年，我国提出了"创新、协调、绿色、开放、共享"的新发展理念，各行业纷纷抓住国家战略机遇加速产业转型升级，实现业务的高质量发展，最终实现社会与企业、人与环境的和谐共存。

与此同时，中国能源行业改革力度加大，能源发展思路和目标、改革方向和路径进一步明晰。2019 年 12 月 9 日，国家石油天然气管网集团有限公司挂牌成立，负责全国油气干线管道、部分储气调峰设施的投资建设，负责干线管道互联互通及与社会管道联通，形成"全国一张网"。总之，无论从国家的机制体制改革、政府的法规要求，还是企业的资产规模扩大、管理提升需求升高，再加之信息化、工业化等技术的不断进步，所有内外部条件都催生了管道的智能化建设、应用和推广。

（一）我国油气管道行业现状

截至 2021 年年底，我国长输油气管道总里程达 14.8×10^4 km，位居世界第三，排在前两名的国家分别是美国、俄罗斯。总体来说，我国已基本形成连通海外、覆盖全国、横跨东西、纵贯南北、区域管网紧密跟进的油气骨干管网布局。根据 2017 年我国《中长期油气管网规划》，到 2025 年，管网规模将达到 24×10^4 km，原油、成品油、天然气管网里程分别达到 3.7×10^4 km、4×10^4 km 和 16.3×10^4 km，储运能力明显增强。届时全国成品油、天然气干线管网全部连通，100 万人以上的城市成品油管道基本接入，50 万人以上的城市天然气管道基本接入，国内将迎来新的管道大发展时期。

1. 油气管道技术现状

1）油气管道建设技术现状

我国油气管道建设虽然起步晚，但建设成就令人瞩目。随着油气管道敷设里程的增加，管道建设的技术水平不断飞跃。新一代数字设计、高效施工、非开挖穿越管道建设技术等已达到国际领先水平。

管道设计方面，采用多专业协同数字化设计，创建多约束因子自识别算法，建立了设计标准、地理信息、环境因素等约束因子数据库，研发多专业协同数字设计方法及平台，实现管道高效优化选线；在特殊地区管道设计方面，创建针对地震、滑坡等地质灾害的管道应变设计方法及标准，汶川地震中，采用应变设计和弹性敷设的兰成渝管道，成为抗震救灾的能源生命线。

管道施工方面，建立大口径管道高效施工技术体系：研发新型八焊炬内焊机、双焊炬外焊机、自调式对口器等装备，形成自动焊流水施工方法；采用全自动相控阵超声检测（AUT）技术，保障自动焊环焊缝焊接质量，具有环保无污染、实时显示等特点；研发机械化防腐技术保障管道防腐质量和施工效率；研制出高抗拉抗扭扩孔钻杆和轻量化扩孔机具，创新复杂地质条件定向钻穿越技术，定向钻穿越（管径813mm×长度2454m、管径660mm×长度2630m、管径406.4mm×长度3302m）3次刷新世界纪录；掌握了长距离盾构穿越、盾顶一体化、零下50℃高寒地区盾构施工等多项核心技术。

2）油气管道运营技术现状

经过几十年管道业务发展，目前我国油气管道运营技术取到了显著成果，形成了技术体系（图1-16），推动了油气管道建设快速发展，逐步提高了储运设施的安全运行水平。

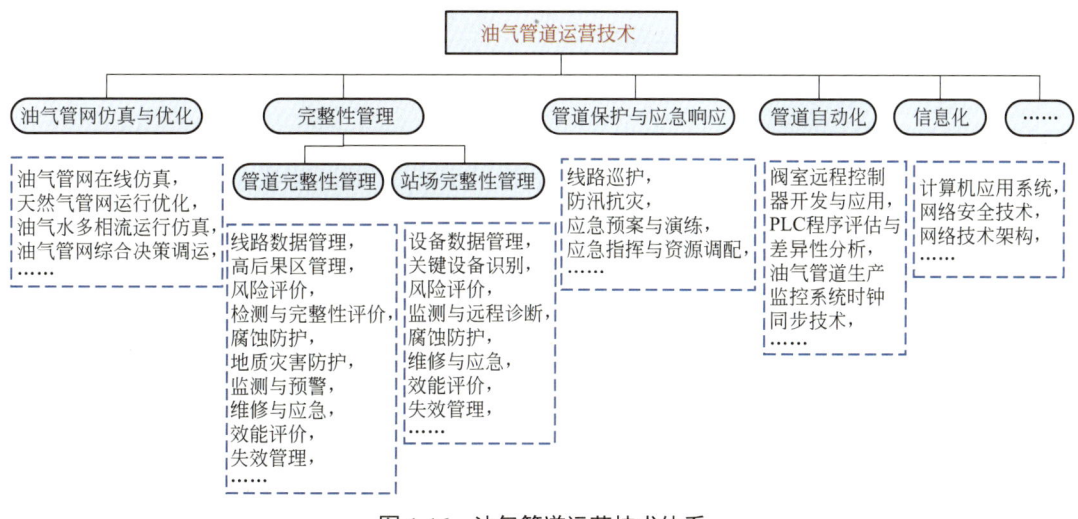

图 1-16 油气管道运营技术体系

（1）油气管网仿真与优化技术。

国家管网油气调控中心集中调控运行的油气长输管道总里程达 $5.7×10^4$km，形成拥有近80万点数据规模的自动化控制体系，现已成为世界上调控运行管道最多、运送介质最全、运行环境最复杂的油气长输管道控制中枢之一。在大型油气管网集中调控方面，国家管网创立管道控制权互锁和主备中心实时同步技术，研发油气管网管控一体化平台，实现了对中国63%的主干油气管道实时监测和集中调控；在运行技术优化方面，创立管网和单管道独立运行的物理模型，利用管道内壁摩阻及管输效率自修正方法，研发在线仿真系统，提高了管网的运行效率和应急能力，仿真系统响应时间达到秒级，预测精度99%。

（2）完整性管理技术。

2000年以来，我国管道行业引入完整性管理理念及方法，通过消化、吸收、再创新，创建了覆盖管道设计、建设、运行、废弃处置全生命周期的完整性管理工作流程（图1-17），基于GIS（地理信息系统）的完整性管理系统、风险评价、智能内检测和完整性评价技术等得到了长足发展，并将完整性管理从管道线路扩展到站场，满足了各阶段、各环节风险防控要求。与传统管理相比,管道完整性管理技术推动企业逐渐由被动抢修、事后应对的粗放式管理过渡到主动维修、事前预防的精细化管理方式。

(3)管道保护与应急响应技术。

针对长输管道点多线长,沿线人文、地质环境复杂等特点,为实时有效保护管道安全,同时降低员工劳动强度,智能巡检、无人机智能巡护等技术得到了广泛应用。随着智能化技术的发展,作为管道安全生产的最后一道防线,应急响应技术水平大幅提高。智能应急指挥系统建设逐步推进,通过大数据分析、人工智能、三维 GIS 等技术,实现全国油气管网一张图管理、应急资源统一管理、应急辅助决策支持、远程应急指挥等功能,高效处理突发性事故,提高应急决策水平。

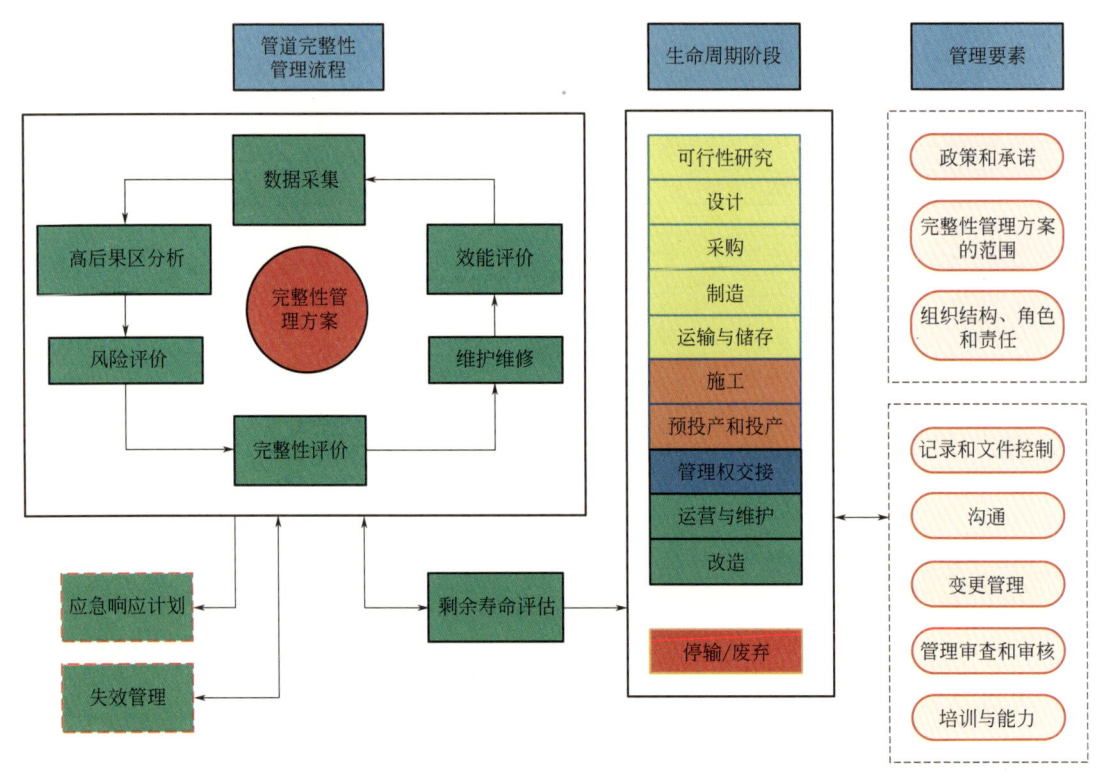

图 1-17 完整性管理工作流程图

(4)管道自动化技术。

我国管道自动化技术经过 40 年不断发展,油气管道自动化控制水平有了显著提高,逐步实现了从站场手动控制向远程调控的跨越,达到了远程集中调控整个管网的控制水平。东北原油管网通过近几年的改造,由先单站、再单线、继而实现了整个管网的自动化控制;陕京输气管道采用了以 SCADA 系统为主的站场控制系统(SCS),实现了对 19 座压气站、分输计量站以及干线截断阀室的实时监控及数据采集。SCADA 系统采用就地控制、站场控制系统控制(站控)和调控中心远程控制(中控)的三级控制模式,根据控制需要或通信中断,SCADA 系统控制权限可在站控和中控之间切换,使站场保持正常控制运行。近年来,以压气站一键启停、自动分输等技术为基础的无人值守站场建设正在兴起，无人站控制技术成为今后长输管道自动化控制水平发展的一个重要方向。

（5）信息化技术。

通过"十一五""十二五"努力，国内管道领域初步形成了以企业资源计划（ERP）系统为核心，以管道完整性管理（PIS）、管道工程建设管理（PCM）、管道生产管理（PPS）等专业应用系统为支撑的信息化总体架构，如图1-18所示。基本涵盖了天然气与管道工程建设、生产运行及管道管理三大核心业务领域，充分发挥了信息服务业务的职能，有效支撑了业务人员日常业务运营及管理需求。目前，国家管网集团正在编制相关数据规范，以支持各系统间的数据交互与查询。

图1-18 信息系统支持业务

2. 油气管道行业体制现状

随着我国能源结构调整，对天然气的需求与消费扩大，天然气管道建设势必加快，形成密度较高的天然气管网，国家为推动管网建设出台了一系列政策。2017年国家发展和改革委员会、国家能源局印发的《中长期油气管网规划》要求，加快构建"衔接上下游、沟通东西部、贯通南北方"的油气管网体系，推动各类主体、不同气源之间天然气管道实现互联互通，坚持总体国家安全观，夯实油气管网的基础性地位，着力扩大陆上通道输送能力，拓展新的进口通道，实现油气进口"海陆、东西、南北"整体协调平衡，有效降低外部风险，确保油气资源供应稳定。

中国油气管道行业遵循新出台的改革政策，从管输运销分离、管输定价体系改革、油气管网信息公开、市场化改革四个方面推进管网体制改革步伐。2019年12月9日，国家石油天然气管网集团有限公司挂牌成立。国家管网集团将通过引入竞争机制，把管网公司建设成"输送平台、交易平台、信息平台、融资平台、创新平台、共生平台"；通过做大"中间"管网，激活"两头"竞争性业务引领油气产业上下游协调发展。该举措对于实现能源安全新战略、深化石油天然气体制改革和国资国企改革、提高油气资源配置效率、促进油气行业高质量发展、保障国家能源安全、更好地为社会经济发展服务具有重要意义和深远影响。

（二）我国油气管道行业面临的挑战

油气管道安全运行影响因素众多，油气介质易燃易爆，一旦发生事故将对生命财产、生态环境及能源供给造成严重影响，引发重大公共安全事件。随着油气管道业务高速发展，我国在管道工程建设、运行管理及法制建设等诸多方面取得了显著进步，管道安全管理水平呈上升态势。但是，由于我国油气管道所在区域人口分布稠密，生态环境脆弱，应急能力不足，事故发生造成后果更为严重。

对中国与美国管道失效原因（图1-19）进行分析，结果表明：中国管道失效的主要原因是第三方损坏、管体/焊接材料失效和腐蚀；美国管道失效的主要原因是管体/焊接材料失效、腐蚀和第三方损坏。由此可见，我国管道安全运行的社会条件较为薄弱，"科学诊断、专业治理、立体巡查、全天候预警"的管道保护工作仍是重中之重，尤其是各种远程监测预警技术的应用，可在保障管道安全的前提下，极大降低员工劳动强度和安全风险，节约成本的同时提高工作效率。

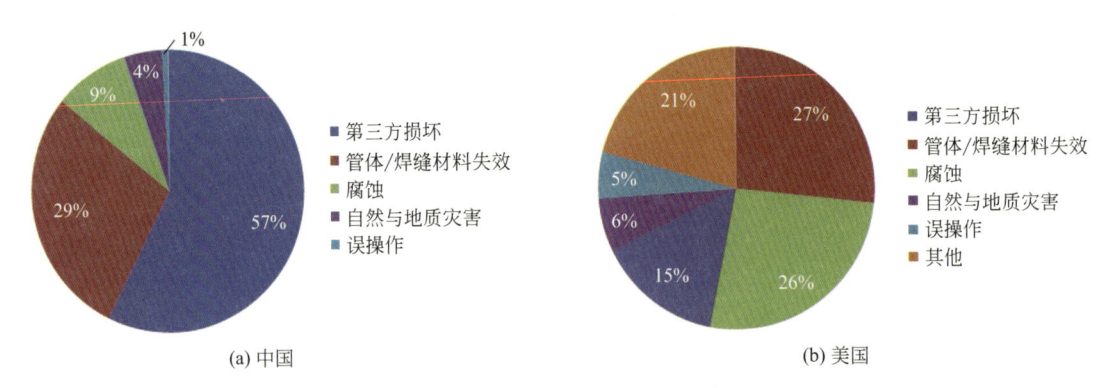

图1-19 中国与美国管道事故原因统计图

进入21世纪以来，全球科技创新进入空前密集活跃的时期，新一轮科技革命和产业革命正在重构全球创新版图，重塑全球经济结构。十九大报告指出：要推进能源生产和消费革命，构建清洁低碳、安全高效的能源体系；要推动互联网、大数据、人工智能和实体经济深度融合。该论述对于处于新时代、新起点，面对能源革命与第四次工业革命的中国油气管道行业进一步加快步伐实现改革发展，具有重大指导意义。

全球范围内以人工智能为代表的第四次工业革命已悄然到来。人工智能具备感知（主动感知周围的环境信息)、认知(分析和处理所收集的信息)以及行动(专家系统决策和采取行动)3方面能力。该技术发展迅猛并已显示出强大生命力,将其引入油气管道行业已是大势所趋。未来需要构建人工智能环境下的油气管道建设及运营体系,并研究相关技术在管道行业的应用推广。

1. 管道建设面临的挑战

油气消费的平稳增长和油气市场的广阔前景,给油气管道建设带来了极大的发展空间,国家将加快推进油气管网建设,包括:建设长输天然气管道提高干线覆盖率;建设互联互通的天然气管网系统和配气管网系统提高输配能力;建设地下储气库、进口液化天然气接收站提高储存能力;完善原油、成品油管道和储备库促进成品油管网的形成等,油气管道建设向着细化、深化、系统化方向发展。

未来我国油气管道建设继续向高压力、高钢级、大口径方向发展。近些年从国内油气管道事故分析可以看出,管道工程质量整体水平有所提升,但与高质量发展的总体要求仍有差距。在人员资质、物资进场报验、焊接工艺执行的严谨性、监理履职等方面仍然存在短板,环焊缝质量控制仍是工程管控的关键环节,建设施工质量精细化、智能化管控仍需加强。

此外,山区水网自动焊接装备、焊缝自适应跟踪、全尺寸焊缝试验等核心技术和装备尚需攻关,国产设备及材料质量可靠性问题仍有待工程实践进一步检验,一定程度上影响了焊接质量的稳定性。

2. 管道运营面临的挑战

1) 风险及时有效管控能力有待加强

随着社会经济发展,管道高后果区的数量和长度逐年增加,设备故障、管道本体质量、地质灾害、第三方损伤、误操作以及违法占压等风险隐患交织叠加,增加了事故发生的风险。

近些年随着检测、监测技术的不断发展和用工成本的不断提升,管道运营者期望应用自动化的在线远程监测手段来提高风险感知的及时性和可靠性,例如地质灾害监测、阴保远程监控、关键设备远程监测诊断等。但受技术水平和管理理念限制,部分感知技术应用较低,一定程度上阻碍了风险的有效快速识别。

随着技术不断进步,管道运输向智能化方向发展成为必然,全方位、立体式、多维度的风险感知技术体系建立,将成为管道运营者下一步重点工作方向。

2) 大数据分析应用技术有待突破

随着物联网技术、在线监测技术和移动技术在油气管道上的广泛应用,获取的管道数据种类不断增加,涉及生产实时数据、设备管理、巡护管理、阴极保护管理、地质灾害管理、工程管理、维抢修管理、失效管理、知识文档和空间数据管理等多个方面,数据格式变得更加复杂,且各类数据量每年快速增长。

数据是管道智能化管理的基础,挖掘分析数据价值、提高数据使用效率、缩短数据分析周期、更快地为管理提供支持,是亟须解决的问题。基于大数据技术,整合多源异构的油气管道数据，在更大的检索空间内挖掘数据规律、探索发展趋势，是发挥数据价值、实现基于数据管理决策支持的关键。

3）管网优化运行技术有待提升

管网与单条油气管道相比有着更为复杂的运行情况及更多需要考虑的优化影响因素，是典型的包括离散变量和连续变量的混合整数非线性规划问题，需要综合现代算法和传统算法的优势，以能耗最低或效益最优为目标，利用动态规划及循环判断方法，形成兼具经济性与可靠性的运行优化模型。

现阶段已经建立了区域管网运行方案库、管网适应性分析与稳态运行优化等技术，并形成了一套运行优化技术体系和管理体系。由于管网运行的不稳定性，优化技术还需要进一步完善，优化内容还需不断丰富，包括宏观上的资源优化配置、流向选择和微观上站场压缩机组启停、压力、流量等工艺参数的设定，最终具备实时自动给出管网最优运行对策能力，辅助运行管理和操作由人为主导向系统智能转变，在降本增效过程中，实现天然气管网综合效益最大化。

第二节　工业 4.0 与产业转型升级

一、工业 4.0

（一）工业 4.0 的含义

2006 年 2 月，美国政府提出《美国竞争力计划》，将信息物理系统（Cyber-Physical System，CPS）列为重要研究项目，CPS 概念正式提出。

2008 年 11 月 IBM 提出"智慧地球"概念，包含三个要素，即"3I"：物联化、互联化、智能化（Instrumentation、Interconnectedness、Intelligence），旨在把新一代的 IT、互联网技术充分运用到各行各业。

2012 年，美国发布"先进制造业国家战略计划"，将 CPS 放在了未来工业发展战略层面。

2013 年 4 月德国在汉诺威工业博览会上正式推出"工业 4.0"战略，其核心目的是为了提高德国工业的竞争力，在新一轮工业革命中占领先机。随后由德国政府列入《德国 2020 高技术战略》中所提出的十大未来项目之一，并已上升为国家级战略，其技术核心是 CPS。

2013 年 6 月，通用电气（GE）提出了工业互联网概念，与德国明确提出的"工业 4.0 战略"有异曲同工之妙，被称为美国版工业 4.0。

2014 年 10 月，美国发布"AMP2.0"，指出优先发展制造业中的先进传感技术、控制技术、虚拟化、信息化和数字制造以及先进材料制造，其核心技术依然是 CPS。

2015 年 5 月，我国正式发布"中国制造 2025"战略，力争跻身制造强国行列，其中

CPS 技术占有举足轻重的位置。

CPS 是一个综合计算、网络和物理环境的多维复杂系统，通过 3C（Computation、Communication、Control）技术的有机融合与深度协作，实现大型工程系统的实时感知、动态控制和信息服务。CPS 实现计算、通信与物理系统的一体化设计，可使系统更加可靠、高效、实时协同，具有重要而广泛的应用前景。

CPS 作为计算进程和物理进程的统一体，是集成计算、通信及控制于一体的下一代智能系统。信息物理系统通过人机交互接口实现和物理进程的交互，使用网络化空间以远程的、可靠的、实时的、安全的、协作的方式操控一个物理实体。

所谓工业 4.0（Industry4.0），是基于工业发展的不同阶段做出的划分，如图 1-20 所示。按照目前的共识，工业 1.0 是 18 世纪 60 年代至 19 世纪中期掀起的通过水力和蒸汽机实现的工厂机械化，即蒸汽机时代，其特点是机械化、大规模；工业 2.0 是 19 世纪后半期至 20 世纪初的电力广泛应用，即电气化时代，其特点是电气化、自动化；工业 3.0 是 20 世纪后半期出现的以计算机技术为代表的应用，即信息化时代，其特点是信息化、标准化；工业 4.0 则是以互联网为核心特征，以信息化技术与工业化技术深度融合促进产业革命的时代，即智能化时代，其特点是网络化、定制化。

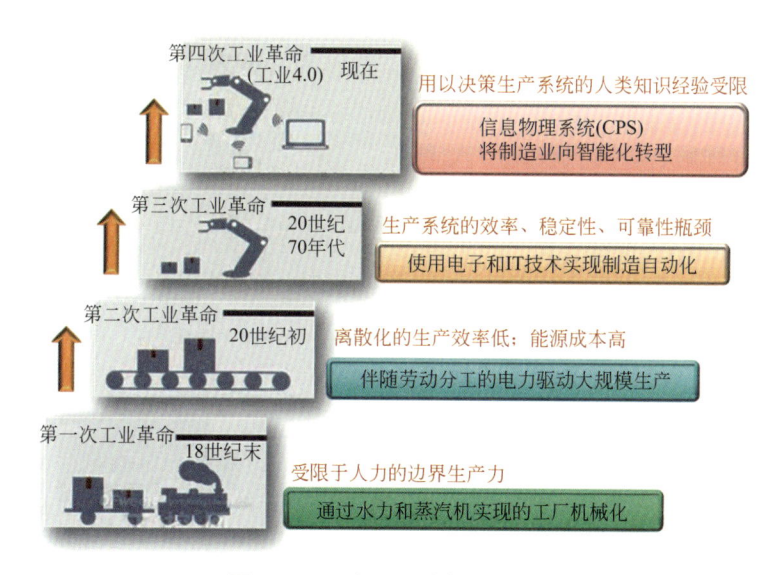

图 1-20 四次工业革命发展历程

"工业 4.0"主要分为三大主题：

一是"智能工厂"，重点研究智能化的生产系统及过程，以及网络化分布式生产设施的实现。

二是"智能生产"，主要涉及整个企业的生产物流管理、人机互动以及 3D 技术在工业生产过程中的应用等。

三是"智能物流"，主要通过互联网、物联网、物流网，整合物流资源，充分发挥现有物流资源供应方的效率，而需求方则能够快速获得服务匹配，得到物流支持。

工业 4.0 的五大特点如图 1-21 所示。

图 1-21　工业 4.0 特点

（二）工业 4.0 相关技术

每一次工业革命势必带来已有技术的水平提升和各项新技术的诞生与应用。工业 4.0 相关技术主要与智能、网络和数据相关，且已应用于工业制造，随着其广泛应用，独立和优化的单元将完全整合为生产流程，从而改变生产方式。

1. 人工智能

人工智能（Artificial Intelligence，AI），是研究、开发用于模拟、延伸和扩展人的智能的理论、方法、技术及应用系统的技术科学。人工智能由不同的领域组成，如机器学习、自然语言理解、计算机视觉、人工神经网络、智能控制等。总体来说，人工智能研究的一个主要目标是使机器能够胜任一些通常需要人类智能才能完成的复杂工作。人工智能在计算机上实现时有两种不同的方式，一种是采用传统的编程技术，使系统呈现智能的效果，而不考虑所用方法是否与人或生物机体所用的方法相同，这种方法称为工程学方法，如文字识别、电脑下棋等；另一种是模拟法，它不仅要看效果，还要求实现方法也和人类或生物机体所用的方法相同或相类似，遗传算法和人工神经网络均属后一类型。

在需要使用计算机工具解决问题的学科，AI 带来的帮助不言而喻。更重要的是，AI 深入各行各业，带来巨大的宏观效益。由于 AI 在科技和工程中的应用，能够代替人类进行各种技术工作和脑力劳动，将可能造成社会结构的剧烈变化。

2. 大数据

大数据（Big Data），是指无法在一定时间范围内用常规软件工具进行捕捉、管理和处理的数据集合，是需要新处理模式才能具有更强的决策力、洞察发现力和流程优化能力的海量、高增长率且多样化的信息资产。

大数据最核心的价值在于对海量数据进行存储和分析；大数据技术的战略意义不在于掌握庞大的数据信息，而在于对这些含有意义的数据进行专业化处理。大数据需要特殊的技术，适用于大数据的技术包括大规模并行处理数据库、数据挖掘、分布式文件系统、分布式数据库、云计算平台、互联网和可扩展的存储系统等。

2001 年麦塔集团（META Group）分析师莱尼在一份报告中对大数据提出了 3 个特性：

高速性（Velocity）、多样化（Variety）、规模化（Volume），统称 3V。3V 特性是大数据最具代表性的特性（图 1-22），被麦肯锡、IBM、微软等多家公司所认可并不断在大数据报告中提及。4V 也是广受认可的大数据特性，在 3V 的基础上再加上了价值（Value）的维度，主要强调大数据的总体价值大，但价值密度低。

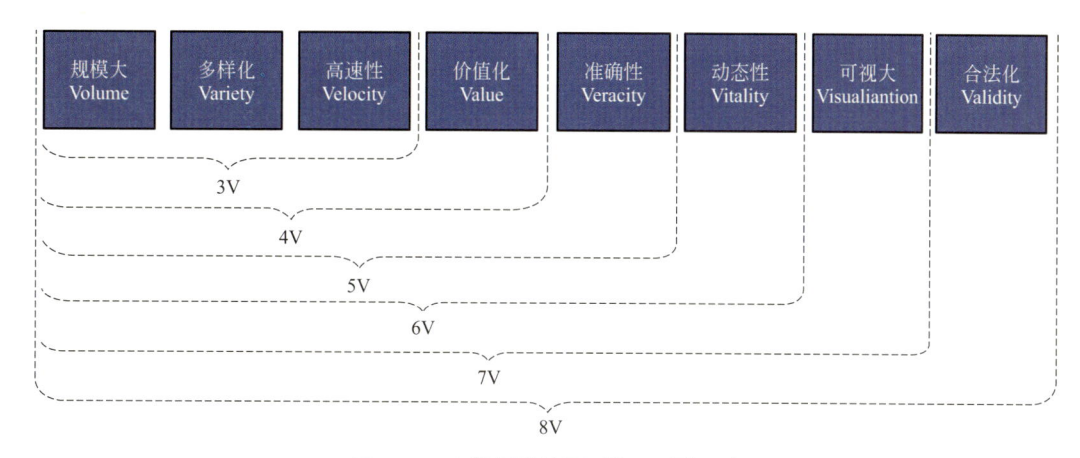

图 1-22　大数据特性图（从 3V 到 8V）

随着大数据技术的不断发展，数据的复杂程度越来越高，不断有人提出了大数据特征新的论断，在 4V 的基础上增加了准确性（Veracity），强调有意义的数据必须真实、准确；增加了动态性（Vitality），强调整个数据体系的动态性；增加了可视性（Visualization），强调数据的显性化展现；增加了合法性（Validity），强调数据采集和应用的合法性，特别是对于个人隐私数据的合理使用。

大数据可以实现的应用概括为两个方向，一是精准化定制，第二个是预测。

3. 物联网

物联网（The Internet of Things，IOT）即"万物相连的互联网"，是指通过各种信息传感器、射频识别技术、全球定位系统、红外感应器、激光扫描器等各种装置与技术，实时采集任何需要监控、连接、互动的物体或过程，采集其声、光、热、电、力学、化学、生物、位置等各种需要的信息，通过各类可能的网络接入，实现物与物、物与人的泛在连接，实现对物品和过程的智能化感知、识别与管理。物联网是一个基于互联网、传统电信网等的信息承载体，是互联网基础上延伸和扩展的网络，将各种信息传感设备与互联网结合起来而形成的一个巨大网络，实现在任何时间和地点，人、机、物的互联互通。

如今，只有一些制造商的传感器和设备进行了联网及嵌入式计算，它们通常处于一个垂直化的金字塔中，距离进入总体控制系统的智能化和自动化水平仍有一定距离。随着物联网产业的发展，更多的设备将使用标准技术连接，可以进行现场通信，提供实时响应。

4. 云计算

云计算（Cloud Computing）是分布式计算的一种，指的是通过网络"云"将巨大的数据计算处理程序分解成无数个小程序，通过多部服务器组成的系统进行处理和分析，这些小程序得到结果并返回给用户。云计算早期，就是简单的分布式计算，解决任务分发，并进行计算结果的合并，因而，云计算又称为网格计算。通过这项技术，可以在很短的时间内（几秒钟）完成对数以万计的数据的处理，从而达到强大的网络服务。现阶段所说的云计算已经不单单是一种分布式计算，而是分布式计算、效用计算、负载均衡、并行计算、网络存储、热备份冗杂和虚拟化等计算机技术混合演进并跃升的结果。

从广义上说，云计算是与信息技术、软件、互联网相关的一种服务，这种计算资源共享池称为"云"，云计算把许多计算资源集合起来，通过软件实现自动化管理，只需要很少的人参与，就能快速提供资源。也就是说，计算能力作为一种商品，可以在互联网上流通，就像水、电、煤气一样，可以方便地取用，且价格较为低廉。

在工业 4.0 时代里，更需要跨站点和跨企业的数据共享。与此同时，云技术的性能将提高，只在几毫秒内就能进行响应。其结果是设备数据将存储在云中，生产系统可以提供更多的数据驱动服务，许多工业监测和控制处理也将进入云端。

此外，相关技术还包括自主式机器人、仿真模拟、水平和垂直系统集成、网络安全、增材制造和增强现实等。

二、中国制造 2025 与产业转型升级

（一）"中国制造 2025"

"中国制造 2025"与德国"工业 4.0"的合作对接渊源已久。2014 年 10 月初，李克强总理访德期间，中德签署了《中德合作行动纲要：共塑创新》，提出两国将开展工业生产的数字化（工业 4.0）合作。2015 年 5 月，国务院正式印发《中国制造 2025》，部署全面推进实施制造强国战略。"中国制造 2025"规划总结概括即"一，二，三，四，五五，十"规划。

"一"，一个目标，从制造业大国向制造业强国转变，最终要实现制造业强国的目标。

"二"，通过两化融合发展来实现这个目标。

"三"，通过"三步走"战略实现从制造业大国向制造业强国转变的目标。2025 年迈入制造强国之列；2035 年整体达到世界制造强国阵营水平；2045 年综合实力进入世界制造强国前列。

"四"，确定了四项原则：市场主导、政府引导；立足当前、着眼长远；整体推进、重点突破；自主发展，开放合作。

"五五"，是有两个五，五条方针：创新驱动、质量为先、绿色发展、结构优化和人才为本；五大工程：制造业创新中心的建设工程、强基工程、智能制造工程、绿色制造工程、高端装备创新工程。

"十"个领域作为重点领域，在技术上、在产业化上寻求突破。十个重点领域为：新一代信息技术、高档数控机床和机器人、航空航天装备、海洋工程装备及高技术船舶、先

进轨道交通装备、节能与新能源汽车、电力装备、农业装备、新材料、生物医药及高性能医疗器械。

《中国制造2025》总体思路是坚持走中国特色新型工业化道路，以促进制造业创新发展为主题，以加快新一代信息技术与制造业深度融合为主线，以推进智能制造为主攻方向，强化工业基础能力，提高综合集成水平，完善多层次人才体系，实现制造业由大变强的历史跨越。未来十年，我国制造业发展的着力点不在于追求更高的增速，而是要按照"创新驱动、质量为先、绿色发展、结构优化、人才为本"的总体要求，着力提升发展的质量和效益。

《中国制造2025》是部署全面推进实施制造强国的战略文件，是中国实施制造强国战略第一个十年的行动纲领。《中国制造2025》由百余名院士专家联手制定，为中国制造业未来十年发展设计的顶层规划和路线图，通过努力实现中国制造向中国创造、中国速度向中国质量、中国产品向中国品牌的三大转变，推动中国到2025年基本实现工业化，迈入制造强国行列。

（二）产业转型升级

经过中华人民共和国成立七十多年，特别是改革开放以来的快速发展，我国制造业取得了举世瞩目的成就，已经成为支撑国民经济持续快速发展的重要力量，建成了门类齐全、独立完整的产业体系，但我国仍处于工业化进程中，大而不强的问题依然突出，与先进国家相比还有较大差距。

我国整体的信息化水平不高，与工业化融合深度不够。两化深度融合是建设制造强国、走新型工业化道路和转变发展方式的重要动力，是打造工业竞争新优势，在向工业化迈进的过程中抢占先机的重要条件，我国信息基础设施建设和应用水平仍然滞后于发达国家。企业利用信息技术改造传统生产方式和工艺流程的意愿偏低，大部分地区和行业仍处于以初级或局部应用为主的阶段，且不同地区、不同行业及不同规模企业间信息化水平差距明显。关系国家经济、社会安全的高端核心工业软件主要依赖进口，信息化与信息安全相关领域人才储备严重不足。目前，发达国家和地区已开始步入制造业与信息技术全面综合集成，以数字化、网络化应用为特点的新阶段，例如，德国的制造水平、信息化发展水平世界领先，已经开始推进工业4.0战略。而按照德国的划分标准，我国工业企业整体处于2.0的水平，需要补上从工业2.0到3.0的差距，才能实现工业4.0的发展。

现阶段，我国许多地方都在大力推进产业结构转型升级并取得了积极进展，从低附加值转向高附加值升级，从高能耗高污染转向低能耗低污染升级，从粗放型转向集约型升级，即产业结构高级化，向更有利于经济、社会发展方向发展。相关企业应抓住转型机会，加快推动新一代信息技术与制造技术融合发展，全面提升企业研发、生产、管理和服务的智能化水平，推动我国制造模式从"中国制造"向"中国智造"转变。

参考文献

[1] Belvederesi C，Thompson M S，Komers P E.Statistical analysis of environmental

consequences of hazardous liquid pipeline accidents[J]. Heliyon，2018，4（11）.

[2] 姜昌亮，何恒远. 管道经济研究深思考[J]. 中国石油企业，2016，（5）：93-94.

[3] 黄维和，郑洪龙，李明菲. 中国油气储运行业发展历程及展望[J]. 油气储运，2019，38（1）：1-11.

[4] 崔之健，董肖肖. 油气储运相关技术研究新进展分析[J]. 云南化工，2019，46（5）：173-174+177.

[5] 姜昌亮. 中俄东线天然气管道工程管理与技术创新[J]. 油气储运，2020，39（2）：121-129.

[6] 黄维和. 中国油气管道跻身世界先进[N]. 经济日报，2019-9-20（6）.

[7] 王巨洪，张世斌，王新，等. 中俄东线智能管道数据可视化探索与实践[J]. 油气储运，2020，39（2）：169-175.

[8] 孙朝旭，彭锋，陈国威. 基于全生命周期的数字管道建设方法研究[J]. 内蒙古科技与经济，2017（15）：85-87.

[9] 乔元立. 浅谈在役管道完整性管理[J]. 石化技术，2019，26（1）：168+170.

[10] 陈朋超，冯文兴，燕冰川. 油气管道全生命周期完整性管理体系的构建[J]. 油气储运，2020，39（1）：40-47.

[11] 赵宁，程晨. 油气管道完整性管理技术的发展趋势探讨[J]. 科技风，2019（17）：147.

[12] 王怀义，杨喜良. 长输油气管道自动化技术发展趋势探讨[J]. 石油工程建设，2016，42（5）：1-5.

[13] 谭东杰，李柏松，杨晓峥，等. 中国石油油气管道设备国产化现状和展望[J]. 油气储运，2015，34（9）：913-918.

[14] 郭磊，周利剑，贾韶辉. 油气长输管道大数据研究及应用[J]. 石油规划设计，2018，29（1）：34-37+41+48.

第二章 建设总体设计方案

中国油气管网总里程呈现倍增式发展，对管道安全和运营效率提出更高要求。随着"工业 4.0""中国制造 2025""工业互联网＋"等相关发展目标的提出，我国油气管道行业提出了以"全数字化移交、全智能化运行、全生命周期管理"为核心的"智能管道、智慧管网"发展理念，将人工智能技术应用于油气管道建设与运营管理中。

本章将主要介绍智能管道建设的国内外背景，同时阐述国家管网智能管道建设理念及总体方案。

第一节 智慧管网总体设计方案

目前，针对"智能管道、智慧管网"的宏观方案较多，但具体技术路线与实现方法相对较少。首先需要确定的是，何谓"智能管道"？由于不同国家的油气管网发展阶段不同，在管道运营中面临的问题也不尽相同，导致各国对智能管道的理解及发展侧重点有所不同，现阶段对于单条管道，我们强调实现其"智能化"，对于管网未来将实现智慧化。

一、国内外发展现状

（一）国外现状

国外先进的油气生产与管道运营企业，如英荷 Shell 公司、美国 Chevron 管道公司、美国 Columbia 管道公司、加拿大 Enbridge 管道公司、美国 Colonial 管道公司、挪威 Statoil ASA 管道公司、俄罗斯 Transneft 管道运输公司、意大利 Snam 管道公司等，在管道数字化、智能化发展过程中，普遍以运行控制、风险管理为重点，以完整性管理体系为支撑，以实现高度自动化、数字化、决策智能化为目标，做出了大量探索与尝试，在管道安全控制、优化管理方面中取得了一定进展。

美国 Columbia 管道公司利用 GE 公司的 Predix™ Platform 工业数据平台，结合 GIS

等工具对管道的运行数据、沿线环境数据、检测数据等进行全方位信息采集，利用 IPS 风险模型进行主动风险管理。

加拿大 TransCanada 公司则开发了 GeoFind 跨业务信息共享数据平台，能够实现管道路径、施工参数、投产参数、运行参数及环境参数的采集与储存。

意大利 SNAM 公司通过 SCADA 系统升级，实现了所辖天然气管网各重要位置实时数据的有效传输与储存，通过人工智能神经网络计算，实现天然气用量的精准预测，如图 2-1 所示。

加拿大 Enbridge 管道公司在蒙特利尔设置了全国管网调度控制中心，能够对全管网的阀门、机组、计量仪表等设施进行自动化监控与调度。

在数字化转型方面，英国 BP 公司与人工智能软件公司合作，计划完成业务的数字化转型；英荷 Shell 公司将数字化列为集团的战略重点之一，并创建了数字化实验室；挪威石油公司 2017 年启动数字化建设中心，实施 7 个数字化方案。

在模型软件开发方面，美国 Gregg 公司开发了 WinFlow、WinTran 静态、动态管网仿真软件，能够融合 GIS 地理信息数据、用户负荷参数进行流体参数、气源追踪等工艺计算；意大利 SNAM 公司使用德国 Liwacom 软件公司开发的 SIMONE 软件，开展管道系统辅助设计、运行计划制定、天然气调运与市场分析等业务；英国阿特莫斯国际有限公司研发了 ATMOS 在线与离线仿真系统，在线仿真系统使用实时数据模拟管道运行、泄漏检测，并能够利用自动预测模型对管道未来数小时运行状态的变换进行预测；离线仿真系统则能够实现管道设计、员工培训等功能；挪威 DNV GL 公司拥有的 SPS 管道仿真软件，能够实现油气管道多种工况的仿真。

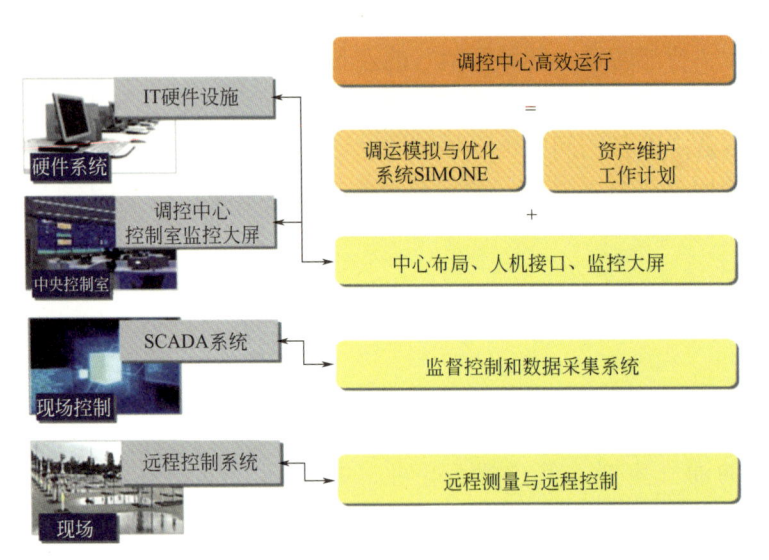

图 2-1 意大利 SNAM 公司管网数字化解决方案——调控中心

结合泛在感知、大数据处理等技术，国外大型石油公司建立的数据采集平台能够实时采集与储存管道不同时期的数据及其外部环境数据，基本实现了管道设计、建设、投产、运行、维护、报废全生命周期的数字化建设。

（二）国内现状

2015年7月4日，国务院印发《关于积极推进"互联网+"行动的指导意见》。随后国家发展和改革委员会在《关于推进"互联网+"智慧能源发展的指导意见》中指出：鼓励煤、油、气开采、加工及利用全链条智能化改造，实现化石能源绿色、清洁和高效生产，增强供能灵活性、柔性化，实现化石能源高效梯级利用与深度调峰，加快化石能源生产监测、管理和调度体系的网络化改造，以互联网手段促进化石能源供需高效匹配、运营集约高效。

2016年5月，国务院印发《关于深化制造业与互联网融合发展的指导意见》。2016年12月，工业和信息化部、财政部联合制定并印发了《智能制造发展规划（2016—2020年）》，提出推进智能制造实施"两步走"战略：到2020年，智能制造发展基础和支撑能力明显增强，传统制造业重点领域基本实现数字化制造，有条件、有基础的重点产业智能转型取得明显进展；到2025年，智能制造支撑体系基本建立，重点产业初步实现智能转型。

2017年6月15日，时任中国石油覃伟中副总经理在中俄东线天然气管道项目管理研讨会上提出建设智能管道、智慧管网工作目标并开展相关研究和顶层设计；2017年8月22日，成立依托中俄东线试点建设智能化管道领导小组和工作小组；2017年10月12日，经覃伟中副总经理组织专家审查原则同意顶层设计方案，决定在此基础上开展总体设计和子课题（项目）设计，形成"1+N"成果。由此开启了从数字管道向"智能管道/智慧管网"的新跨越。

此外，中国石化智能化管线管理系统于2015年在全公司范围内全面推广，初步实现了管线管理的标准化、数字化、可视化。中海石油气电集团公司在其完整性管理平台系统上进行了管道数据平台的建设。对于在役管道，原中国石油管道分公司和西南管道分公司选取中俄原油管道二线、中缅油气管道为试点，完成了管道线路、站场、阀室的数据恢复，形成了在役管道数字化恢复技术规范。

（三）建设的必要性

1. 业务对于提升管道经济效益的要求

天然气业务在"十二五"和"十三五"期间呈现快速发展趋势，随着管网规模增大和输量增长，耗能设备不断增加，能耗成本不断上升，迫切需要集中优势力量，重点对管输运行进行优化，降低能耗，才能有效提高管网整体的运营经济性。

2. 油气管道事故威胁应对的要求

我国在20世纪末以来建设陕京线、西气东输等管道，在2020年以后，早期建设的管道将逐步进入老龄化；同时随着新管道的不断建设，又将处于新一轮油气管网建设高峰期，从而导致未来在役油气管道中，老龄期和幼龄期占比偏大，为了提升管道的安全管理水平，有必要通过建设智慧管网加强安全管理水平。

3. 数据驱动创新与智能转型的要求

信息化技术与工业化技术深度融合，正在引发影响深远的产业变革，大数据、云计算、物联网、人工智能等技术的创新应用，促进企业向智慧化迈进。走创新驱动的发展道路，向数字化网络化智能化转型，是企业发展的必由之路。

二、定义及内容

（一）智能管道与智慧管网定义

"智能管道"是指运用大数据、云计算、物联网、人工智能等新一代信息技术，与工业技术深度融合，使管道具有实时泛在感知能力，通过对与实体管道同生共长的数字孪生体建设、维护和管理，实现数据价值的挖掘分析应用，提供管道全生命周期风险预控和优化决策。

"智慧管网"坚持信息化与工业化深度融合，运用大数据、云计算、物联网、人工智能等新一代信息技术，构建数字孪生体管网系统，以及具有知识应用和决策支持能力的人工智能大脑，形成管网"全方位感知、综合性预判、一体化管控、自适应优化"能力，实现管网"全数字化移交、全智能化运营、全业务覆盖、全生命周期管理"（图 2-2）。

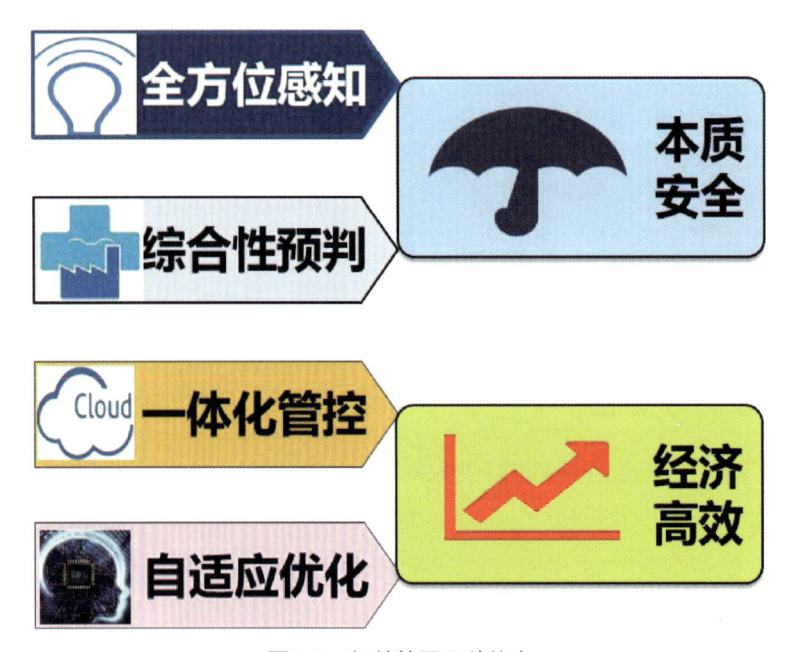

图 2-2　智慧管网四种能力

全方位感知：站场工艺及关键设备运行数据自动采集；管道本体及周边环境监测数据自动采集；物资接验、仓储、物流、领用数据自动采集；施工现场作业过程数据采集；外部市场需求及资源供给数据自动获取。

综合性预判：基于管网运行状态，综合运用统计和机理分析结合方式对管网运行趋势进行预判。

一体化管控：控制系统与信息系统数据融合，管理体系与知识网络融合，支持生产经营一体化高效管控。

自适应优化：根据运行状态及趋势，综合考虑安全及效益管理目标，适应生产经营各要素变化实现主动优化。

智能管道是智慧管网的建设基础，智慧管网是智能管道的最终目标。通过推进业务数据由零散分布向统一共享、信息系统由孤立分散向融合互联、风险管控模式由被动向主动、资源调配由局部优化向整体优化、运行管理由人为主导向系统智能的五大转变，实现油气管网全数字化移交、全智能化运营、全生命周期管理，完成数字管道向智能管道和智慧管网演进。

智慧管网坚持"重应用、重效果、重安全和不搞新技术罗列，不搞信息孤岛，不搞锦上添花"指导思想（图2-3），分以下三个阶段开展智慧管网建设。

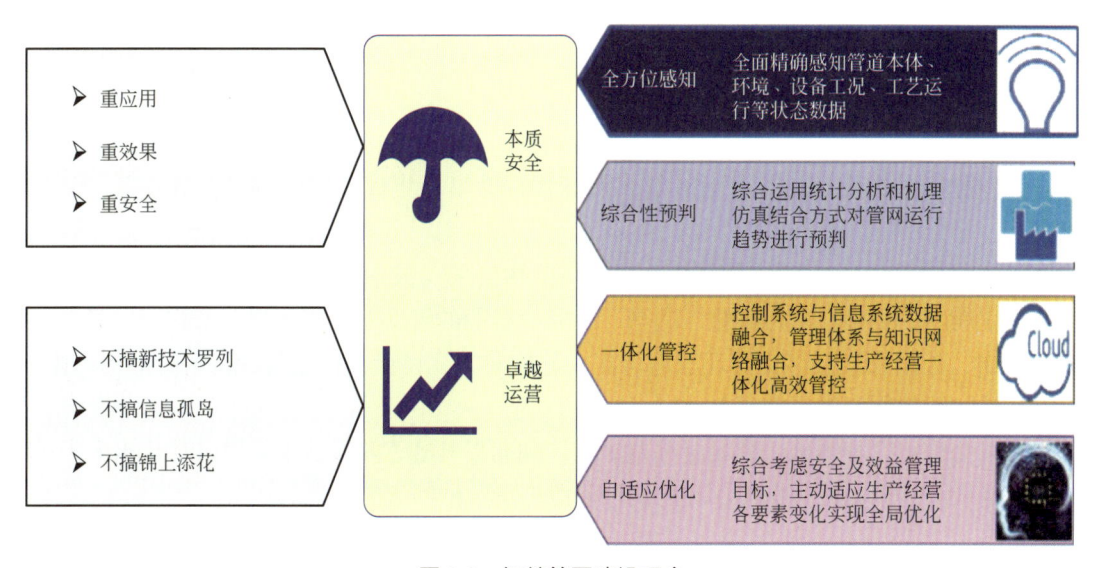

图 2-3　智慧管网建设理念

第一阶段：以数据标准融合为基础，通过数字化移交和在役管道数据恢复试点工程构建数字孪生体；全面开展智慧管网科技重大专项研究，建成国家管网数据中心平台，建成安全监测、应急指挥、工程监测三个中心，完成中俄东线智能管道试点建设。

第二阶段：全面实施智慧管网解决方案，新建管道全面应用数字孪生体与全面泛在感知方案；完成科技重大专项研究并启动成果推广应用；加强信息系统融合，实现区域天然气管网运行优化、管网可靠性、设备远程诊断、线路动态风险评价等应用；形成智慧管网建设、运营技术标准。

第三阶段：全面建成智慧管网，在役管道数据恢复和智能化改造全部完成，数字孪生体和管道物联网实现全覆盖；建成智慧管网云平台并实现各信息系统深度融合；实现天然气管网全局全时段运行优化，降低管网综合能耗。

通过上述阶段，逐步实现新建管道和在役管道的全面智能化提升，最终形成智慧管网，保障油气管网本质安全和卓越运营。

（二）建设内容

充分结合国内外最佳实践，通过信息化、科技研究和工程建设相结合的方式，在油气管道全生命周期各阶段开展研究及建设，进行全面智能化提升，如图 2-4 所示。

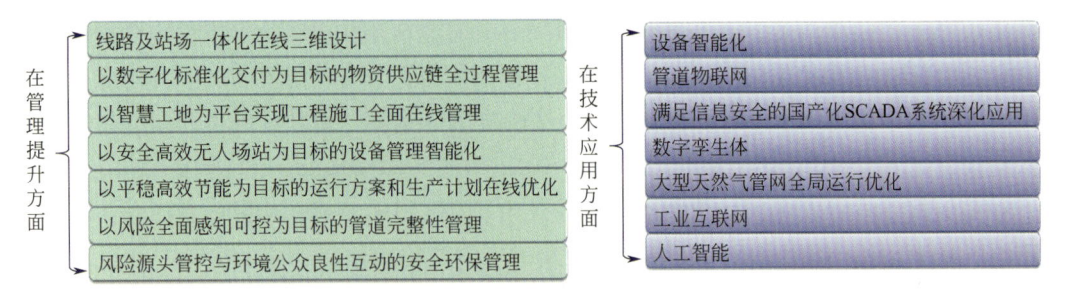

在管理提升方面：
- 线路及站场一体化在线三维设计
- 以数字化标准化交付为目标的物资供应链全过程管理
- 以智慧工地为平台实现工程施工全面在线管理
- 以安全高效无人场站为目标的设备管理智能化
- 以平稳高效节能为目标的运行方案和生产计划在线优化
- 以风险全面感知可控为目标的管道完整性管理
- 风险源头管控与环境公众良性互动的安全环保管理

在技术应用方面：
- 设备智能化
- 管道物联网
- 满足信息安全的国产化SCADA系统深化应用
- 数字孪生体
- 大型天然气管网全局运行优化
- 工业互联网
- 人工智能

图 2-4　智能管道建设提升工作

各方面工作内容包括：

可研与设计：通过建设和运营期数据标准化，应用云技术支持设计全过程，全面记录设计数据，并向管道施工和运维提供设计数据共享与集成，最终实现管道数字化资产移交。

物资供应链：以提高物资采购效率，降低物资采购成本，减少物资库存占用，保障物资供应能力为目标，从标准化、共享、互联、智能的维度对物资计划、采购、物流、仓储、实物、数据采集及移交等环节进行需求分析和方案设计，打造前后贯通、上下一体、内外互联的智慧物资供应链。

施工管理：以加强施工现场过程精细化管理和提升施工阶段数据采集自动化水平为目标，满足后续运营阶段数据应用和向设计阶段进行数据回流的需求。

运行管理及优化：以实现管道智能化维护为目标，综合各类监测系统实现线路的智能感知；综合各类业务数据，采用大数据分析技术实现线路管理的智能决策支持；以SCADA国产化为基础，优化控制系统，实现一键启停关键设备远程运维，同时不断提升能耗分析、计量交接管理水平，研发大型管网优化平台，实现管网运行能耗最低、收益最优目标。

安全环保与应急：以提高管道应急抢险响应效率为目标，通过应急资源智能调配，提高应急反应效率；实现应急抢险智能处理，提高应急决策支持水平。

三、总体设计方案

（一）总体架构

从感知、认知、决策三方面对油气管网建设进行智能化提升，形成感知、数据、知识、应用、决策五个层次的总体架构，通过人工智能、物联网、云计算、大数据等技术全面应用，形成智慧管网全方位感知、综合性预判、自适应优化、一体化管控的能力，支撑支持各专业领域应用和综合决策，如图 2-5 所示。

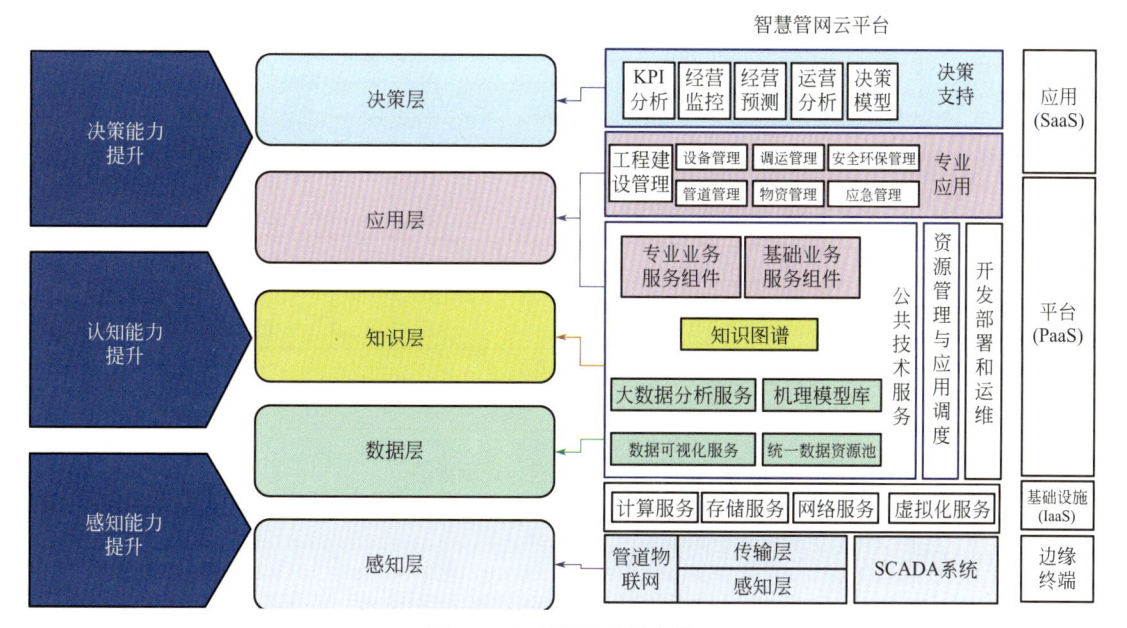

图 2-5　智慧管网总体架构

通过智慧管网数字孪生体的构建及应用，固化数据标准形成数据模型，同时支撑大数据分析和机理模型应用，并在此基础上逐步完善知识网络，形成数据层和知识层，作为智慧管网技术方案的内核。向下集成以物联网系统和工业控制系统形成的感知层，向上集成各专业领域应用组件群形成的应用层，并与管理决策和专业决策模型融合形成决策层，最终完成智慧管网总体架构的构建。

（二）技术路线

基于其他工业领域智能化的发展实践，及管道本身"点多、线长、面广"的业务特点，智能管道建设应从基础感知层、数据管理层、认知深化、优化决策等四个层面进行智能化提升，通过人工智能、物联网、云计算、大数据等技术全面应用，支撑支持各专业领域应用和综合决策。

在基础感知方面：应全面采集实体管道运行数据，覆盖管道本体、周边环境、设备工况、安全环保等领域。

在数据管理方面：应通过数据预处理、数据融合及大数据分析挖掘等技术，将数据转变为可用于支持及辅助决策的信息，提供一体化、智能化分析手段，搭建多学科协同研究的工作环境，实现对管线生产动态实时监控、故障预警、数据管理、物联设备基础数据的管理等功能。重点应包括数据预处理、SCADA系统深化应用、不同信息系统之间互联互通以及数字孪生技术。

在认知方面：以数字孪生体为载体，将各业务系统、数据中心、物联网与数字孪生体一体化融合，构建知识图谱，实现对运行状况精确映射和准确预测。知识图谱构建包括知识获取、知识表示、知识建模、知识存储、知识计算、知识融合、知识应用和维护等阶段，如图 2-6 所示。

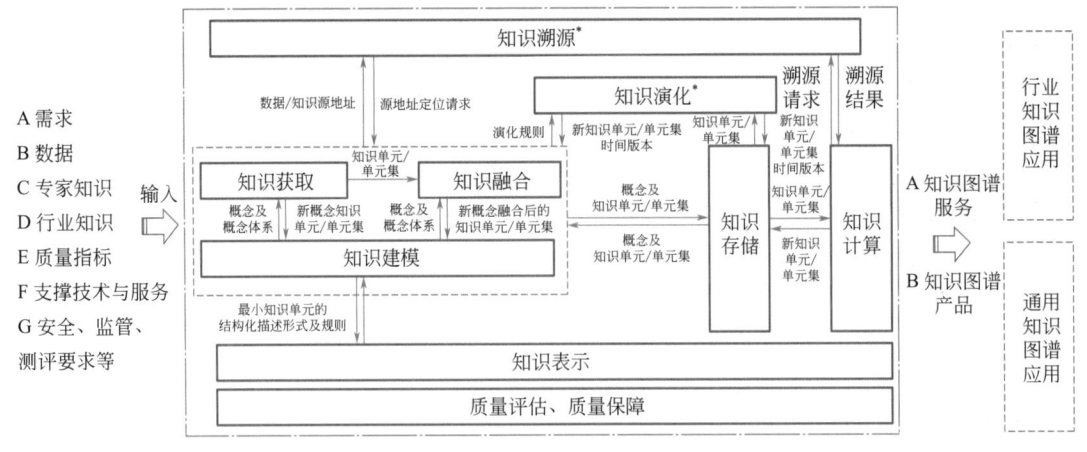

图 2-6 知识图谱构建示意图

注：知识溯源、知识演化为非必需环节

在优化决策方面：应不断充实各领域并实现知识融合，构建完善知识图谱，在此基础上不断梳理优化管理体系，全面支持科学高效的专业决策和综合决策。

以超声波流量计为例，自 1998 年，丹尼尔就建立在线诊断平台，因此诊断知识库相对完善，诊断规则相对丰富，具备和知识图谱技术深度融合的能力。该系统同样具备智能管道技术框架的四个层次：

（1）基础数据感知层，通过中间数据库或 OPC 等通信协议，获取工艺数据、计量数据、诊断数据及相关的其他异构数据（如视频数据、诊断经验、知识文献等）。

（2）数据管理层，对实时数据进行预处理，如点表数据由分钟级变为小时平均数据以减少系统的随机误差；文献等数据通过自学习算法、排序算法、专家决策成为新的诊断规则等。

（3）认知深化层，以知识规则、案例匹配为核心，对预处理后的数据，及异构数据进行基于推理机制、解释机理的判断，对用户提出分级报警。

（4）优化决策：目前主要以计算机后台提出决策建议，人工辅助判断，并做最终决策。

超声波流量计知识图谱技术框架如图 2-7 所示。

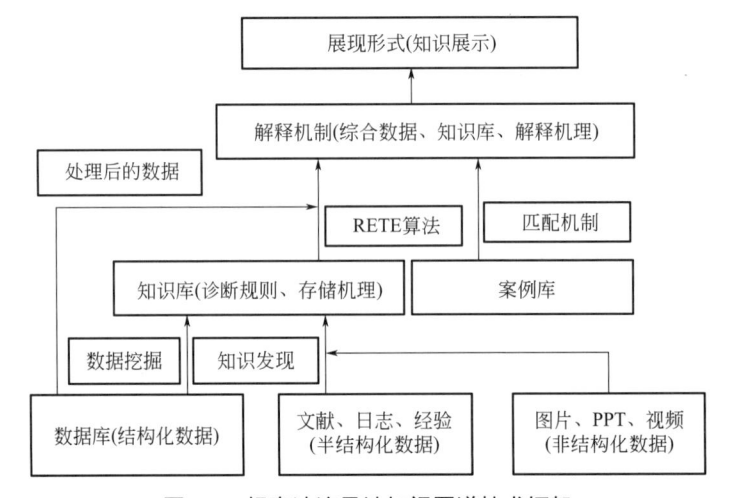

图 2-7 超声波流量计知识图谱技术框架

第二节 中俄东线智能管道建设方案

一、中俄东线天然气管道工程概况

20世纪90年代初,中俄两国开始探讨通过管道由俄罗斯向中国输送天然气的可能性,谈判过程异常艰辛。在两国领导人的亲自推动下,2014年5月,中俄双方签署了天然气购销合同。这一总价值超过 $4000×10^8$ 美元、年输气量 $380×10^8 Nm^3$、供气期限长达30年的合同,被称为全球天然气市场世纪大单,由此中俄东线天然气管道工程建设拉开序幕。

中俄东线项目是国家管网集团与俄气公司的联合项目,包括俄罗斯境内的西伯利亚力量管道和中方境内的中俄东线天然气管道。俄罗斯境内的西伯利亚力量管道起自科维克金气田和恰扬金气田,终于中俄边境的布拉戈维申斯克市,管道全长约3000km、管径1420mm、X80钢级、设计压力10MPa。中俄东线北起黑龙江省黑河市中俄边境,途经黑龙江、吉林、内蒙古、辽宁、河北、天津、山东、江苏、上海等9省市区,止于上海市白鹤末站。管道全长5111km,其中新建管道3371km,利用已建在役管道1740km。

中俄东线天然气管道工程是我国首条采用1422mm超大口径、X80高钢级、12MPa高压力等级、$380×10^8 Nm^3/a$ 输量设计的具有世界级水平的天然气管道工程,使得该管道成为我国集口径最大、压力最高、钢级最高、输量最大于一身的管道。此外,管道沿线自然环境复杂、多年冻土、水网沼泽和林带交替分布,冬季最低气温达零下40℃,对工程建设提出了极高的考验,如图2-8至图2-10所示。

作为智能管道试点工程,中俄东线以"四全"为目标,基于大数据、云计算、物联网、人工智能等新一代信息技术,实现油气长输管道远程运维智能新模式,同时完成多项国内首创,推进我国油气管道建设由数字化向智能化转变、推动管道业务高质量发展。

(a) 布管　　　　　　　　　　　　　　(b) 焊接

图2-8　中俄东线冬季现场流水施工作业

图 2-9　中俄东线沼泽地施工　　　　图 2-10　中俄东线山地管道施工

二、建设目标

依托中俄东线试点建设智能化管道，适应管道区域化管理模式，从安全管理的本质需求出发，从"工艺运行、站场管理、管道保卫、线路管理、安全环保、应急管理"方面提出智能化建设目标，管道建设完成后，与以往传统油气长输管道相比，将在以下六个方面实现系统性功能提升，如图 2-11 所示。

图 2-11　中俄东线智能化管道建设预期"六大目标"

（一）工艺运行——全面感知、智能控制

实现生产及其辅助系统全面自动化，运行控制与保护逻辑化、程序化和标准化。逐步实现全网优化运行，管道运行自控及能耗水平达到国际一流管道公司水平。

（二）站场管理——无人操作、区域管理

站场全面实现远程控制、无人操作；实施集中监控、集中巡检、集中维修的区域化管理模式。

（三）管道保卫——重点监视、智能巡护

通过智能化监视和监测技术相结合，实现线路异常事件自动分析、识别及报警，提示管理人员现场查看确认、快速处置。

（四）线路管理——全面检测、风险受控

实现管体、重点部位及周边环境状况智能感知，通过系统综合分析辨识、量化后果，指导线路维护与管理，使风险全面受控。

（五）安全环保——精准监测、预警预控

基于联动的工业监视系统与智能巡检终端，自动报警、跟踪、推送报警点影像。运用数字化标签实现对站场、管道、阀室的作业许可管理电子化。

（六）应急响应——系统决策、协同可视

基于数据中心与移动可视终端，实现应急响应指挥中心综合显示、响应信息定点推送、应急资源及应急预案自动分析，辅助应急决策、指挥。

三、建设内容和创新工作

（一）建设内容

为实现上述建设目标，中俄东线北段分别从六个方面 24 个建设子项着手开展智能管道建设，全方位打造智能管道试点工程，保障建设效果，见表 2-1。

表 2-1　中俄东线北段 24 个子项

类别	序号	建设子项	类别	序号	建设子项
工艺运行	1	大型天然气管网优化运行	管道保卫	13	智能巡线管理系统
工艺运行	2	计量交接电子化	管道保卫	14	管道沿线数据传输
工艺运行	3	能源管理	管道保卫	15	重点地段视频监视
工艺运行	4	SCADA 国产化	管道保卫	16	管道地面标识身份认证
工艺运行	5	压缩机组远程诊断	管道保卫	17	管道泄漏监测与预警
工艺运行	6	仪表通信设备远程诊断	线路管理	18	阴极保护系统远程监测
工艺运行	7	工控系统网络安全	线路管理	19	管道地质灾害监测
工艺运行	8	电气系统故障预测诊断分析	线路管理	20	基准点建设
站场管理	9	全面集中远控	安全环保	21	安全防范系统
站场管理	10	中间数据库扩容及虚拟化平台建设	安全环保	22	安全作业许可管理
站场管理	11	设备智能化管理	应急管理	23	远程应急指挥系统
管道保卫	12	无人机巡护	应急管理	24	应急辅助决策系统开发

（二）创新工作

中俄东线智能化建设基于大数据、云计算、物联网、人工智能等新一代信息技术，建设智能管道，实现本质安全、卓越运营，管道业务高质量发展，重点开展以下五个方面的创新性工作。

1. 数据全面统一交付

中俄东线采用线路、站场和建筑三种数字化设计平台，满足多专业协同设计和数字化移交的要求，实现云端部署，统一理念、统一标准、统一管理、统一存储、统一移交。

2. 构建管道（含站场）数字孪生体

管道数字孪生体是充分利用对象物理模型、传感器、运行历史等数据，映射实时状态、工作条件或位置，在虚拟信息空间中对物理实体进行镜像映射，用于对象监测、诊断和预测。它包括管体数字孪生体、设备数字孪生体、控制系统数字孪生体、生产工艺数字孪生体、站场数字孪生体等。图 2-12 为压缩机组运行数据和三维拆解，即为压缩机组数字孪生体。

图 2-12　压缩机运行数据和爆炸图系统界面

中俄东线管道数字孪生体构建与管道工程建设同步实施，在统一的数据标准下开展可研、设计、采办、施工等阶段数据采集，形成的数字化成果通过数字化设计云平台、智能工地、PCM 系统和数据回流等完成建设期管道数字孪生体构建。管道进入运营期后，管道数字孪生体随着生产运行、设备设施管理、管道线路风险控制等运行数据的接入而同生共长。

3. 提升面向本质安全的管道实时泛在感知能力

基于物联网技术和光纤、视频监控、无人机、智能阴保桩等智能传感器，实现管道及周边环境远程监测；基于振动传感器、温度传感器等实现压缩机组、PLC 设备、电气设备、计量设备等关键设备的远程监测。图 2-13 为网络结构示意图。

4. 推进核心控制系统 SCADA 软硬件成套国产化

实现管道核心控制系统软硬件（包括 SCADA 软件、逻辑控制器 PLC）的成套国产化；实现压缩机组和辅助系统按照预设的控制逻辑顺序自动启停，无需人为操作和干预，为实现天然气长输管道压气站无人操作奠定基础；实现计量交接电子化、自动分输等天然气运行自控水平提升。图 2-14 为压缩机组一键启停逻辑图。

5. 探索复杂天然气管网优化运行

针对天然气管网短周期运行优化问题，以东北管网（含中俄东线）为研究对象，攻克管网全局全时段（周、天或几个小时）调控运行优化技术难题，努力实现由人为主导向智能优化转变，满足管网全时段层面以能耗最小（或管输效益最大）为目标的优化运行需求。图 2-15 为仿真优化参数及技术路线图。

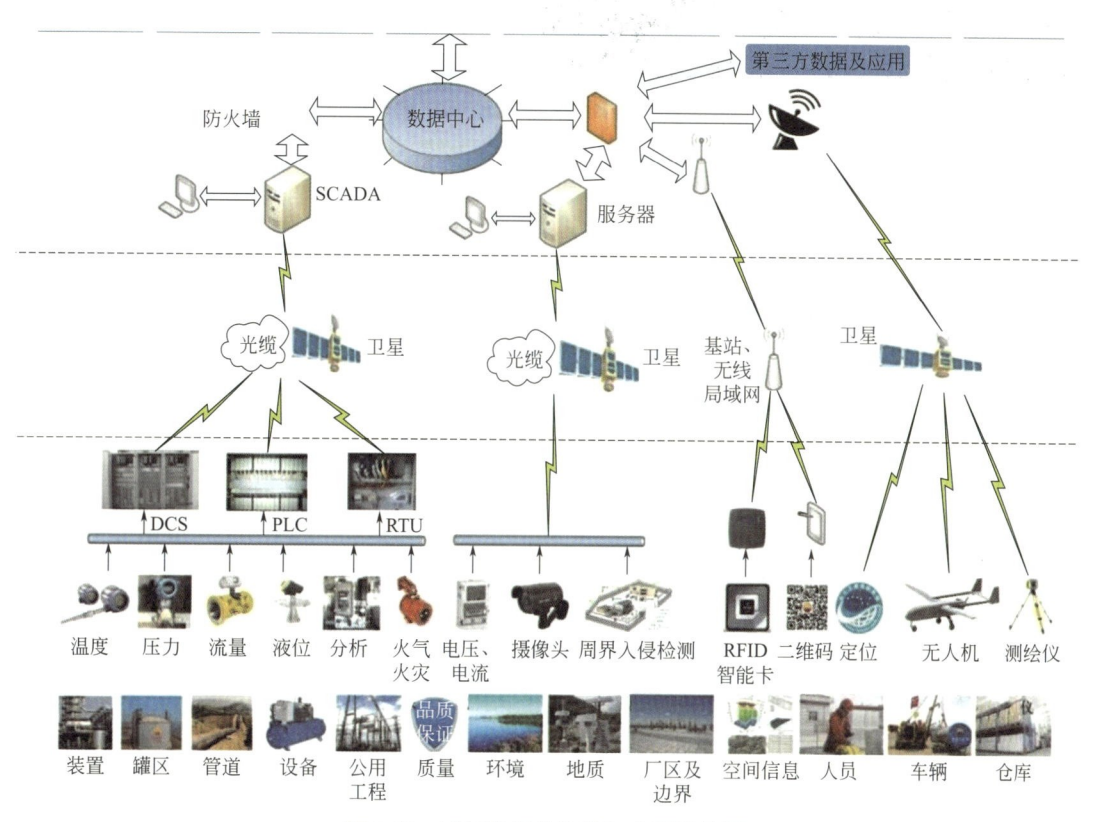

图 2-13　感知数据的传输与应用结构图

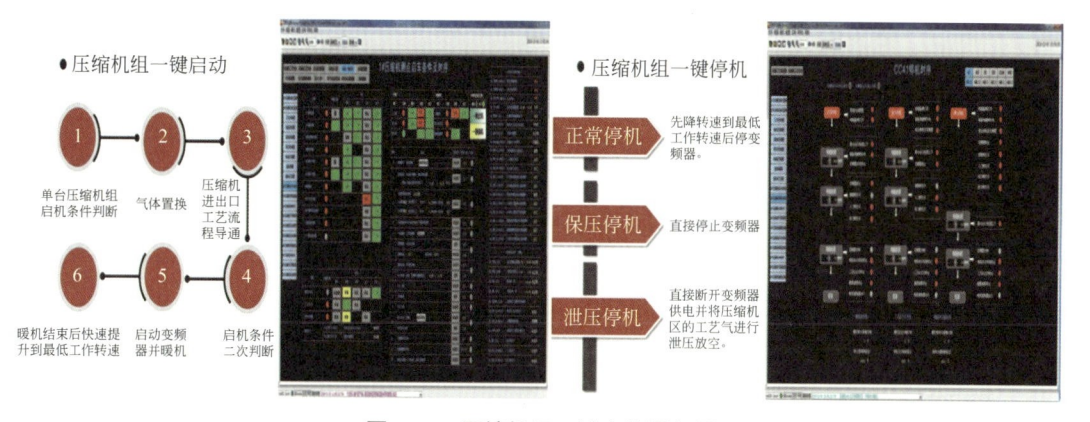

图 2-14　压缩机组一键启停逻辑图

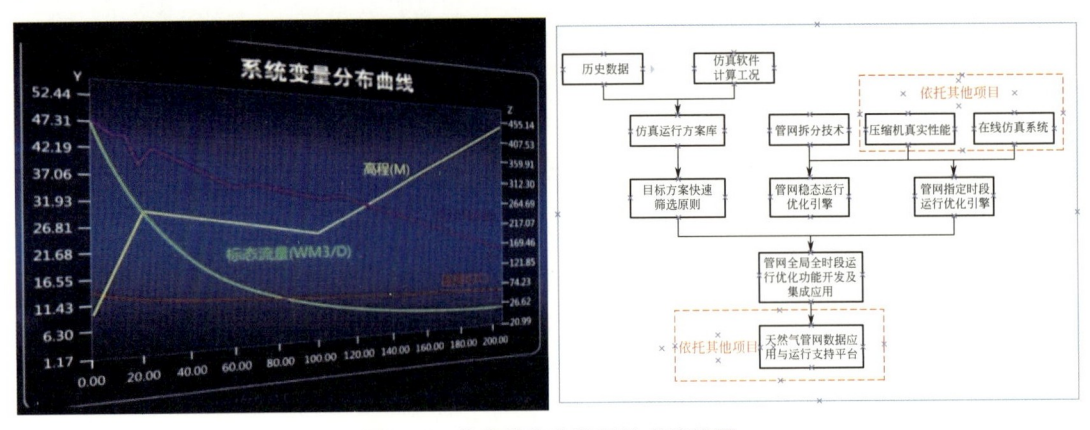

图 2-15　仿真优化参数及技术路线图

参考文献

[1] 牟楠，刘海涛．浅谈油气储运技术面临挑战与发展方向 [J]．中国高新技术企业，2016（20）：70-71．

[2] 程万洲，王巨洪，王学力，等．我国智慧管网建设现状及关键技术探讨 [J]．石油科技论坛，2018，37（3）：34-40．

[3] 李柏松，王学力，徐波，等．国内外油气管道运行管理现状与智能化趋势 [J]．油气储运，2019，38（3）：241-250．

[4] 李遵照，王剑波，王晓霖，等．智慧能源时代的智能化管道系统建设 [J]．油气储运，2017，36（11）：1243-1250．

[5] 宫敬，徐波，张微波．中俄东线智能化工艺运行基础与实现的思考 [J]．油气储运，2020，39（2）：130-139．

[6] 聂中文，黄晶，于永志，等．智慧管网建设进展及存在问题 [J]．油气储运，2020，39（1）：16-24．

[7] 李柏松，王学力，王巨洪．数字孪生体及其在智慧管网应用的可行性 [J]．油气储运，2018，37（10）：1081-1087．

[8] 张海峰，蔡永军，李柏松，等．智慧管道站场设备状态监测关键技术 [J]．油气储运，2018，37（8）：841-849．

[9] 杨宝龙，周利剑，刘军，等．长输管道完整性管理物联网应用架构初探 [J]．油气储运，2016，35（11）：1164-1168．

[10] 赵睿．工业 4.0 时代商业大数据技术智能供应链的模式研究 [J]．商业经济研究，2018（6）：30-33．

[11] 曾妍．中国石油步入智慧管道建设阶段 [J]．天然气与石油，2017，35（4）：72．

[12] 王昆，李琳，李维校．基于物联网技术的智慧长输管道 [J]．油气储运，2018，37（1）：15-19．

[13] 乔汉林，孙玲玲．大数据在油气管道建设及运行中的应用研究 [J]．石油工业计算机

应用，2016，(6)：44-45.

[14] 李瑞琪，李佳，韦莎，等.知识图谱产业应用及标准化需求研究[J].信息技术与标准化，2021，(5)：11-16.

[15] 董绍华，张河苇.基于大数据的全生命周期智能管网解决方案[J].油气储运，2016，35（9）：28-36.

[16] 郭磊，周利剑，贾韶辉.油气长输管道大数据研究及应用[J].石油规划设计，2018，（1）：34-37.

[17] 熊明，古丽，吴志锋，等.在役油气管道数字孪生体的构建及应用[J].油气储运，2019，38（5）：503-509.

第三章 全数字化移交

全数字化移交是在数字化设计、数字化采购、智能工地的基础上，依托设计云平台、管道工程建设管理系统（PCM）等系统平台，实现建设期数据实时在线采集存储，并最终向运营期档案系统、资产完整性管理系统（IMS）等系统进行数字化移交。

第一节 数字化设计

中俄东线通过搭建和部署设计云平台，开展线路、站场和建筑三个专业的数字化设计，其中线路设计采用PCDS平台，站场设计采用SP3D平台，建筑设计采用REVIT平台。整个设计过程实现数字化设计和审查，设计成果通过电子交付的方式向PCM系统移交。

一、设计云平台及部署

为了开展全数字化移交，项目使用了统一的设计云平台，实现数字化设计在管道工程的全面应用。设计云平台为工程项目提供设计系统、设计环境、设计标准、审查工具等必备条件，主要包括设计桌面云、设计专网和载体平台三部分内容，如图3-1所示。

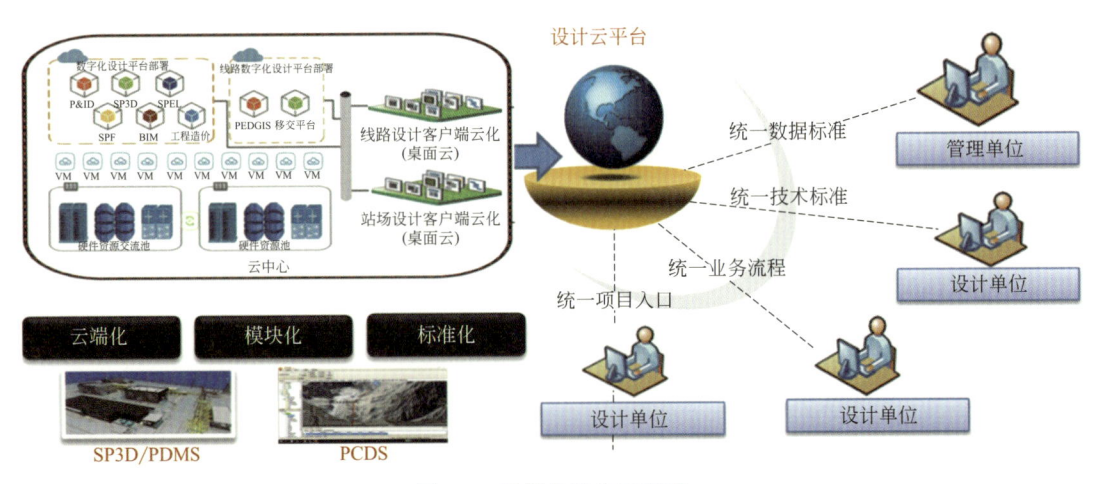

图3-1 云平台架构示意图

（一）设计桌面云和设计专网

设计桌面云和设计专网包括线路平台和站场平台两部分内容。其中，线路平台由于涉密关系，需要物理隔离、独立部署，如图 3-2 所示。

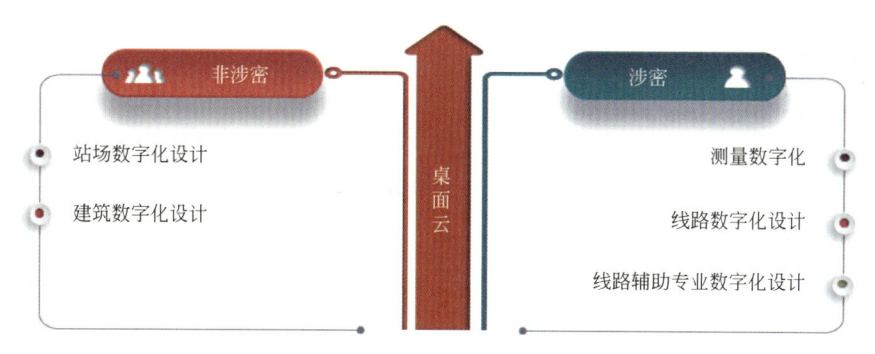

图 3-2　设计桌面云示意图

1. 线路平台访问方式

当终端用户访问线路平台时，通过线路涉密专网进行在线数字化设计或审查。

终端用户访问线路平台有以下几种方式：

（1）公司内部访问。当用户使用内部局域网或办公专网访问设计云平台的 IP 地址时自动跳转至设计专网。

（2）现场外部访问。在设计单位与中俄东线项目部布置线路数字化设计平台。为实现现场线路设计平台与廊坊总部平台系统的连接，搭建从现场项目部到廊坊总部 10MB 的数据专线。

为满足设计与施工的同步，按照保密要求，在廊坊、北安、肇源配置物理隔离的服务器，周期性离线传输，如图 3-3 所示。

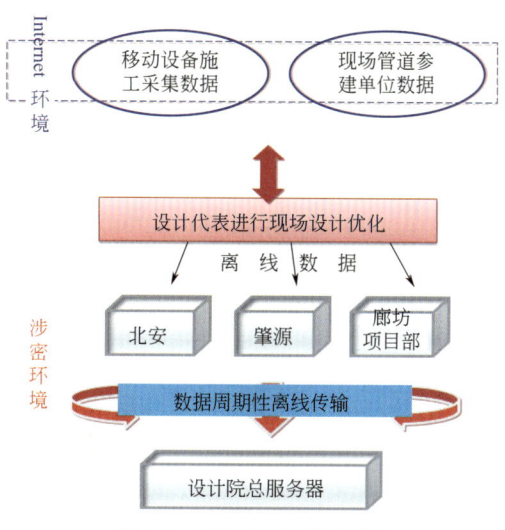

图 3-3　服务器搭建框架图

2. 站场平台访问方式

当终端用户访问站场平台时，用户通过身份认证并获取证书后自动跳转至站场设计专网，进行在线数字化设计或审查，如图3-4所示。

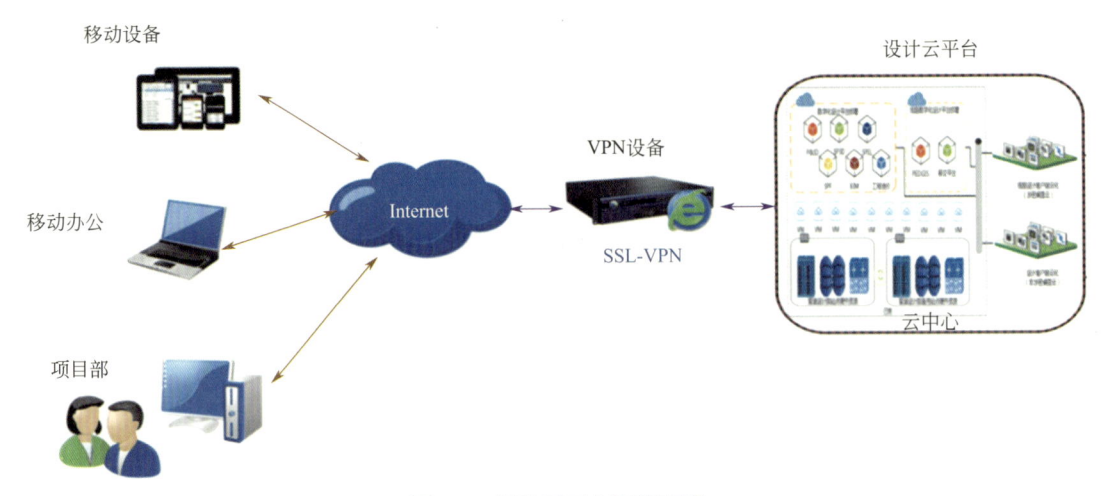

图 3-4 设计云平台远程查看

业主可对整体的设计成果进行浏览，从设计模型和成果中了解设计进度。通过审查软件进行异地协同审查与技术交流。条件允许的情况下，在施工现场可直接进行设计方案比对和调整，与施工方及业主等进行现场三维设计交底。

（二）载体平台

在设计云平台中部署载体平台，用于设计专用系统与 PCM 系统对接，通过两个系统间数据对接，实现中俄东线建设期关键数据向设计平台的回流校核，为最终生成竣工图提供支持，如图3-5所示。

图 3-5 载体平台功能示意图

设计云平台向 PCM 系统移交的数据包括结构化数据、非结构化数据及三维模型：

（1）结构化数据：初步勘察、初步测量、初设数据、详细勘察、详细测量、施工图设计数据；

（2）非结构化数据：初设文件、施工图文件；

（3）三维数字化模型。

PCM 系统中的竣工测量数据通过集成接口将数据回流到设计云平台，为平台出具竣工图提供依据。

二、基于云平台的数字化设计

（一）线路

线路数字化设计采用 PCDS 平台，按照《国家管网集团设计与工程建设准则》（DEC 文件）有关管道工程数字化移交的相关要求，向 PCM 进行设计数据移交。线路数字化设计涉及测量、岩土工程、线路、通信、穿跨越、防腐等专业，三维线路协同设计平台是基于综合信息数据和三维 GIS 软件开发的，用于管道路由设计、管线对象布置、工程量统计、成果输出以及基础数据管理，以提高线路工程设计的效率和质量，完成线路数字化设计。

使用线路数字化设计平台的碰撞检查功能，可以提示初步选择的管道路由是否满足标准规范要求，能够快速筛查管道与周边敏感区、规划区、道路、公共场所等的相互关系，保证设计方案和路由的合法合规，避免人工统计出现遗漏。

按照既定规则，结合地区等级对阀室间距进行核查，确认阀室间距是否符合标准要求；对高后果区进行识别，提示设计人员采取相应的防护措施（如调整路由、采取加强级防腐或提高壁厚等）；同时高后果区分析模块提供了高后果区分析和统计功能，实现了高后果区的详细定位。

线路数字化设计平台创建了面向设计过程的导航流程，根据固化在系统内部的标准设计流程，自动将工程参数、所需的专业设计工具和设计参数推送给设计人员，利用设备材料库自动进行工程量和材料的统计，最后利用标准设计模板自动生成设计文件和图纸，在整个设计流程形成智能化的设计作业管理模式，有效地提高设计质量和效率，如图 3-6 所示。

线路数字化设计平台可以根据各种基础数据、工程数据，按照定制的模板和比例、图幅尺寸，自动分幅切割，生成数字化设计平面图。

中俄东线设计采用递进式方式，先平面后竖向，与施工结合，优化完善设计方案，用定深变坡工具进行管线埋深设计；利用管线设计工具优化设计成果，将热煨弯头优化为弹性敷设，以保证自动焊的连续施工，北段在初步设计阶段的热煨弯头用量超过 1000 个，而施工图阶段优化到不足 200 个；同时，通过提前预设连头点，避免出现较大的应力集中。

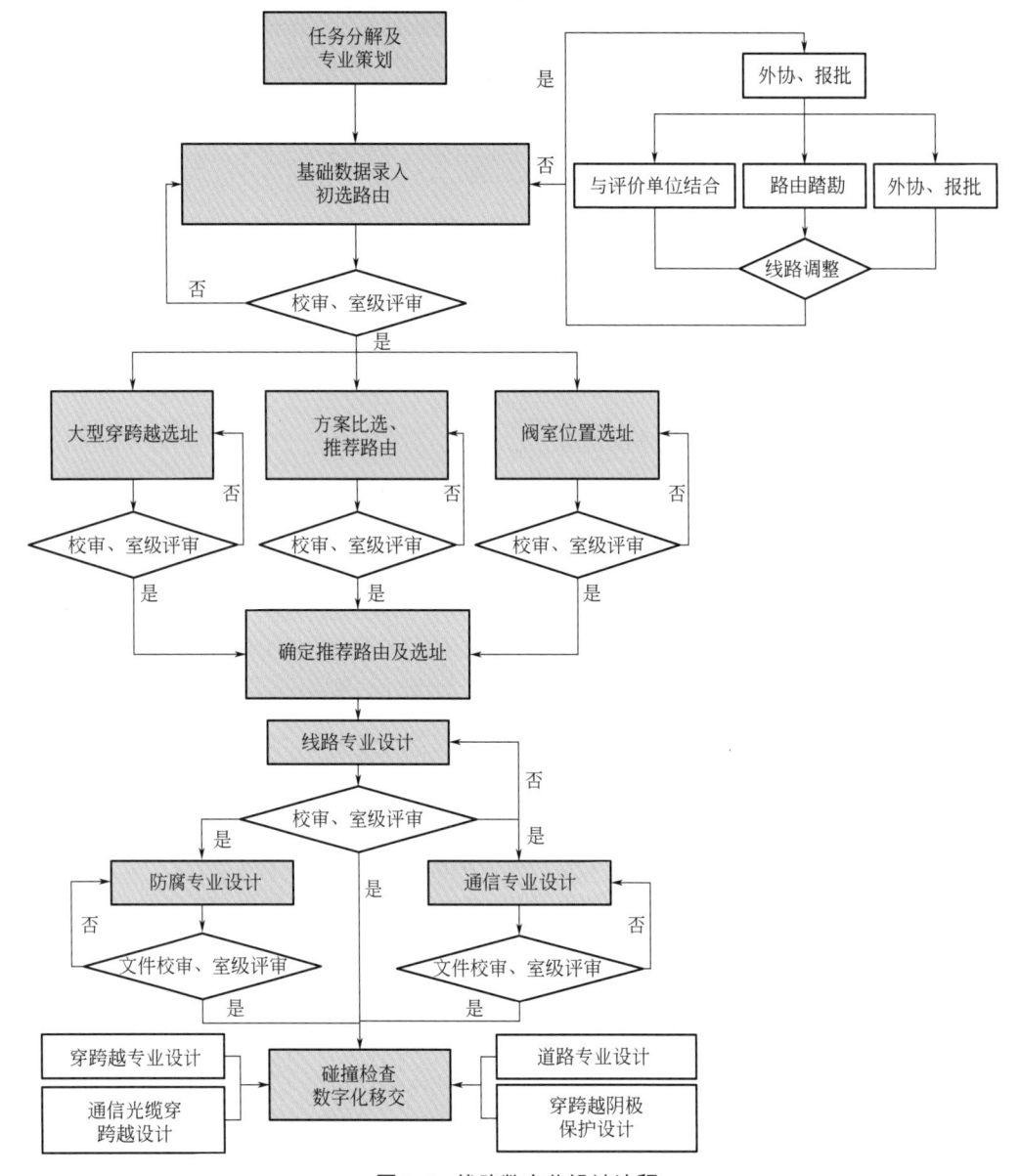

图 3-6　线路数字化设计流程

（二）站场

站场数字化设计采用 SP3D 平台，按照《国家管网集团设计与工程建设准则》有关管道工程数字化移交的相关要求，向 PCM 进行设计数据移交。站场数字化设计涉及工艺、配管、供热、给排水与消防、仪表自动化、站场通信、供配电、机械、站场腐蚀与阴极保护、总图、建筑、结构等专业。站场数字化平台基本工作流程如图 3-7 所示。

设计人员在 P&ID 软件中对站场、阀室工艺及仪表控制流程图中的设备、管线、管件、仪表等工程实体进行数据输入，自动生成设计文件，P&ID 设计成果包括智能 P&ID 图纸及全生命周期数据两部分。

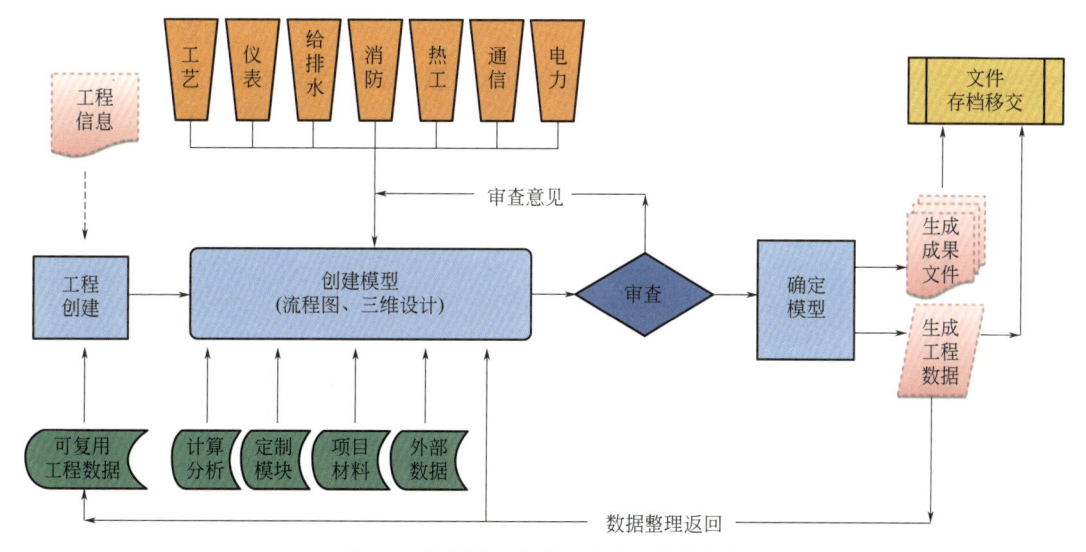

图 3-7 站场数字化平台基本工作流程图

利用 Smart 3D 软件进行三维模型设计，各专业参照总图、建筑模型，接收上游软件传递过来的 P&ID 数据信息在 Smart 3D 软件中完成各专业设计内容，最终多专业三维模型整合在 Smart 3D 中。

三维模型设计区别于传统设计方式，设计人员将数据整理、优化，采用"搭积木"的方式将不同功能区组装，最终形成设计成果。各专业之间在同一平台下进行协同设计，方案衔接更加合理，避免专业间碰撞，方便后续施工。三维模型中主要专业、辅助专业数据属性均可显示，通过多专业三维模型设计可提前预览施工后的站场全貌以及设备布置情况，方便业主进行模型审查，可使设计方案更加贴合实际需求。

（三）建筑

建筑数字化设计采用 REVIT 平台，按照《国家管网集团设计与工程建设准则》（DEC 文件）有关管道工程数字化移交的相关要求，向 PCM 进行设计数据移交。建筑数字化设计涉及建筑、结构、给排水/消防、暖通、热工、电力、仪表、通信等专业。建筑数字化平台基本工作流程如图 3-8 所示。

建筑设计子系统以美国 Autodesk 公司的 REVIT 系列软件为基本框架，整合其他多款计算分析软件，共同组成整体设计子系统。整个建筑设计子系统已经为建筑领域的成熟产品，中俄东线根据自身设计特点，进行整个设计子系统的工作流程编排，由建筑专业对建筑方案进行论证、设计并校审后，同步到服务器中，各专业可以链接到服务器，获取建筑中心模型文件，开展各专业间的协同数字化设计工作（包括专业模型搭建、设计数据录入、生成图纸等工作），然后进行碰撞检测，最终形成完整、准确、精细的数字化设计成果。

建筑数字化设计通过已经建立的 285 类族库，能够快速更换，加快设计进程。以建筑专业模型为中心文件，在基于对象的权限机制保护下，多专业同时开展 BIM 设计，各专业的设计工作均通过精细化建模的形式协同完成。

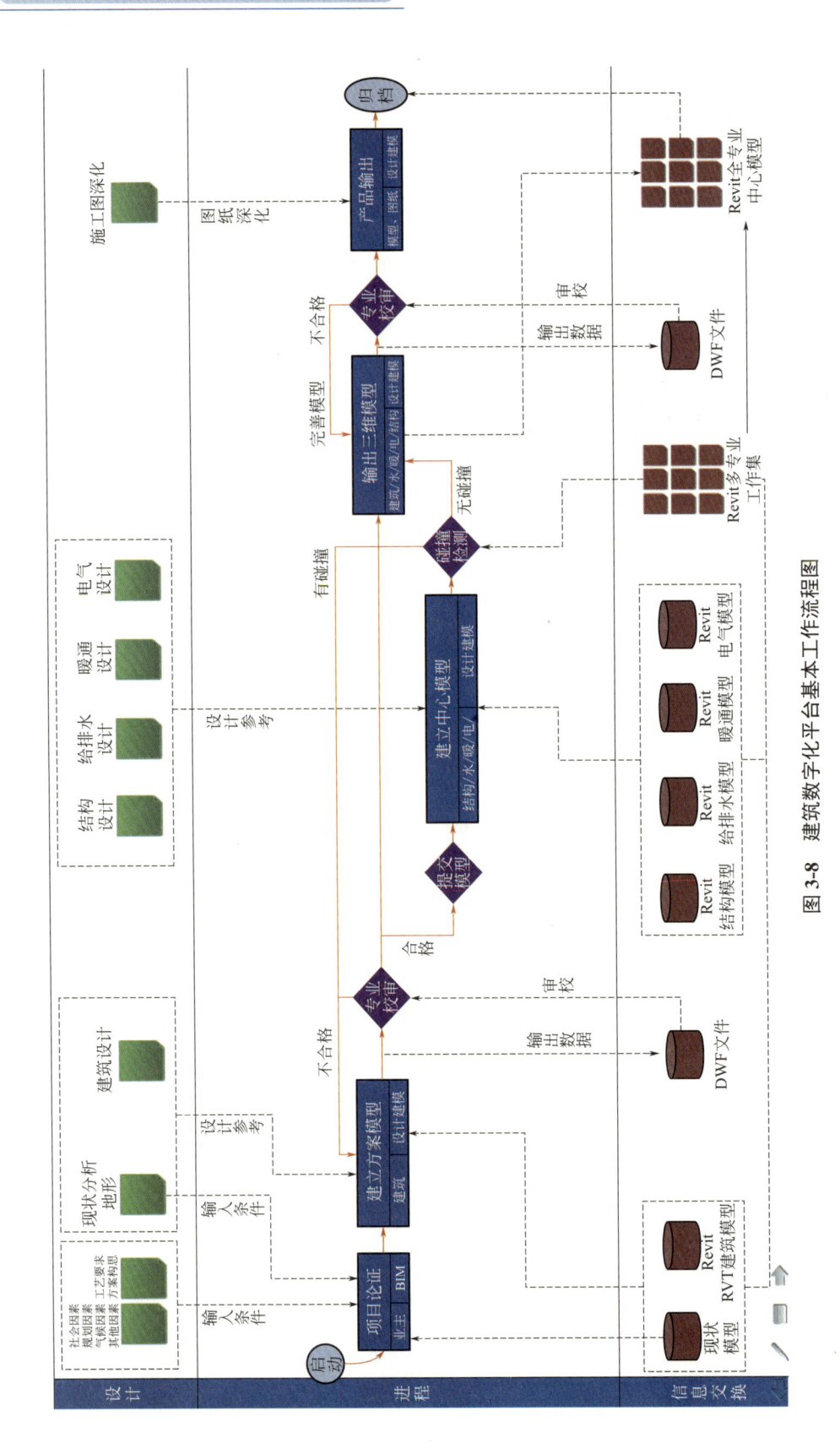

图 3-8 建筑数字化平台基本工作流程图

三、数字化设计审查

（一）线路

线路工程数字化设计审查应包括初步方案审查和最终方案审查。初步和最终方案审查流程如图 3-9 所示。

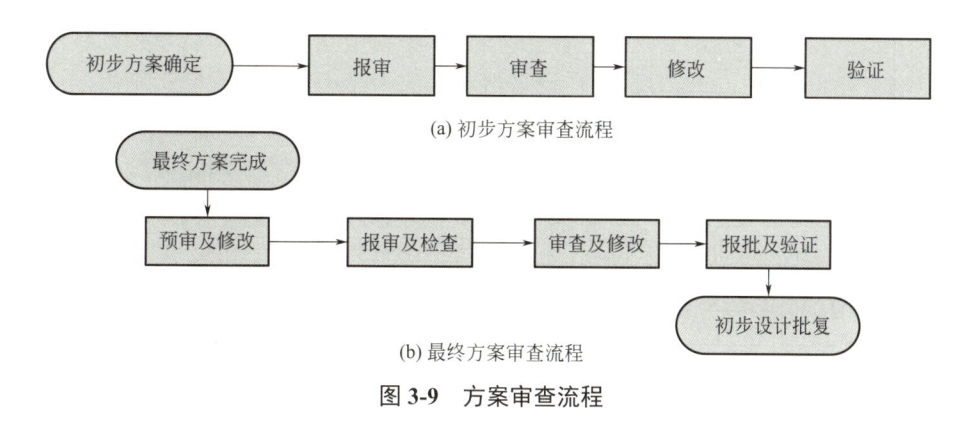

(a) 初步方案审查流程

(b) 最终方案审查流程

图 3-9　方案审查流程

（二）站场

站场数字化设计审查包括施工图设计文件审查和三维模型审查。

1. 施工图设计文件审查

根据《油气管道工程施工图设计文件审查规定》进行施工图设计文件的审查工作。

2. 三维模型审查

根据项目需求，在模型搭建完成 30%、60%、90% 三个重点节点，邀请项目业主单位、运营单位和技术专家进行三维模型可视化审查，确保数字化设计过程充分结合招标和实际运营需求，从源头降低建设过程中的设计变更风险，充分满足管道运营需求。

对三维模型进行审查的目的是验证数字化设计成果是否符合项目要求，通过模型审查检查设计的完整性、正确性、合理性、安全性、可操作性、可维护性、可施工性，如图 3-10 所示。

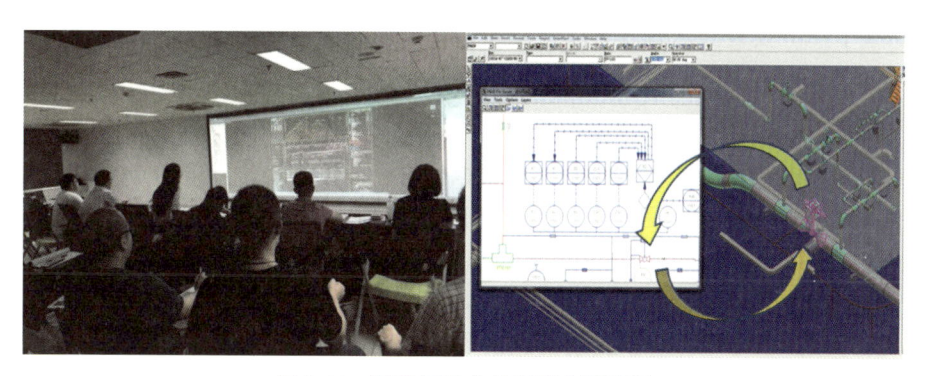

图 3-10　基于云平台的远程审图现场

（三）建筑

建筑数字化设计审查包括施工图设计文件审查和三维模型审查。

1. 施工图设计文件审查

根据《油气管道工程施工图设计文件审查规定》进行施工图设计文件的审查工作。

2. 三维模型审查

根据中俄东线项目需求，在模型搭建完成后，邀请业主单位、运营单位和技术专家进行三维模型可视化审查，确保在数字化设计过程中充分结合招标和实际运营需求，从源头降低建设过程中的设计变更风险，充分满足管道运营需求。

对三维模型进行审查的目的是验证数字化设计成果是否符合项目要求，符合实际运行单位的要求。

四、数字化设计移交

数据的交付和入库应遵照《油气管道工程施工图设计数据移交指南》的数据内容和入库流程要求进行数据交付。工程设计单位应将设计成果文件移交至 PCM，由 PCM 管理单位完成模型及文档的入库工作。

（一）线路

工程设计单位应向 PCM 交付内容包括：

（1）结构化文档：资料图纸目录、设备数据表。

（2）非结构化文档：说明书、设备材料表、设计专篇、计算书、图纸、请购单等传统设计成果文件。

（二）站场

设备供货商向工程设计单位交付内容包括：

（1）设备供货商应根据《油气管道工程设备全数字化交付通用规定》要求，将供货范围内的设备的三维模型以及所有文档交付工程设计单位。

（2）设备现场安装完成后，供货商应根据现场实际安装情况重新核实并提交设备三维模型，用于工程设计单位校核及最终数字化设计成果的提交。

工程设计单位向 PCM 交付内容包括：

（1）设备供货商交付的所有原始文件。

（2）结构化文档：资料图纸目录、设备数据表。

（3）非结构化文档：说明书、设备材料表、设计专篇、计算书、图纸、申购单等传统设计成果文件。

（4）数据模型：数字化设计平台输出的二维模型（.pdf 格式、.pid 格式）、三维模型（.vue 格式、.dmp 格式、*.pro-e 格式）。

（三）建筑

工程设计单位向 PCM 交付内容包括：

（1）应根据不同阶段要求分别录入建筑或设备的几何信息（外形尺寸）、物理信息（包括材质、热工性能）、设计信息（功率、负荷）、编码信息（如 ominclass 编码）、施工信息（厂家信息、材料信息、设备负荷）等。

（2）在完善三维形体的同时，可以使用二维线条来改善二维视图的效果。

（3）数据模型：数据模型移交格式为 DWF、NWF、PDF 格式。

第二节　数字化采购

通过物资采购共享服务平台，将物资需求、采购计划、招标等业务过程中产生的动态信息、结构化数据和非结构化文档进行数字化移交。

一、基于电子标签的物资管理

通过 RFID 技术，将电子标签作为供应链管理过程中的信息载体，以 RFID 读写器及手持设备作为信息采集设备，实现物资供应链管理过程中出厂、运输、入库、出库、盘点、安装调试、运行维护等关键作业环节信息的快速、自动、有效、批量采集，提升物资供应链管理水平和效率。二维码技术作为对电子标签的补充，可写入更多物资信息以及避免在缺少手持读写器的情况下无法获取设备基础信息的情况，弥补电子标签的不足，如图 3-11 所示。

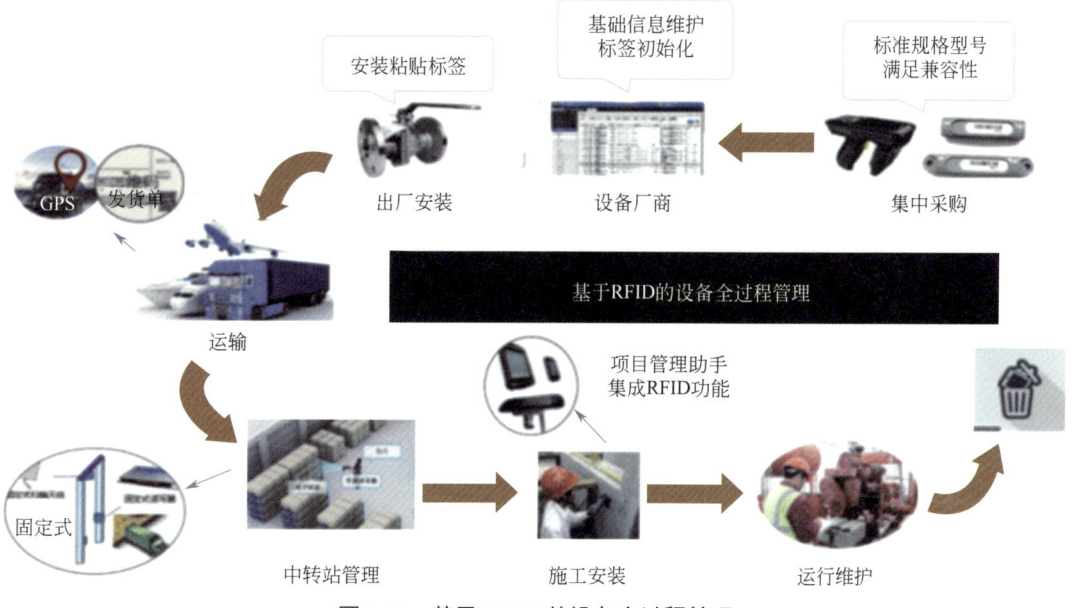

图 3-11　基于 RFID 的设备全过程管理

（一）发卡贴标

按照电子标签技术规格书要求，由物资供应商组织采购 RFID 电子标签及配套读写设备。物资发货前，供应商按照设备数字标签规定和二维码封装内容、应用场景要求，写入相关数据并完成安装粘贴，同时按照采办数据规定将设备物资编码、规格型号等基本信息录入 PCM 系统。

（二）物资运输

厂商可选择在系统中创建发货单，勾选发货设备，发货时可扫描电子标签信息与发货单快速核验，核验无误后发货。发货单除包含设备数量、规格等基本信息外，还包含承运单位、物流单号等信息。对于已发货设备，其状态标识为"已发货"，并与物流信息关联。建设单位可根据施工单位的施工计划，提出物资到货计划，通过加强物流控制，确保能及时将工程建设所需的材料和设备运达项目工地现场，确保项目施工进度顺利开展。

（三）验收入库

物资验收入库主要通过两种方式来实现，一是使用手持式读写器扫描完成到货验收；二是在仓库门口安装固定无源 RFID 读写器，后者较前者有更高的识别率，如图 3-12 所示。

图 3-12　管材及设备验收现场

第二种方式可根据现场环境进行规划，比如可以安装上下左右四个天线，保证 RFID 电子标签不被漏读。当 RFID 电子标签进入 RFID 固定式读写器的电磁波范围内会被激活，RFID 电子标签与 RFID 固定式读写器进行通信，当 RFID 标签识别完成后，会与发货单进行比对，核对货物数量及型号是否正确，如有错漏进行人工处理。最后将货物运送到指定的位置，按照规则进行摆放。设备入库成功后，状态标识为"已入库"。

（四）调拨和移库

中转站根据调拨令向施工单位发放物资，使用 RFID 手持式终端快速盘点设备数量，对调拨单内设备做出库登记，生成出库记录并更新库存台账，此时设备状态更新为"出库"。

（五）自动盘点

按照仓库管理的要求，进行定期不定期的盘点。当有盘点计划时，利用 RFID 手持终端进行货物盘点，扫描到的物资信息可以通过无线网络传入后台数据库，并与数据库中的信息进行比对，生成差异信息实时显示在 RFID 手持终端上，方便盘点工作人员核查。盘点完成后，盘点信息与后台数据库信息进行核对更新，盘点完成。

在盘点过程中，系统通过 RFID 非接触式读取（通常可以在 1～2m 范围内），快速方便地读取货物信息，将清查过程发现的问题在手持终端中予以记录。与传统的模式相比，提高了效率和准确性。

（六）现场安装

设备进场后，可通过 RFID 手持终端快速获知设备信息。一方面，可对现场物资设备进行核对和验收，核实无误后设备状态更新为"在建"；另一方面，可获取设备设计参数，如设备的连接形式、安装方式、结构形式、密封形式、法兰标准、工作压力和设计温度等，施工人员能够更加便捷准确地掌握管材、设备的基础数据，以便更加严格准确地按技术要求进行作业。现场可使用带有 RFID 读写器的项目管理助手采集施工数据，通过电子标签读取设备编号，关联其安装调试等现场数据，如图 3-13 所示。

图 3-13 现场安装二维码制作

二、物资数字化移交

（一）数据移交要求

（1）按照"谁产生、谁录入"的原则，由业务源头单位积累成果数据，数字化移交至 PCM 系统中，并对移交成果全面负责。

（2）厂家发货前按照 DEC 标准文件要求，完成采办数据移交。

（3）针对施工阶段产生的结构化数据需在当日移交至 PCM 系统并完成审核，过程自动采集数据需实时移交至 PCM 系统。

（4）严格执行数据规定、移交指南等 DEC 标准文件要求，保证移交成果数据的准确性、完整性、真实性和及时性。

（二）数据移交方式及流程

采办数据移交主要通过项目管理助手、PC 至 PCM 系统，再由 PCM 系统统一向国家管网集团数据中心移交，如图 3-14 所示。

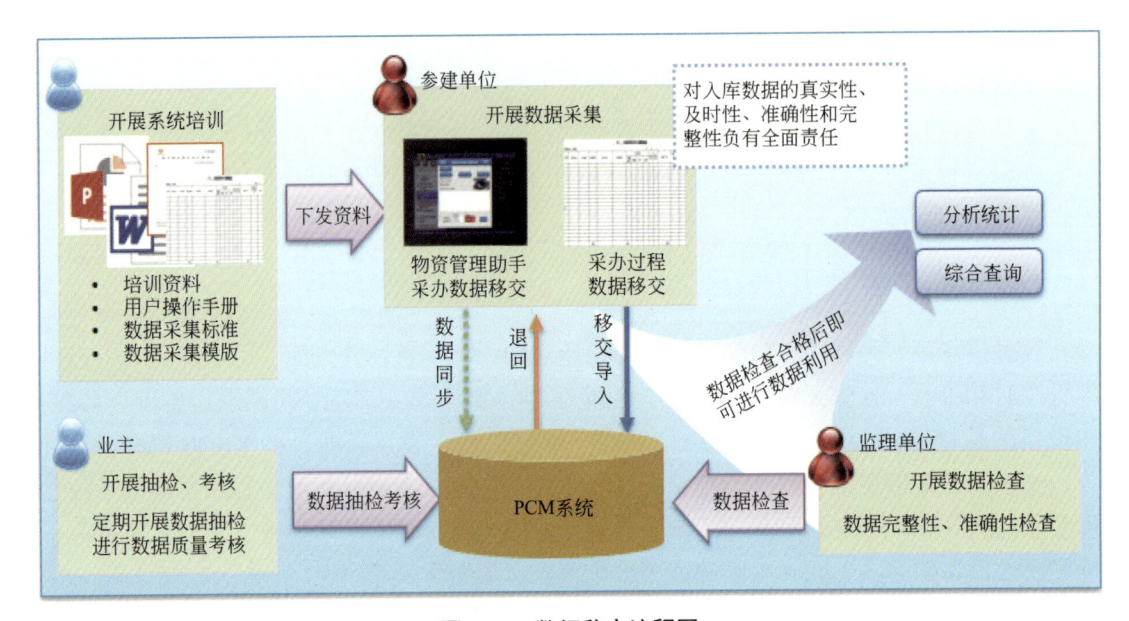

图 3-14　数据移交流程图

（三）数据质量审核要求

数据质量审查主要针对数据的及时性、准确性、完整性、真实性四个方面，审查内容包括但不限于数据入库时间是否及时、各数据项是否完整、编号是否准确、附件是否挂接、文件是否完整等。

物资采办数据入库两周内完成数据审核工作。物资供应商移交的驻场监造物资数据由监造监理审核，其他数据由采办服务商或者业主物资管理部门审核。

PCM 系统作为油气工程建设项目管理系统，物资采办用户范围涵盖业主、供应商（含运输协作单位）、中转站、施工承包商、监理单位、驻厂监造和试验检验单位等多个供应链成员单位；通过 RFID 技术，业务覆盖驻场监造、出厂发货、物流、到货验收、物资入库、中转站调拨、现场安装等业务环节；从设备制造源头获知其基础数据，及时获知在途数据与到货日期，快速完成出入库、盘点和调拨，及时掌握长周期、关键设备和重要材料交付进度，及时获知安装调试及运行维护数据，形成数据与实物的闭环管理，实现对设备的全过程管控，如图 3-15 所示。

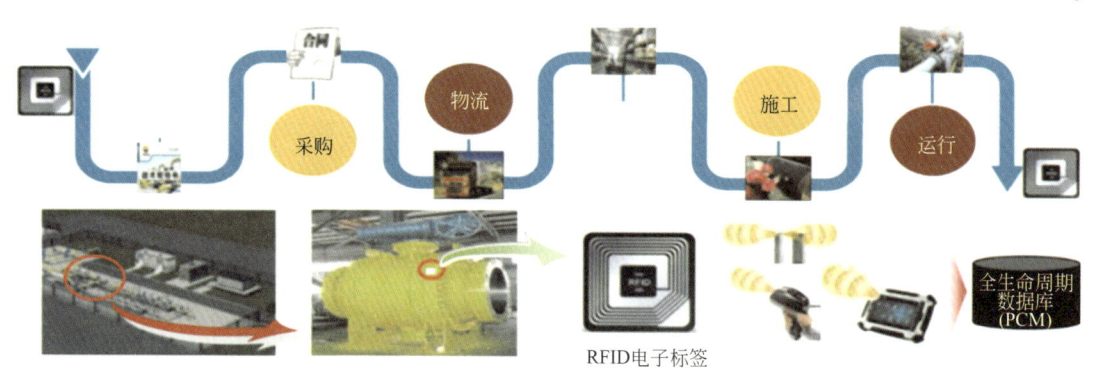

图 3-15　物资采购全过程管理

第三节　智能工地

中俄东线智能工地以 PCM 系统为平台，依托物联网、大数据、云计算、人工智能等技术，通过对机械、材料、人员及施工过程数据的采集分析，合理配置作业资源，智能监管作业过程，打造规范化、精细化、智能化的工程管理。

一、总体架构

工程建设工地安全风险无时不在！运用工业化技术与信息化技术的深度融合，从人、机、料、法、环等五个方面进行技术升级和管理提升，通过二维码实现对关键施工人员、施工机具设备的集中式管理；通过对关键工序监控视频采集、施工工况及结果数据采集实现施工过程精细化管理；通过对焊接、防腐等机具的智能化改造实现数据智能化采集等，为各级管理者提供远程监管手段，如图 3-16 所示。

图 3-16　综合调度监控大屏

二、智能工地搭建

(一) 现场组网

针对中俄东线沿线地域特点，智能工地数据传输采用现场组局域网+4G信号的网络传输方式。

局域网由采集模块、无线AP、服务器、路由器、交换机、网关、电源等组成。通过现场组局域网，焊接、防腐等设备、项目管理助手、视频监控终端可通过无线局域网接入服务器，为施工数据现场采集、传输、展示及工程远程监控提供网络基础服务。网络部署方案如图3-17和图3-18所示。

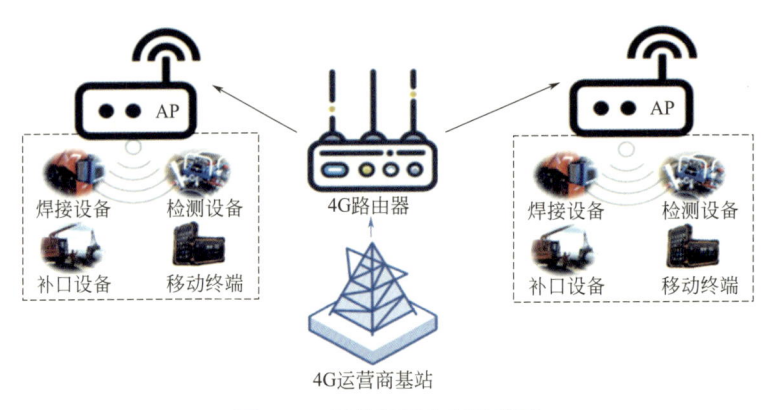

图3-17 网络部署方案示意图

图3-18 现场组网设备

(二) 线路智能工地搭建

线路智能工地包括"现场组网""视频监视""工况采集"。在机组作业面、焊接棚内、防腐补口、下沟回填等施工环节安装视频摄像头对施工现场进行监控；对机具设备安装GPS定位系统，实时掌握机组、设备动态；对焊机、防腐设备进行智能化改造，实现主要参数实时采集并传输至服务器,通过智能工地一体化管控平台进行监控,如图3-19和图3-20所示。

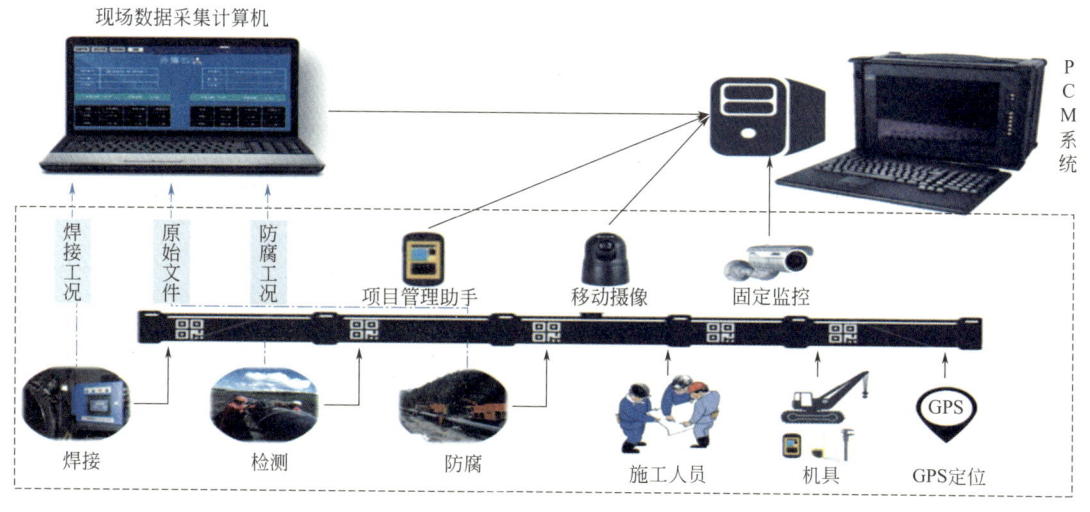

图3-19 线路智能工地示意图

图3-20 线路监控画面

(三)站场智能工地搭建

站场工程智能工地建设包括"现场组网"和"视频监视"。

站场施工视频监视包括两个固定鹰眼摄像头,布置在对角围墙上,鹰眼摄像头布置高度不低于5m,用于监视场内整体的施工情况,如场地平整、土建施工、建筑施工等,如图3-21所示。

图 3-21　站场监控平台画面

通过智能工地搭建，实现对工程施工现场的视频监控、感知和数据采集，真实准确反映现场作业过程，提高过程管控能力，确保工程建设质量，从而实现以下目标：

（1）站场、管道高后果区和管道施工现场的视频监控全覆盖；
（2）实时掌握现场作业情况，避免作业过程不规范；
（3）实时监视施工机具工况数据，发现问题，及时预警；
（4）施工数据现场采集，关键数据自动输出，确保数据真实、准确；
（5）掌握重点区域人员和设备情况，确保安全作业；
（6）施工全过程数据完整数字化移交和归档，确保过程可追溯。

移动端现场应用如图 3-22 所示。

图 3-22　移动端现场应用

三、智能工地一体化管控平台

（一）功能架构

智能工地一体化管控平台功能包括项目简介、承包商简介、人员、机具设备、材料动态管理、工程进展（里程碑节点）、各施工环节及重点施工工序可视化管理、重要施工参数实时动态管理、问题整改等，实现了对整个工程项目施工进度、资源投入、质量管控等重点关注问题的实时管控，达到了管理人员及时查看、下达指令，施工人员及时响应的管控要求，通过智能化管理，安全和质量得到有效保证。一体化管控平台的界面如图 3-23 所示。

图 3-23 一体化管控平台界面

（二）机具设备管理

基于机具设备档案库、项目管理助手，对设备的报验入场、维修保养、检定、现场检查和出场等环节进行闭环管理。

机具设备各环节信息应由监理单位和施工单位人员按照《油气管道工程机具二维码规定》（DEC-OGP-D-CM-004-2020-1）在机具设备档案库进行实时更新，如图 3-24 所示。

图 3-24 机具设备档案库示意图

1. 施工机具设备入库管理

（1）按照《油气管道工程机具二维码规定》（DEC-OGP-D-CM-004-2020-1），施工单位将机具设备数据录入PCM，并将合格证、检定证书、保养证明等扫描件同步上传；

（2）施工单位按规定打印二维码标签并粘贴在机具设备的规定位置；

（3）施工单位向监理机构提出机具设备进场报验申请；

（4）监理单位应对机具信息进行审核，审核通过的机具准许进场。

2. 施工机具设备报验审核管理

机具设备报验应按招标、投标文件、合同协议，以及国家法律法规、行业关于特种设备监督管理的有关要求进行审核。

审核内容应符合《特种设备安全监察条例》等法律法规的要求，以及集团公司关于机具设备的特殊要求，同时还要符合招标文件关于资源设备的要求。具体如下：

（1）施工单位实际投入的机具与投标时关于资源机具的投入承诺应一致，报验机具的数量、规格、型号等应符合投标承诺；

（2）报验机具的年检、校验、维修保养记录应齐全有效；

（3）报验机具与进场机具应一致，且状态良好。

3. 施工机具设备进场管理

监理单位审核通过的机具设备可以进场。审核内容包括机具设备的规格型号、年检、校验、维修保养记录等。

施工单位负责多个标段施工时，机具设备转场到下一个标段，施工单位应重新办理进场手续，监理单位验证二维码信息，核实后机具设备方可进场。

4. 施工机具设备年检、校验管理

机具设备年检、校验应满足国家、行业及集团公司相关管理规定。

建设单位、监理单位发现年检、校验过期，应立即责令其停止使用该机具设备，按规定年检、校验合格后可继续投入使用。

5. 施工机具设备维修保养管理

施工单位应定期对施工机具设备进行检查和维修保养，监理单位发现未按期维修保养的情况，应立即责令其按规定维修保养。

6. 施工机具设备离场管理

施工机具设备使用完毕，施工单位应向监理机构提出机具设备转场或者离场申请，获得批准后，机具设备方可离场。

7. 定位管理

每天施工作业前，施工单位应通过项目管理助手扫描机具设备二维码，将机具设备定位坐标信息更新到机具设备档案库。

8. 违规处罚管理

监理人员应根据报验清单对进场机具设备进行日常检查，如果发现年检、校验过期，对施工单位进行"警告"并责令离场；发现二维码信息与机具设备铭牌不符，机具设备不满足施工要求，对施工单位进行"通过批评"并责令离场。机具设备离场信息应由监理工程师在机具档案库中实时更新，并且记录不合规行为。

当施工单位在同一个项目内被两次警告时，应对其进行通报批评。

监理单位应在机具设备档案库中对被通报批评的施工单位标记通报记录，在后续项目招标时，机具设备档案库的通报记录作为施工单位信誉评价的组成部分，记入减分项。

（三）人员管理

基于人员信息库、项目管理助手，对人员的培训认证、报验入场、证件配发、现场检查、退场、评价等各环节形成闭环管理，如图3-25和图3-26所示。

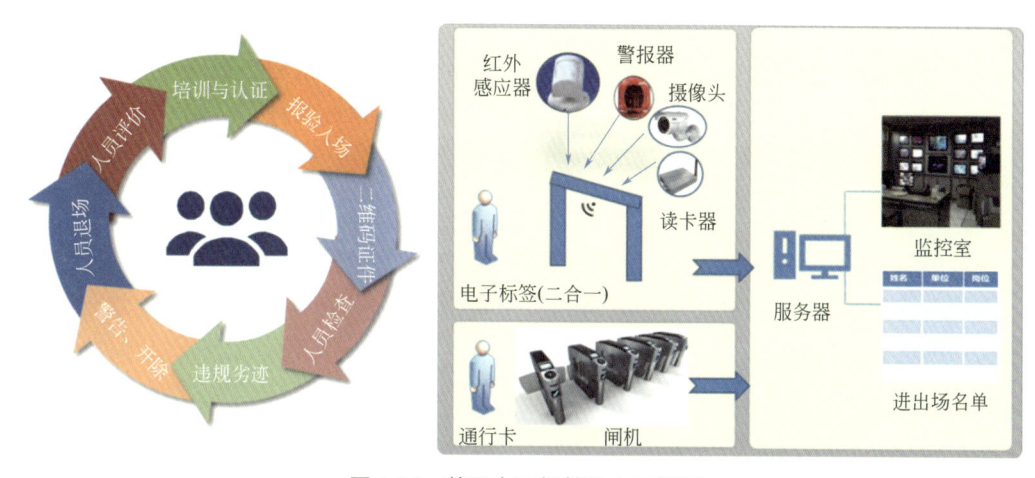

图3-25 基于电子标签的人员管理

图3-26 人员二维码管理

1. 电子标签工作证管理

人员RFID电子标签或电子标签工作证由建设单位按照《油气管道工程人员RFID电子标签及电子标签应用规定》的要求统一制作配发。

进入工程现场的人员应佩戴RFID电子标签或电子标签工作证。

2. 培训管理

作业人员应按照国家、地方政府相关法律法规及集团公司相关规定参加培训，并取得专业机构或培训部门颁发的培训合格证书，通过 RFID 记录在案。

3. 报验、报审管理

依据招投标文件、合同及国家标准规范、集团公司的资质、资格规定进行人员报验审核。报验、报审流程包括：

（1）设计单位、采办服务商、供应商/厂家、施工单位、无损检测单位等现场人员管理单位在人员进场前，通过人员库向监理单位提出人员进场报验申请；

（2）监理人员管理单位应在开工前，通过人员库向建设单位提出人员审核申请；

（3）建设单位通过 PCM，对监理报审人员进行审核，审核通过的人员方允许生成人员 RFID 电子标签或电子标签，人员进入项目人员库；

（4）监理单位通过 PCM，对报验人员进行审核，审核通过的人员方允许生成人员 RFID 电子标签或电子标签，人员进入项目人员库；

（5）人员发生变化时，人员管理单位应按本规定重新履行报验、报审程序；

（6）报验或报审的审核内容主要审查人员是否满足招投标文件及合同对资质、资格规定的要求，主要包括但不限于不可替换人员、主要管理人员、特种作业人员等。

4. 进场管理

人员所属单位应按照《油气管道工程人员 RFID 电子标签及电子标签应用规定》的要求，将现场人员基本信息录入 PCM，并将资质证书扫描件等作为附件上传，通过审核批准后，方可进场。

5. 离场管理

施工单位和检测单位人员离场前，应按照 DEC 文件《油气管道工程人员 RFID 电子标签及电子标签应用规定》的要求填报相关信息，将离场人员通过人员库报送监理单位，监理单位通过人员库审核批准后，施工单位和检测单位人员方可离场；监理人员离场前，应按照 DEC 文件《油气管道工程人员 RFID 电子标签及电子标签应用规定》的要求填报相关信息，将离场人员通过人员库报送建设单位，建设单位通过人员库审核批准后，监理人员方可离场。

6. 违规检查管理

项目检查包括内部检查和外部检查，内部检查主要包括建设单位的日常检查和专项检查，监理单位的巡视检查和专项检查；项目外部检查主要包括质量监督检查，集团公司专项检查（质量飞检和质量督查等，集团公司质量管理体系量化审核、质量检查等）。

检查内容包括人员资质、作业行为、人员弄虚作假、质量事件、事故和其他。

违规行为采集与记录：检查人员发现人员有不良行为，影响质量安全时，应通过项目管理助手扫描现场人员 RFID 电子标签，根据《油气管道工程人员 RFID 电子标签及电子标签应用规定》要求，记录现场人员违规行为，经建设单位核实确认后，录入人员库。

记录现场人员违规行为时，应按照《油气管道工程人员 RFID 电子标签及电子标签应用规定》的要求，详细描述现场人员违规的过程，必要时拍照留痕。

违规处罚：根据现场人员违规造成影响的严重程度，对直接责任人下达处罚，处罚结果分为"警告"和"开除"。

现场人员未执行 DEC 文件《油气管道工程施工质量管理规定》、质量标准等有关要求，质量过程控制不符合要求，产生质量隐患或轻微质量问题，有下列行为之一的（包括但不限于），处罚结果为"警告"：操作人员违规，出现轻微质量问题；资格证书过期，仍从事现场操作；项目主要人员替换手续缺失，对检查出的质量问题，不闭合，不落实整改措施；无损检测评片人员焊口错评 5 道口以下；监理人员质量、安全管理缺失。

现场人员严重违反集团公司的管理规定及 DEC 文件《油气管道工程施工质量管理规定》有关规定、违反操作规程，有下列行为之一的（包括但不限于），处罚结果为"开除"：违反焊接工艺规程；违章指挥、违章操作；关键作业人员资质弄虚作假；对存在的问题，不闭合，不落实整改措施，酿成质量事故；现场人员不服从管理、不履职，造成质量问题；无损检测评片人员焊口错评 5 道口（含 5 道）以上；私割私改隐瞒不报；监理不履职、玩忽职守，造成质量问题；现场人员累计重复出现的"警告"达两次。

处罚结果为"开除"的现场人员，列入人员库黑名单，人员库绑定黑名单人员身份证号码，禁止生成人员信息 RFID 电子标签，终身禁止参与建设单位所辖项目的建设。

建设单位应及时将列入黑名单的人员清理出施工现场，并杜绝已列入黑名单人员再次进入所辖项目施工。对于已列入黑名单的人员仍继续在现场施工的，建设单位对该人员管理单位进行通报批评，后续投标时，投标人业绩信誉考评项判定为零分。

（四）管材二维码

1. 线路钢管

钢管出厂时，每根钢管粘贴二维码，二维码封装了管号（每根钢管有唯一管号）、钢管属性、防腐层属性等基本信息，为钢管管理、施工过程信息应用等提供了数据源。钢管二维码应用参照 DEC 文件《油气管道工程线路钢管和感应加热弯管数据二维码规定》执行，使用项目管理助手录入焊口数据时，扫描钢管二维码快速录入前后管号。线路管材二维码应用效果如图 3-27 所示。

图 3-27 线路管材二维码应用效果图

2. 短节

短节预制过程中进行短节管号、长度、施工日期等数据采集,并在数据采集完成后,生成、打印、粘贴短节二维码,短节二维码应用参照 DEC 文件《油气管道工程线路钢管和感应加热弯管数据二维码规定》执行。如果短节存在原钢管二维码,则短节二维码紧邻原钢管二维码下方粘贴,粘贴示意如图 3-28 所示。

3. 冷弯管

冷弯管预制过程中进行冷弯管管号、角度、施工日期等数据采集,并在数据采集完成后,生成、打印、粘贴冷弯管二维码,冷弯管二维码应用参照 DEC 文件《油气管道工程线路钢管和感应加热弯管数据二维码规定》执行。冷弯管二维码紧邻原钢管二维码下方粘贴,粘贴示意如图 3-29 所示。

图 3-28　短节二维码粘贴示意图

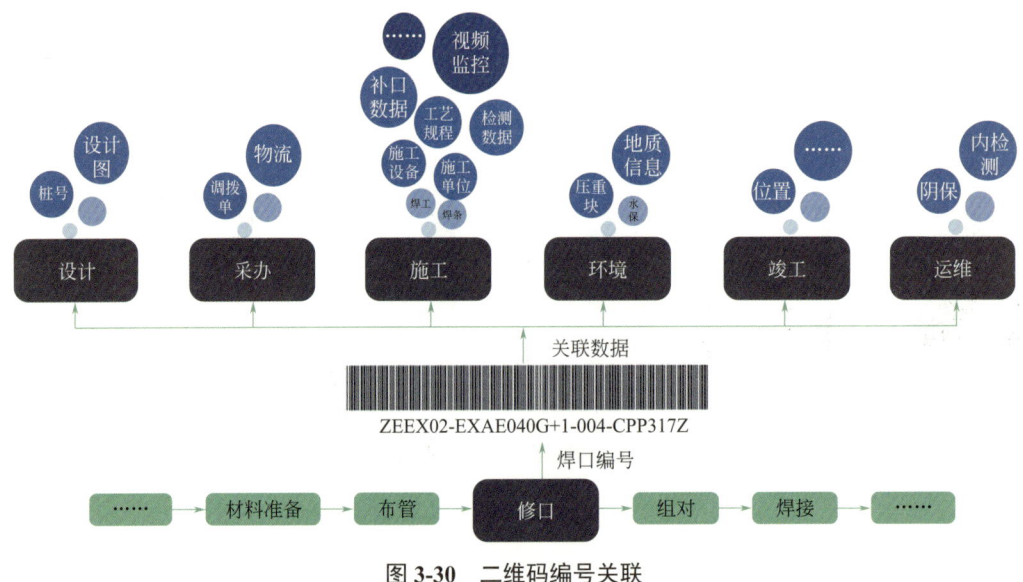

图 3-29　冷弯管二维码粘贴示意图

4. 焊口编号二维码

在布管组对之后,将产生焊口编号。使用移动数据采集终端进行焊口编号登记,先后扫描修口、组对相邻钢管二维码,按照焊口编号二维码生成规则,生成焊口编号二维码。通过蓝牙连接便携式打印机,打印焊口编号二维码标签,粘贴在焊口附近。焊口编号二维码标签作为唯一的身份标识,后续与之相关的各工序作业时,通过扫码自动获取焊口标识,并将数据有效关联,如图 3-30 和图 3-31 所示。

图 3-30　二维码编号关联

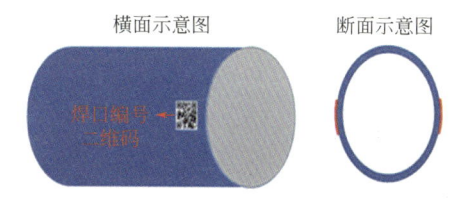

图 3-31 焊口编号二维码粘贴示意图

粘贴位置：钢管时钟 3 点、9 点位置，离环焊缝焊口 400mm，粘贴位置如图 3-31 所示。

（五）二维码在工程中的应用

通过 RFID、二维码标签建立油气管道工程相关实体与 PCM 系统的衔接，每台设备或零件对应唯一编码，通过唯一编码识别该设备身份，关联设备 PCM 系统内的基本数据与各业务数据，实现实物资产与数据资产同步维护。下面以线路工程施工举例说明二维码在工程中的应用

1. 组对

管道组对工作开始，扫描钢管、人员、对口器二维码，生成焊口二维码，进行组对工序的数据采集。组对工序采集信息应执行 DEC 文件《油气管道工程施工数据采集规定》的要求，监理人员应对采集数据进行审核，如图 3-32 所示。

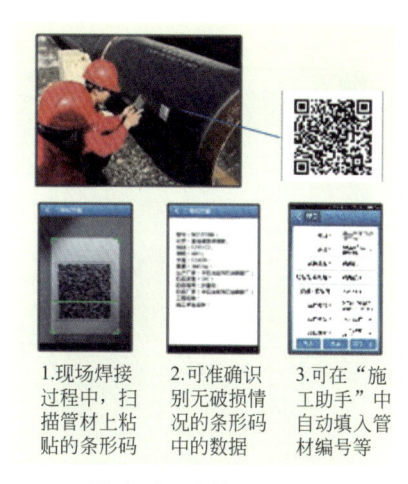

图 3-32 利用二维码进行数据传递

2. 焊接

焊接工作开始前，扫描焊口二维码显示封装信息、管工信息、坡口加工合格信息、组对合格信息；焊接工作开始，扫描焊口二维码和人员、焊机、焊材二维码进行焊接工序数据采集。焊接工序采集信息应执行 DEC 文件《油气管道工程施工数据采集规定》的要求，监理人员应对采集数据进行审核。焊接参数工况数据采集如图 3-33 所示。

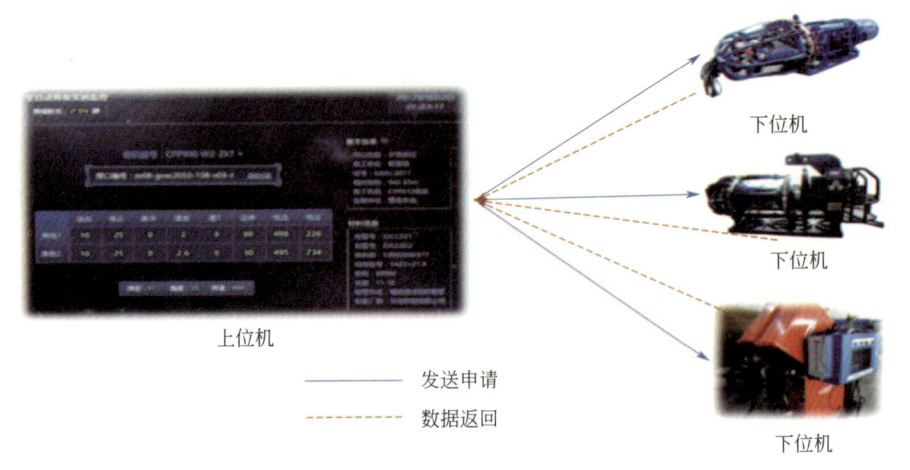

图 3-33　焊接参数工况数据采集

3. 无损检测

无损检测开始前，扫描焊口二维码显示封装信息、管工信息、焊工信息、坡口加工合格信息、组对合格信息、焊接外观合格信息；无损检测开始，无损检测单位通过项目管理助手扫描焊口二维码、人员、检测设备二维码，进行无损检测数据采集。无损检测工序采集信息应执行 DEC 文件《油气管道工程施工数据采集规定》的要求，无损检测单位应在规定时间内，上传无损检测结果，监理人员应对采集数据进行审核。AUT 检测现场信号上传如图 3-34 所示。

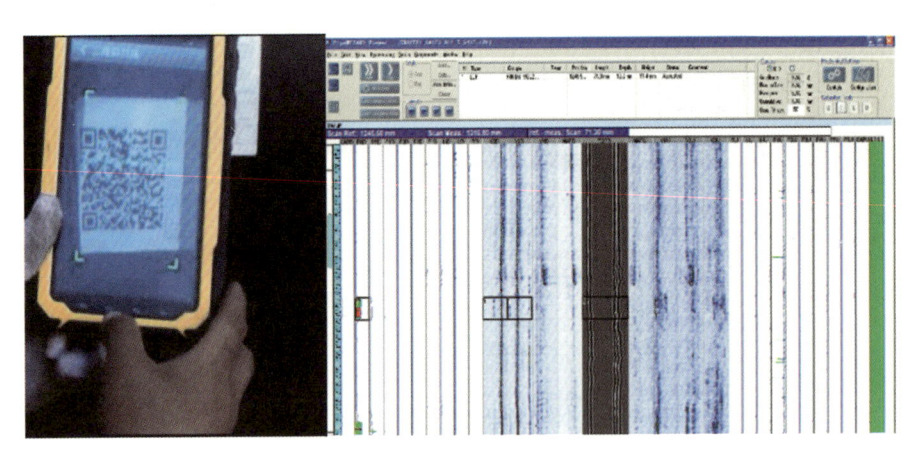

图 3-34　AUT 检测现场信号上传

4. 返修

返修开始前，扫描焊口二维码显示封装信息、管工信息、焊工信息、评片员信息、坡口加工合格信息、组对合格信息、焊接外观合格信息、检测结果；施工单位编制返修焊口编号，重新生成返修焊口二维码标签，并按要求粘贴；返修工作开始，施工单位通过项目管理助手扫描新焊口二维码、人员、焊机、焊材二维码采集返修数据，监理人员应对采集数据进行审核。

5. 割口

割口开始前，扫描焊口二维码应显示封装信息、坡口加工合格信息、管工信息、焊工信息、评片员信息、组对合格信息、焊接外观合格信息、检测结果；施工单位按规定编制新焊口编号，重新生成焊口二维码标签，并且按要求粘贴；割口工作开始，施工单位通过项目管理助手扫描新焊口二维码、人员、焊机、焊材二维码采集割口数据，监理人员对采集数据进行审核。

6. 防腐补口

防腐补口开始前，扫描焊口二维码显示封装信息、管工信息、焊工信息、评片员信息、坡口加工合格信息、组对合格信息、焊接外观合格信息、检测结果合格信息；防腐补口工作开始，施工单位通过项目管理助手扫描焊口二维码、人员、补口机具、补口材料二维码，采集防腐补口数据，监理人员应对采集数据进行审核，如图 3-35 所示。

图 3-35　防腐补口现场施工及二维码

7. 防腐补伤

防腐补伤工作开始，施工单位通过项目管理助手扫描管材二维码、人员、补伤机具、补伤材料二维码，采集防腐补伤数据。监理人员应对采集数据进行审核。

8. 焊口坐标测量

焊口坐标测量开始前，扫描焊口二维码显示封装信息、管工信息、焊工信息、评片员信息、防腐工信息、坡口加工合格信息、组对合格信息、焊接外观合格信息、检测结果合格信息、防腐补口合格信息。回填前，施工单位通过项目管理助手扫描焊口二维码、人员、测量机具二维码采集焊口坐标数据，监理人员应对采集数据进行审核。

第四节　数字化交付

一、数据回流与竣工图生成

现场施工结束后，竣工图所需的属性数据由监理确认准确性后，回流至设计单位，设计人员对回流数据进行校验，校验合格后入库并修改模型，根据修改内容在平台上生成竣工图，并在二维图中标明修改记录，记录竣工图与施工图的变化。竣工图完成后，可在图纸设计模块设置分幅参数，利用分幅出图功能，生成纸质竣工图纸，二、三维模型和材料数据库作为数字化成果进行移交。

下面以线路竣工图的制作过程为例介绍竣工图生成的全部过程。

竣工图数字化生成从数据入库、校验、竣工图绘制、展示与移交五个方面开展工作，以建立起完整的竣工图数字化平台，完成数据化设计要求。

竣工图阶段线路数字化设计流程如图 3-36 所示。

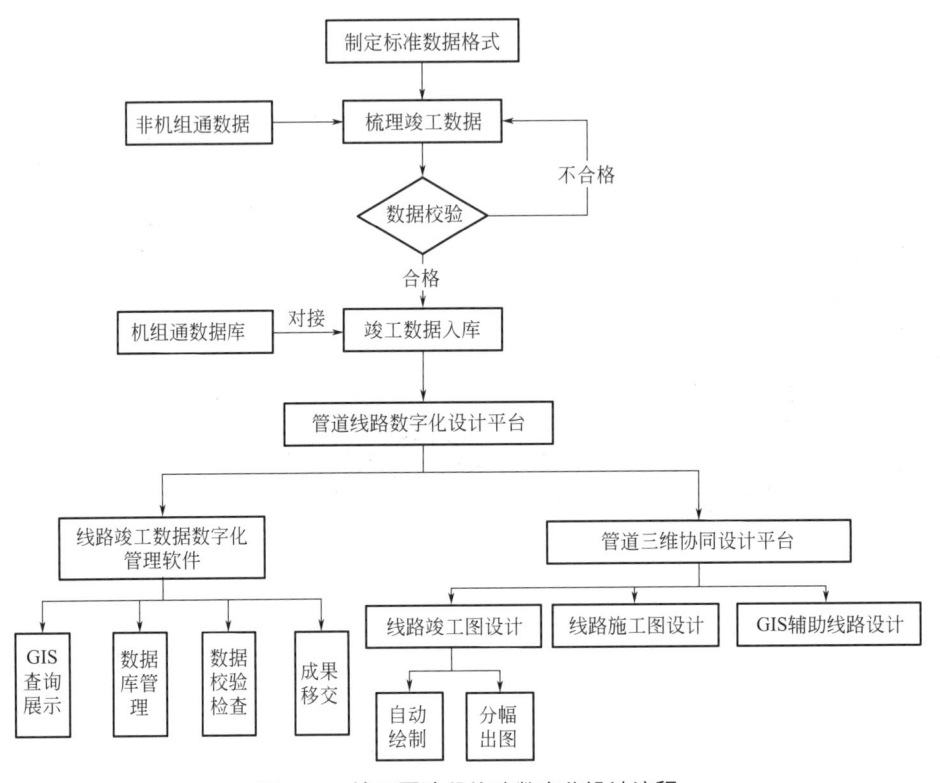

图 3-36 竣工图阶段线路数字化设计流程

（一）竣工数据搜集整理入库

要实现竣工图数字化设计，首先需要建立起一套完整的竣工数据标准入库模板。根据中俄东线项目自身特点，结合工程实际对数字化入库信息的全部需求，进行分类整理，确定数据种类、类型、标记方式、精度等信息。

（二）数据校验

竣工数据入库前必须进行数据校验，为此研究一套数据校验算法，并开发相关校验工具，对管道竣工相关数据提前进行验证检查，使焊口数据、弯管数据、穿越数据、水保数据等保持准确统一。竣工图阶段数据验证流程图如图 3-37 所示。

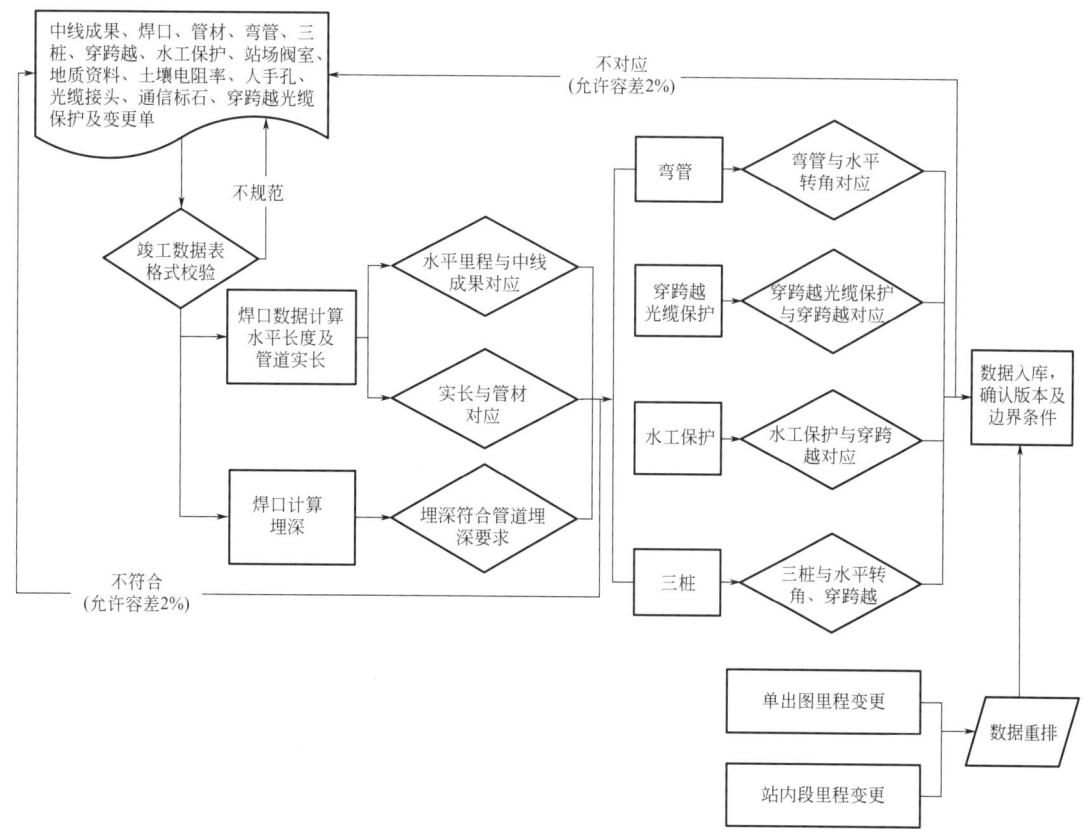

图 3-37　竣工图阶段数据验证流程

（三）竣工图绘制

根据入库的竣工数据自动生成竣工图，并进行校对、审核。

（四）竣工数据 GIS 展示与移交

竣工数据的展示与移交是竣工图数字化设计的重要内容。为了满足上述目的，开发了竣工数据数字化管理软件，将 GIS 展示、成果移交表格的自动生成、数据校验与挖掘等功能集成一体，并利用竣工数据库和综合信息数据库作为依托，自动完成展示与移交的工作。

二、数字孪生体的构建

所有数字化设计成果通过设计云平台进行设计数据的成果整合，通过一体化载体平台完成中俄东线的数字孪生体构建，具体构建内容如下：

（1）管道三维模型实体及周边环境的数字化构建；

（2）管道实体（如一段管线、一个站场、一台压缩机、一个阀门、一个控制系统等）的结构化设计数据与三维模型整合；

（3）管道数字化的信息（设计图纸、厂家数据、施工回流数据）集成。

管道建设期将数字化设计成果通过设计云平台和PCM系统整合，便于管道施工过程中的静态设计数据与施工采集信息集成，保证数字孪生体在管道建设过程中不断成长，满足管道建设期的静态数据与后期运维期动态数据集成需求。

三、系统互融互联建设

中俄东线在设计、采购、建设、运营（封存）等各个阶段将产生大量的结构化及非结构化的数据（表3-1）。根据《油气管道工程施工图设计数据规定》，施工图设计阶段包含16大类、376实体项、4849属性项静态数据；根据《油气管道设备设施运行数据规定》，运营阶段包含22大类、819实体项、7290属性项静态数据，以及压力、温度、振动等多种动态数据，此外还有很多气象、水文等外部数据。经统计，中俄东线设计、采办及建设阶段将向运营阶段全数字化移交数据约555 TB。

表3-1 中俄东线各阶段产生的数据分类表

序号	设计阶段	采办阶段	建设阶段	运营阶段
1	可研报告	采购合同	施工合同	压缩机运行数据
2	初设报告	驻场监造	监理记录	计量仪表数据
3	施工图设计	物流管理	焊接数据	电气设备数据
4	管道基础数据	出入库管理	防腐数据	光纤预警数据
5	线路数据	安装调试	测量数据	阴保监测数据
6	工艺数据	设备参数	视频监控数据	视频监控数据
7	……	……	……	……

为实现建设期静态数字孪生体在运营期的应用，通过构建统一的数据中心和打通各系统间接口，使数据能够在各系统间共享，最终实现数字孪生体的同生共长。

（一）数据标准统一及系统接口开发

目前，在管道领域与管道数据相关的规定主要有《油气管道设备设施运行数据规定》《油气储运项目设计规定》《管道完整性管理规范 第6部分：数据采集》，物料分类编码目前采用《石油工业物资分类与代码》《物资编码及属性规范》。

工程建设期和运营期产生的大量数据存于不同的统建系统和专业系统中。按照智慧管网总体设计方案，设计阶段、采办阶段及建设阶段产生的大量数据向运营阶段进行全数字化移交，形成PCM、PPS、PIS、SCADA、ERP、EAM等系统相互关联，并进行基于大数据应用的管道全生命周期管理。当前建设期及运营期主要数据系统及系统数据架构见表3-2。

表 3-2　各信息系统数据架构汇总表

序号	系统名称	数据架构
1	设计平台	基于 PADCAD、SP3D、REVIT
2	PCM	基于 WBS 架构
3	PPS	基于 Oracle 架构
4	PIS	基于 ArcGIS 的线性参考模型
5	SCADA	基于 SOA 的 PCS 架构
6	ERP	B/S、INTERNET 体系结构
7	……	……

依托中俄东线打通了设计云平台、PCM、PIS 系统之间的数据接口。数字化设计成果均存放在数据集成及转换平台（线路载体平台及站场载体平台）中，PCM 等可通过 API 接口调用得到 json、XML 等数据，通过网络地址方式得到非结构化文档，并可下载开放式的 3D 文本文件，用于 PCM 等系统的直接利用和加载。

施工数据通过线上非涉密数据回流与线下涉密数据回流两个渠道实现数据回流至设计，由设计在设计云平台中生成竣工图。

通过 PCM 和 PIS 之间的数据接口，PCM 将系统中的设计数据、经设计校验复核过的施工数据移交给 PIS 系统。

（二）基于数据中心的数据交互方式

未来，通过建设统一的数据中心，实现建设期、运营期数据的统一存储和集中管理。数据中心在支持全数字化移交的同时，支持大数据分析的需求，满足工程监测、安全预警、调度运行、应急指挥统一协同管理的需求。数据中心模式下的数据流向如图 3-38 所示。

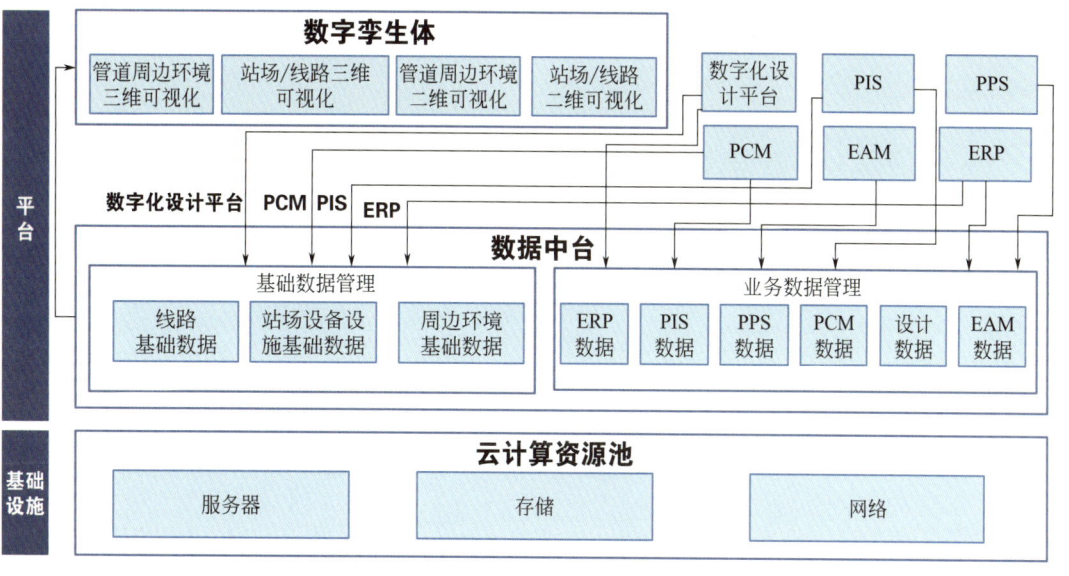

图 3-38　数据中心模式下的数据流向

参考文献

[1] 唐建刚. 建设期数字化管道竣工测量数据的采集[J]. 油气储运, 2013, 32（2）: 226-228.

[2] 董绍华, 安宇. 基于大数据的管道系统数据分析模型及应用[J]. 油气储运, 2015, 34（10）: 1027-1032.

[3] 王维斌. 长输油气管道大数据管理架构及应用[J]. 油气储运, 2015, 34（3）: 229-232.

[4] 刘道新, 胡航海, 张健, 等. 大数据全生命周期中关键问题研究及应用[J]. 中国电机工程学报, 2015, 35（1）: 23-28.

[5] 周利剑, 李振宇. 管道完整性数据技术发展与展望[J]. 油气储运, 2016, 35（7）: 691-697.

[6] 张海峰, 蔡永军, 李柏松, 等. 智慧管道站场设备状态监测关键技术[J]. 油气储运, 2018, 37（8）: 841-849.

[7] 黄玲, 吴明, 王卫强, 等. 基于ArcGIS Engine的三维长输管道信息系统构建[J]. 油气储运, 2014, 33（6）: 615-618.

[8] 张凤丽, 于昊天, 叶伦宽, 等. 基于3Ds Max和ArcGIS的油气站场三维可视化信息系统开发[J]. 油气储运, 2019, 38（10）: 1170-1175.

[9] 李柏松, 王学力, 王巨洪. 数字孪生体及其在智慧管网应用的可行性[J]. 油气储运, 2018, 37（10）: 1081-1087.

[10] 王巨洪, 张世斌, 王新, 等. 中俄东线智能管道数据可视化探索与实践[J]. 油气储运, 2020, 39（02）: 169-175.

第四章　全智能化运营

全智能化运行是在标准统一及管道数字化的基础上，采取信息化手段大幅提升管道的智能化管理水平以及智能判断决策水平，最终达到管道安全高效运行的目标。管道智能化运营的核心是以科学决策、优化管理、高效执行的手段，为管道的安全、高效、环保运行决策提供技术与管理支持。基于管道行业自身业务特点及我国管道管控技术现状，仍需从管道自动控制水平、管道风险应对能力、信息安全保障以及管网优化运行决策四个方面推进管道的全智能化运营。因此，本章主要介绍中俄东线无人站场建设与运行管理、远程应急指挥与辅助决策、网络安全防护及管网优化运行技术等四个方面的内容。

第一节　无人站场建设与运行管理

自20世纪90年代开始，以北美为代表的国外先进管道公司逐步实现了站场无人化、集中调控和区域化运行维护，其突出特点是运行和维修维护的分离，目前国外先进管道公司的人均管理里程普遍超过10km/人，见表4-1。

表4-1　国内外管道企业人员管理效率对比情况

公司名称	国家	管道里程，km	员工数量，人	人均管理里程，km/人
TransCanada	加拿大	96800	7500	12.9
Snam	意大利	32500	3000	10.8
GRDF	法国	195000	12000	16.2
Enbridge	加拿大	103617	11000	9.4
Kinder Morgan	美国	124800	11000	11.4
ONEOK	美国	52000	4000	13.0
Columbia	美国	24000	1800	13.3
企业A1	中国	16600	3200	5.2
企业A2	中国	12280	2900	4.2
企业A3	中国	15600	8800	1.8

国外先进管道公司所辖管道无人站比例较高，很多管道的中间站按无人站进行管理。例如 Explorer 管道总长 3040km，输送油品种类多、工艺复杂，全线 41 座泵站中有近 30 座无人值守站，管道运行完全由调控中心负责，调控中心配置 6 个调度班组，每个班组 2~4 名调度员。Snam 公司绝大多数管道压气站内无调度运行人员，典型配置为 5~7 名技术员工和操作员工，负责管道设备、设施的巡检和简单维护，站内人员每周工作 5 天，且只在白天工作，非工作日和夜间完全实现无人值守，分输站为无人值守，管道运行自动化水平高，对现场设备的巡检频次较低。管道和站场的维护普遍采用区域维护中心的模式，一个区域维护中心配置 10~20 名维护人员，负责约 400km 管道和站场的维护。例如 Vector 管道总长 560km，只有 13 名维修维护人员负责站场管理，且不常驻站场，仅在白天巡检并开展维检修作业。

相比之下，由于管道系统自动化水平、可靠性、管理理念等原因，我国油气管道的运行模式仍以调控中心指挥、站场配合操作为主。在运行方面，大部分站场虽可实现调控中心远程控制，但仍保留站场级别控制，人员 7×24h 倒班运行，系统自动化优势没有得到充分发挥；在维修维护方面，区域维抢修中心和维抢修队人员 24h 值班待命。根据国内典型设计方案，一般输气管道压气站日常驻站人员配置为 19~22 人，分输站日常驻站人员配置 10 人，液体管道日常驻站人员配置 16~30 人。目前，我国油气管道人均管理里程为 1~5km/人，人员数量、劳动强度与国外先进水平相比差距较大。

中俄东线按照"无人站"的标准进行设计和建设，为智能管道运行管理奠定良好基础。基于无人站设计和建设的技术包括但不限于站场工艺流程控制及压缩机等设备操作的自动化、站场运行环境综合监测及巡检、站场设备的远程诊断及维护等方面。

一、无人站场设计理念

无人站场与传统输气站场相比，主要有以下几点特征：

（1）具备远程自动控制功能，无人操作、无人值守，由调度控制中心操作运行。

（2）站场具备远程集中调控功能、具备调度中心远程一键启停、工艺流程自动切换、用户自动分输、天然气远程计量交接功能；站场压力和流量调节功能均由站控 PLC 实现。

（3）压缩机组及辅助系统具备远程一键自动启停、防喘振自动控制及负荷自动分配功能；压缩机组润滑油系统的温度、压力具有自动控制功能，能够根据设定参数自动启停加热器、润滑油泵等设备；空压机具备与干气密封压缩空气管路的压力联锁启停控制功能，具备压力自动调节功能。

（4）工业电视监控实现工艺设备区、站控室、机柜间、变频间、高低压开关柜间、周界围墙等关键场所的全覆盖，具备图像智能识别和智能巡检功能。

（5）室外工艺设备区可燃气体探测器采用激光可燃气体探测器，实现对可燃气体 ppm 级微渗漏的监测与报警。

（6）关键设备（压缩机组、流量计算机、PLC、网络通信设备等）具备远程维护和诊断功能，能耗数据具备远程采集与集中分析功能。

二、SCADA 系统

SCADA 系统作为长输管道远程调控的核心系统，对其功能性、兼容性、可靠性及安全性都有极高的要求。多年来，该系统一直处于由几家国外自动化巨头垄断的状态，对我国的能源供应及国家关键基础设施的安全造成极大潜在威胁。为解决该问题，公司加快推进 SCADA 系统成套国产化，2015 年 6 月启动"国产油气管道 SCADA 系统软件工业试验"项目，在冀宁天然气管道和港枣成品油管道进行工业试验，试验结果表明国产 PCS（油气管道控制系统软件）满足当前油气管道生产监控需要，能够替代国外 SCADA 系统软件。

（一）SCADA 系统总体设计方案

天然气长输管道系统由首站、末站、分输站、压气站、清管站和阀室组成，在各工艺站场设置不同规模的站控系统（SCS）。SCS 是 SCADA 系统的远程监控站，接受和执行主调控中心指令，实现站内数据采集及处理、联锁保护、连续控制及对工艺设备运行状态的监控，并向调控中心或备控中心上传所采集的各种数据与信息。

中俄东线干线及支线各站场站控系统与北京主调控中心 SCADA 系统设一主一备的通信信道，光缆信道为主信道，卫星作为备用信道，如图 4-1 所示。

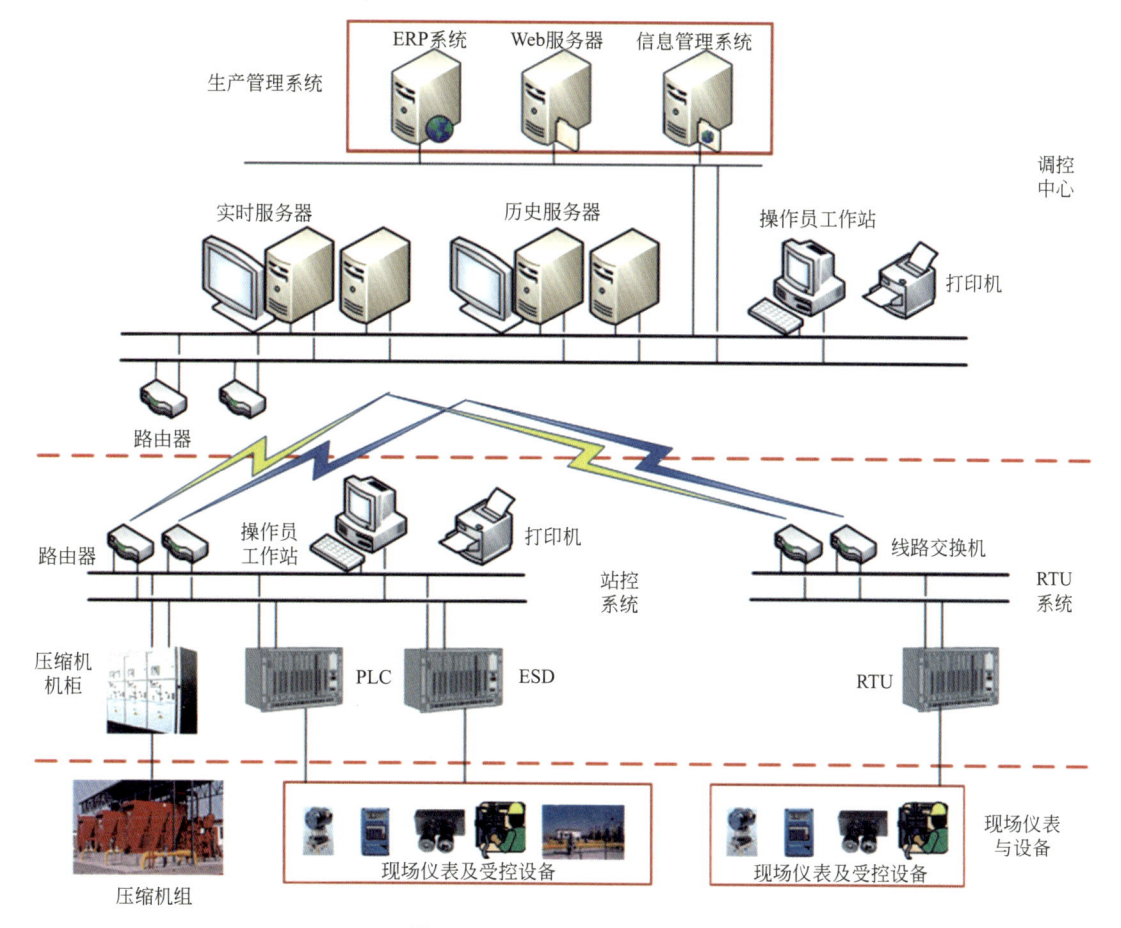

图 4-1　SCADA 系统设计方案

（二）国产化 PCS

在全面总结 SCADA 软硬件国产化试验与应用的经验和做法基础上，中俄东线进一步扩大应用规模，首次实现了中俄东线（黑河—永清段）所有 15 座站场和 79 座阀室核心控制系统软硬件成套国产化，软件采用自主研发的核心控制软件 PCS，硬件实现了过程控制 PLC 及安全仪表 PLC 国产化、阀室 RTU 国产化。PCS 软件和 PLC、RTU 硬件在现场应用中得到了充分检验，黑河站单站管理点数达到 23000 点，其功能与可靠性完全满足现场控制要求。PCS 系统还实现了压缩机监视控制与站控系统整合、站控系统压缩机负荷分配、HMI 监控软件国产化、站场一键启停等功能，为实现无人站场奠定了基础。PCS 软件主要包括过程控制系统组态软件、人机界面（HMI）组态软件、操作系统等组成部分，如图 4-2 和图 4-3 所示。

图 4-2　PCS 黑河站控制界面

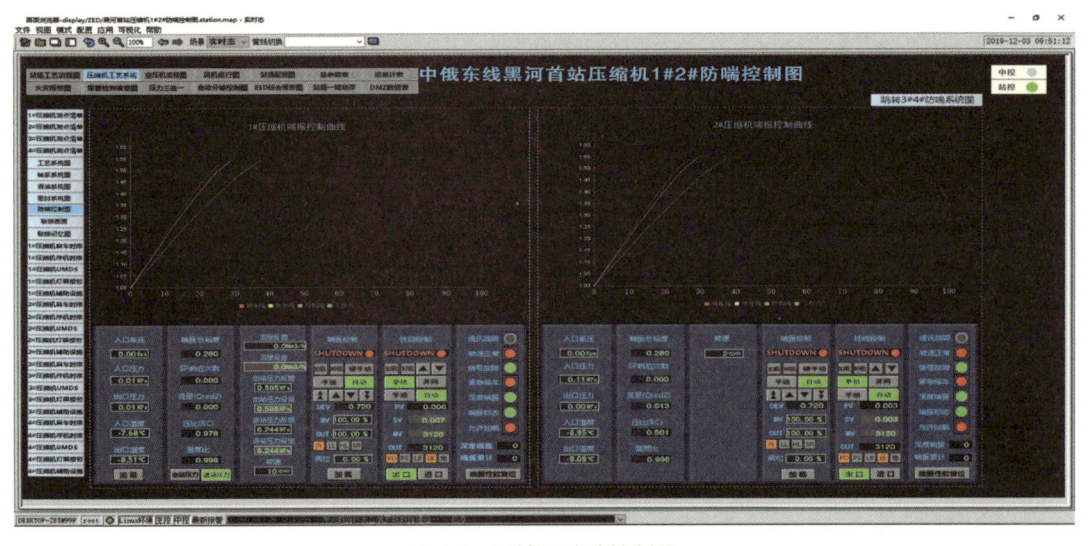

图 4-3　压缩机防喘控制图

1. 过程控制系统组态软件

过程控制系统组态软件可安装在操作员工作站中，完成对过程控制单元的编程和组态。组态软件可支持多种编程语言，可调用多级子程序，具备逻辑运算、数学运算、字符串运算等功能，采用组态的方式即可完成对输入输出信号的配置，具备组态多个复杂控制系统的能力，具备多个 PID 运算模块和其他常用的功能块。组态软件可将完成的执行程序下载到过程控制单元，同时可将过程控制单元的程序翻译成阶梯图或者功能块等。

2. 人机界面（HMI）组态软件

HMI 是操作员与站控系统的对话窗口，提供各种信息，接受操作命令。HMI 软件具有通信管理、数据库管理、动态和静态画面编辑、文本编辑、在线帮助、实时趋势编辑显示、历史趋势编辑显示、报警管理、事件管理、报告管理、打印等功能模块。

软件为开发工具，组态、编制操作运行所需的各种显示、操作和在线帮助等画面，为操作人员提供直观、方便、灵活、友好的对话窗口；可对所有报警信息进行管理，对报警内容进行分类显示、储存，并可在需要时打印有关的信息。

3. 操作系统

操作员工作站采用 Windows 操作系统，配套提供 Office 软件，远维系统接口服务器采用 LINUX 操作系统。

（三）主要控制逻辑与工艺

中俄东线的智能化运行不断完善各系统远程控制技术要求，包括远控信号数量和信号类型、控制逻辑等，实现压缩机一键启停机、自动分输模式选择等功能，达到现场无人操作控制水平。

（1）通过控制逻辑的标准化以达到优化工艺，为确保管道安全运行提供可靠的技术支持，提高管道调控与运行的本质安全水平。

（2）完善运行操作与运行决策支持：应用用户自动分输控制、压缩机组一键启停以及在线仿真运行优化等多项技术手段，将集中调控整合成为一种"系统自动监控操作为主、调度人员监控操作为辅"的新操作系统，更好地发挥系统的决策支持作用。

（3）进一步提高现场和中心的自动化水平，使用自动逻辑联锁控制和数据分析相结合的方式，实现预测、优化、操作、应急等方面的自动化，从而降低中心调度员远程操作工作量。

中俄东线通过全面落实"油气管道全面控制逻辑体系研究"成果，实现控制逻辑标准化、编程组态标准化、提升 PLC 标准化应用水平。典型电驱压气站控制逻辑见表 4-2。

站内的部分典型控制逻辑示例如下：

站场接收到调控中心下发的本站场的压力设定值时，将相关主参数（压力和流量），通过通信接口下发给站控压缩机组控制包，控制包将主参数根据压缩机运行的实际情况，进行分解和实际执行。

站控系统通过通信接口，将停站命令发送至压缩机控制系统、截止阀，以实现停站。当压缩机因 ESD 系统启动而急停后，由站控系统复位压缩机的急停信号。

站控系统通过硬连线直接控制压缩机厂房的通风机起停；当进行例行检修时候，由站控系统下达维护命令。站控系统可发送休眠命令给分压和分输的 ESD 系统，便于进行维护工作，并具备智能流量调节功能、压力冗余选择、爆管检测、ESD 等功能。

根据现场仪表上送的状态，站控系统发送站控自动发球命令和复位发球设备的命令，实现站场的清管球发送和接收动作。站场的空压机起停和空压机房风机起停，通过站控系统的通信接口下发给空压机控制器。站场 UPS 设备运行状态、低压配电设备、发电机设备、空压机设备、流量计设备和系统主电源等设备的通信与运行状态，可通过其与站控系统的通信接口进行获取。

表 4-2 典型电驱压气站控制逻辑表

序号	控制逻辑名称	序号	控制逻辑名称
1	站启动控制逻辑	13	出站超压 ESD
2	站关闭控制逻辑	14	中控／站控控制权限切换逻辑
3	进站爆管检测	15	电动开关阀通用控制逻辑
4	阀组控制逻辑	16	气液联动阀控制逻辑
5	清管器接收	17	电动调节阀压力／流量控制逻辑
6	清管器发送	18	风机控制逻辑
7	启动压缩机外部条件判断逻辑	19	空冷器控制逻辑
8	冷却水系统控制逻辑	20	空压机控制逻辑
9	单台压缩机组 ESD 停机	21	电加热器控制逻辑
10	厂房压缩机区 ESD	22	输气中断报警
11	可燃气体及火焰探测触发 ESD	23	警铃驱动逻辑
12	全站 ESD		

三、压气站远程一键启停

中俄东线对压缩机组 PLC 与站控 PLC 进行了合并整合，有效提高了控制效率与控制水平，提高了控制系统可靠性。按照无人站标准进行控制逻辑优化，实现了压气站、压缩机组和辅助系统按照预设的控制逻辑顺序远程一键启停，无需现场人工干预，改变了传统人工判断、现场操作、步骤繁琐的压缩机组启停模式，显著降低现场运行人员数量和工作强度。

（一）压缩机组远程一键启停

压缩机组是压气站的核心，是输气管道的"心脏"。以往，压缩机组的启停控制要通过调度人员逐个对压缩机组辅助系统的启停操作方式实现，步骤较多，操作繁琐，要求调度人员经验丰富，技术水平高。压缩机组远程一键启停功能将压缩机组本体及其辅助设备启停等一系列操作串联起来，全程无需人员进行操作，如图 4-4 所示。

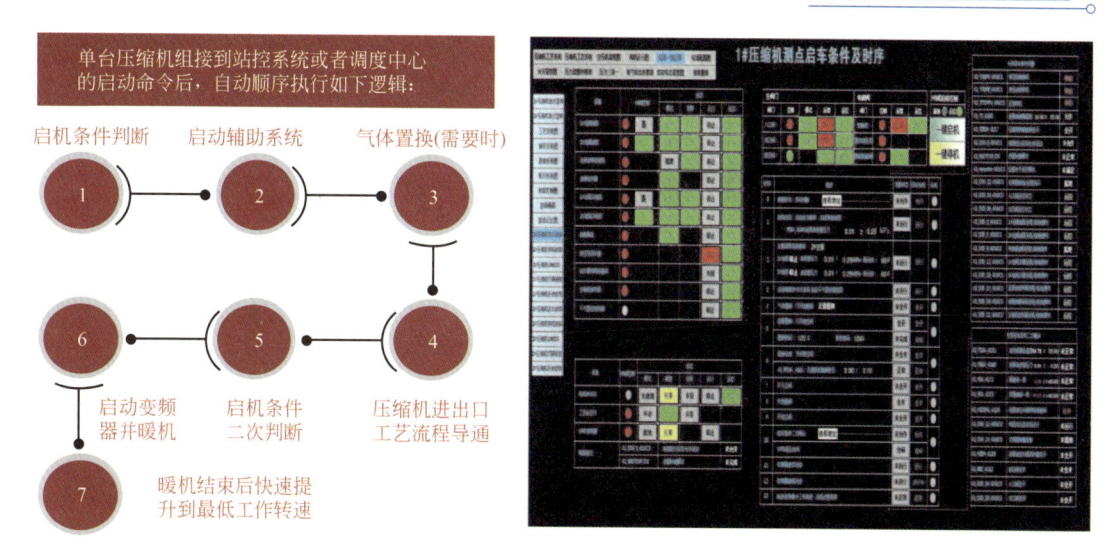

图 4-4　压缩机组远程一键启机

1. 机组一键启机

调控中心只需发出一个启机命令，程序自动判断机组是否满足启机条件，当条件满足后，该机组的各辅助系统（如润滑油系统、干气密封系统等）按照预先设定好的启机时序和逻辑自动启动，各台压缩机组按顺序依次启动达到最小转速后，进入防喘振和负荷分配控制，根据设定的流量或压力实现负荷自动调节。

2. 机组一键停机

机组的一键停机包括机组正常停机、保压停机、紧急停机三种情况。正常停机与保压停机在停机结束后不进行泄压，区别仅在于变频器的停止方式不同，正常停机为先降转速到最低工作转速后停变频器，保压停机为直接停止变频器；紧急停机为直接断开变频器供电，并将压缩机区的工艺气进行泄压放空。

调控中心只需发出一个停机命令，程序按照所下发的机组停机模式执行，自动对机组本机及其各辅助系统进行准确控制，直至达到该停机模式下的工况结果，停机模式不同，程序执行的步骤和结果也各不相同。

（二）压气站远程一键启停站

远程一键启停站是在站控系统与压缩机控制系统硬件深度融合以及实现压缩机组一键启停机的基础上进行的功能改进和提升，是对整个压气站实现一键启站和停站的控制。

1. 一键启站

一键启站功能是在下达命令后，程序自动实现整座站场的启用操作，全程无需人为干涉。以黑河压气站为例，该站拥有4台压缩机组和8路流量计，在一键启站前，只需调度人员预先设定好每台压缩机组的优先级别和预启动台数、8路计量管路的优先级别和预启动管路数后，即可下发一键启站命令，程序自动执行。程序按照状态反馈与报警检测、压缩空气系统自启动、自动导通站内工艺流程、压缩机厂房风机自动分配、压缩机组一键启动、防喘控制与负荷分配自动投用等六步顺序执行。

在自动导通站内工艺流程时,根据预先设定的预启动计量管路数量,打开优先级较高的相应管路,使其处于工作状态;压缩机组一键启动过程根据预先设定的预启动台数,按优先级别顺序启动压缩机组直至数量满足设定预启要求。

防喘控制与负荷分配自动投用是一键启站过程中最重要及控制难度最大的环节。当单台机组启动到达最小控制转速以及加载条件后,经过一段延时防喘控制系统自动投用,防喘振阀按一定斜率自动关闭,同时出口压力控制按设置速度提升压缩机转速,直到出口压力能够克服管网阻力,单向阀打开后压缩机并入管网;随着新并入机组的流量进入管网,由负荷分配主控制模块控制自动降低在线机组转速,但当在线机组满负载仍不满足出口压力条件时转速保持不变;同样当第 N 台机组进入管网后,负荷分配主控制模块对机组转速进行控制,最终达到负荷平衡。

整个一键启站全过程能够在 HMI 画面上直观显示,包括关键部位阀门、空压机、压缩机等状态,如图 4-5 所示。调控中心多机组操作画面如图 4-6 所示。

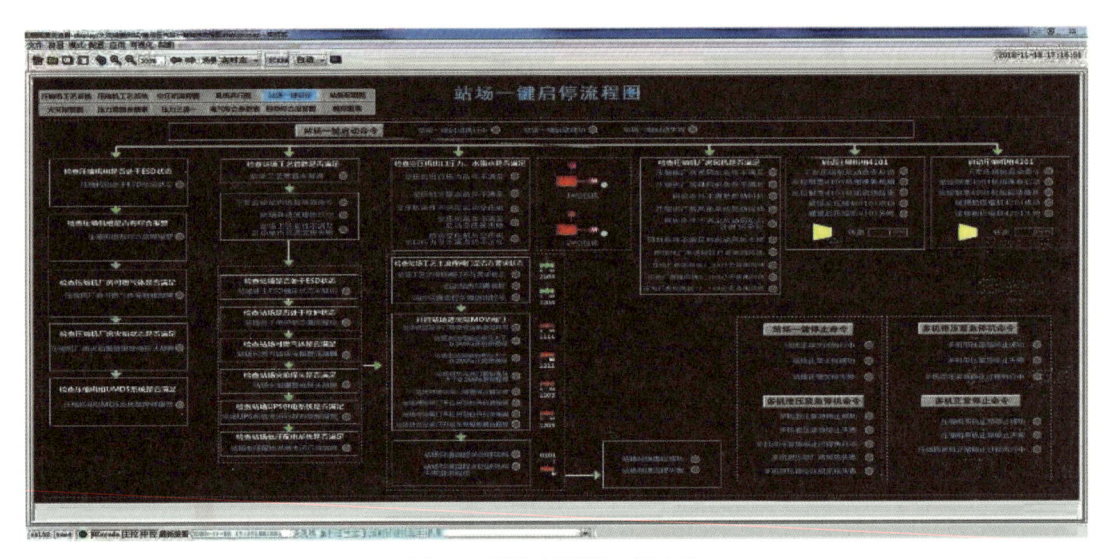

图 4-5 压气站远程一键启站

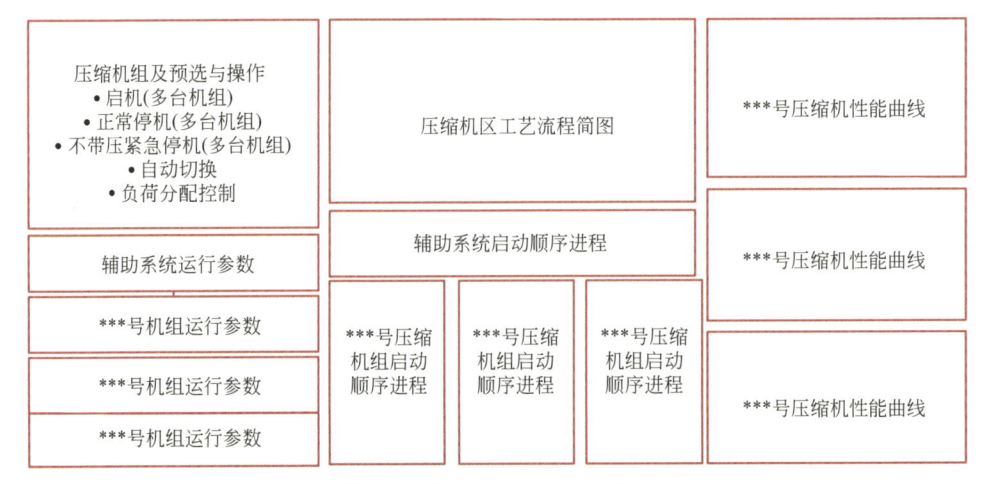

图 4-6 多机组操作 HMI 界面

2. 一键停站

一键停站功能结合压缩机组自身的三种停机模式与站场的实际工艺需求将其分为了五种停站模式。

（1）正常停站：多台压缩机组退出负荷分配后，按在用机组的优先级顺序正常停机，停机成功后停止风机并关闭站内流程打开越站阀。

（2）多机停止：多台压缩机组按顺序进行正常停机。

（3）多机保压停机：多台压缩机组同时进行保压停机。

（4）多机泄压停机：也称区域 ESD，多台压缩机组同时进行泄压停机。

（5）全站 ESD：多台压缩机组同时进行泄压停机，随后紧急关断进出站 ESD 阀，关闭现场非消防电源，压差条件符合后打开越站阀。

四、计量交接电子化

天然气业务快速发展，客户增多，传统的 1 座分输站需配备 1 名计量员的管理模式带来人员需求压力较大，不能满足无人站建设需求。为实现无人站运行管理模式，利用 PPS 系统实现计量交接凭证与气质分析报告相关数据的自动获取和电子化交接，交接双方可远程对每日计量交接凭证进行在线签章确认。实现计量交接电子化后，能更好地适应区域化管理模式，实现降本增效、管理水平的提升，是中俄东线建设重要内容之一。

计量交接电子化的技术优势（表 4-3）：

（1）实现集中监视管理，优化人力资源配置，将有效解决该问题，带来管理效益显著提升。

（2）方便天然气客户，减少客户每天往返现场的负担。

（3）方便财务管理，便于快速核查原始电子单据，并可长期保存大量原始凭证。

表 4-3 计量交接电子化和传统计量交接比较

比较项目	传统计量交接	凭证电子化
工作效率	需 20min 完成	1min 内完成
降低成本	每日打印四份 需每日驱车确认	不需打印 不需每日驱车确认
管理提升	人工抄表 手动填写到 PPS 系统 需要人工确认	系统自动读取，自动出具凭证 UKey 绑定录入人员和审核流程，可追溯

（一）工作流程

计量交接电子化在 PPS 系统（管道生产管理系统）的运销计量模块进行开发，利用从 SCADA 系统中间数据库获取计量数据进行管理和计算，实现用户日分输量的电子交接。计量交接电子化工作流程如图 4-7 所示。

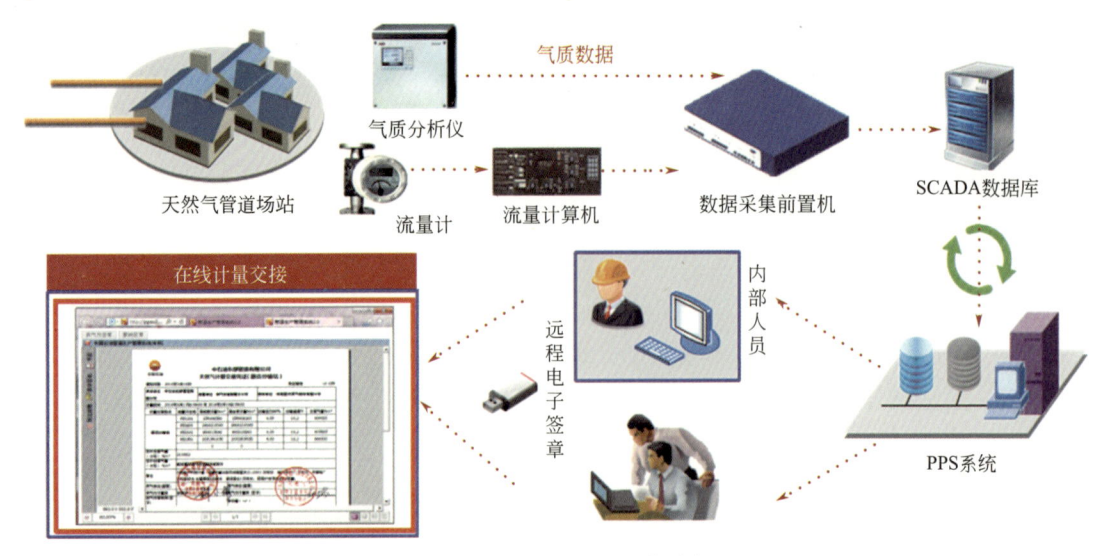

图 4-7　计量交接电子化工作流程图

计量交接电子化的操作流程如下：区域计量员在每日交接时间前，通过个人 USBKey 登录 PPS 系统，打开计量交接界面，系统读取前日分输累计量，并自动生成前日分输量，形成 PDF 文件；经值班人员核对无误后，进行电子签章；通过网络提交到天然气用户界面，用户通过 USBKey 登录，进行气量确认并电子签名、盖章，当日计量交接工作完成。

1. 交接方式

（1）将计量交接数据上传调控中心，PPS 系统自动获取当日交接量、气质组分数据。

（2）PPS 对用户开放终端、设置日分输量查看功能。

（3）双方对计量交接数据若无异议，则通过 PPS 进行电子签名；若有异议，用户可以现场查看流量计或流量计算机。

（4）市场或财务部门可以通过 PPS 查看日交接量，进行结算。

2. 原始凭证留存

区域计量员、用户分别将 PPS 系统中的双方电子签名后的计量交接凭证导出，保存电子文档，系统存档期为 15 年。

（二）主要功能

1. 计量数据自动采集

满足自动采集要求的计量数据远传至调控中心，PPS 系统自动获取，并将数据自动填报到计量交接凭证和气质分析报告中，减轻一线员工手工录入工作量。

2. 计量交接凭证签认

计量交接凭证可以通过网上远程对每日计量交接凭证进行在线签章确认，减少计量员往返现场次数，提高工作效率。

供气方与收气方计量员在线上完成计量交接凭证 PDF 文件加盖计量交接章并签字；双方的电子证书信息通过系统进行信息加密处理，使签字盖章的电子文件不可被篡改，保证 PDF 文档内容真实可靠；系统提供 PDF 格式文件导出功能，各自存留电子文件档案；如需对已签章文件进行作废处理，由双方重新对新的文件进行签章，并在新文件中明确声明双方同意对之前的签章文件进行作废处理；实现了签章验证、数字签名、签名认证、证书查看等功能。

3. 气质分析报告签认

可以通过网上远程对每日气质分析报告进行在线签章确认。

4. 站与站间组分自动赋值

通过 PPS 平台，实现站与站之间的组分自动赋值，即无在线色谱分析仪场站自动获取有在线色谱分析仪场站的组分数据。组分数值的赋值根据调控中心服务器的负荷，确定合理的数据分发频次。

5. 批量签章功能

对于有多张凭证的情况，系统提供将已经填报完毕的计量交接凭证一次性批量进行电子签章并向客户提交，减少每次输入 USBKey 密码的操作。

6. 电子单据查询

可根据日期和客户名称快速查询相应的计量交接凭证和气质分析报告电子单据，并可批量导出签认后的电子单据。

7. 月度计量交接凭证台账管理

按月度汇总每一客户的计量交接单据核心数据，形成客户月度计量交接凭证台账，可通过系统打印出来，供双方用户进行现场签认，作为月度计量交接的现场确认文件留存。

8. 电子印章管理

实现各场站、外部客户单位的电子签章管理，包括以下功能：
（1）签章管理：管理用户所使用的电子签章 USBKey 中的印模及签字图样，即用户需要加盖到电子文档上的计量交接章的图片文件；
（2）密钥管理：实现电子签章 USBKey 的注册、制作和发放管理；
（3）签章控制：管理 USBKey 的使用状态，可控制 USBKey 使用时间与使用次数。

9. 签章日志管理

通过系统后台记录每一次用户的签章动作，保存用户操作的关键记录日志，便于开展日志审计。日志记录内容包括但不限于用户名、用户电子证书、签章使用时间、使用的签章图样、加盖印章文件的散列值、原始文件等。

10. 人工录入功能

当电子交接功能失效时，可采取人工交接方式，同时将交接凭证手动录入到系统中，以便于后期查询等使用。

五、能源管控

为满足智能化管道建设需求，管道运营公司需要开发能耗分析可视化平台，包括运行监视报警、能源绩效考核、能耗统计管理及分析、检测数据管理和节能技改等功能，实现能源有效管控，提高管理水平。

能耗管理的主要目的是深入挖掘能源数据，实现"事前预测""事中监测""事后分析"三个阶段的能源管理。能源"事后分析"从经营层面和运行层面两个维度进行分析，利用分析结论矫正预测与监测模型，形成能源闭环管理，不断提升能源管理总体水平，实现能源管理智能化。能源管控数据分析平台界面如图 4-8 所示。

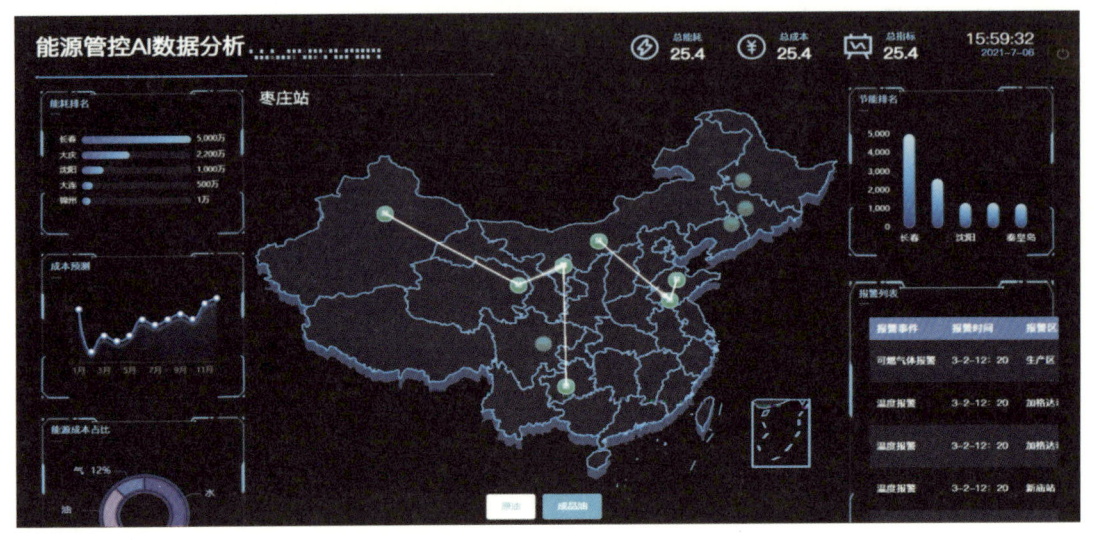

图 4-8　能源管控数据分析平台界面

通过加强能耗数据的远传，实现对设备、场站、管线运行能耗的实时监测，有助于从整体提升能耗管理水平，设备能效计算模型，能够帮助公司调整设备维护保养计划。具体工作应包括：

（1）增加完善设备单体计量，实现实时数据采集分析，计算工况下设备运行效率，结合管线运行工况，对全线设备能效情况进行动态监控。

（2）通过信息化手段，解决传统的能耗数据上报、汇总困难的问题，将更多的日常管理所需能耗数据项纳入管道生产管理系统进行管理，建立更为完整的能耗数据仓库。对能耗数据进行汇总及分析，达到监控能耗影响因素及能耗指标完成情况的目的。

（3）管道周转量是衡量管线运行单耗及综合单耗的重要计算参数，通过系统自动计算管线周转量，提高周转量计算效率及准确性，更准确地得出管线系统耗能情况。

（4）管线运行能效是管理人员关注的重要生产指标，建立能效计算模型，通过对现有能耗数据进一步深入利用，实现对设备、场站及管线用能效率的有效监控，为管线运行节能情况提供数据依据。

六、控制功能优化

在天然气管道调控过程中，管线输送压力、流量的控制是天然气管道自动化控制中重要的环节，对于管道高效、安全平稳运行至关重要。

（一）自动分输

中俄东线分输站场具备自动分输功能，实现了站场和整个输气管道的智能调节，站控系统接收调控中心日指定量设定值，并根据日指定分输逻辑控制分输量，提高了输气管道控制的智能化程度。

根据调控中心下发的日指定量设定值，通过站控 PLC 中设置的多种分输模式进行 PID 控制。在站控系统内集成四种分输控制逻辑，即日指定到量自动关阀控制、分输权重系数控制、剩余平均流量控制和恒压控制，按照用户实际用气情况在站控系统中选择对应控制方式，如图 4-9 和图 4-10 所示。

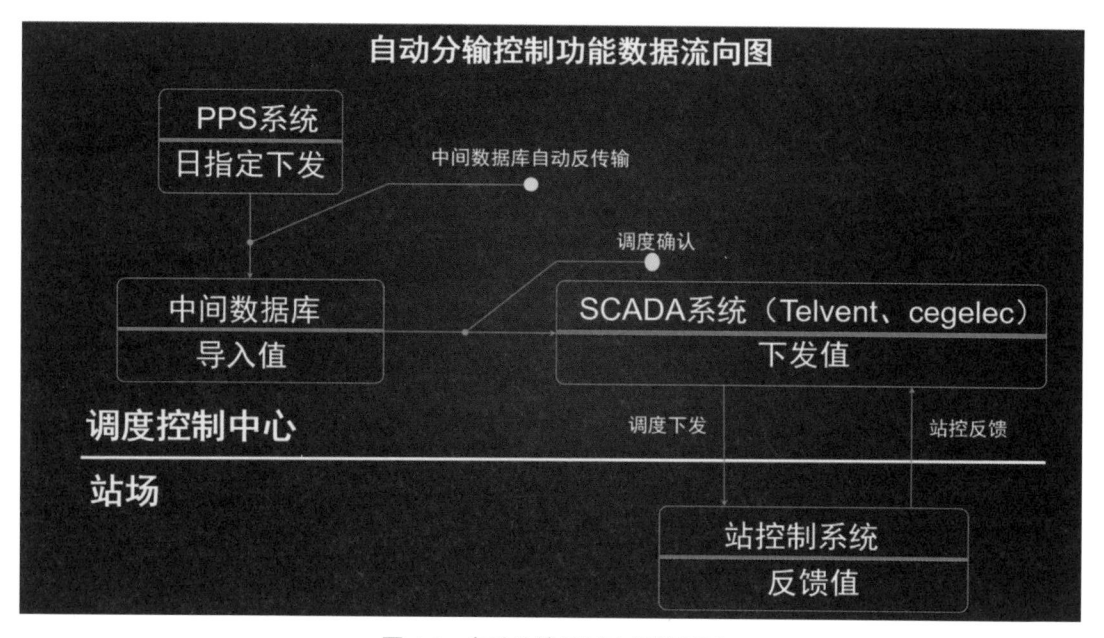

图 4-9　自动分输控制功能逻辑图

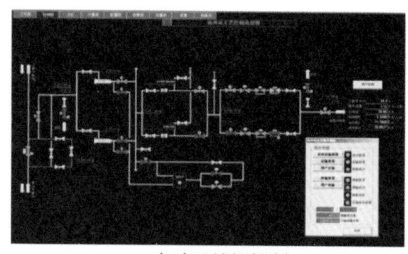

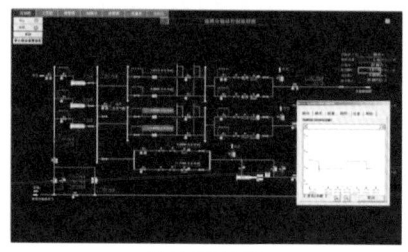

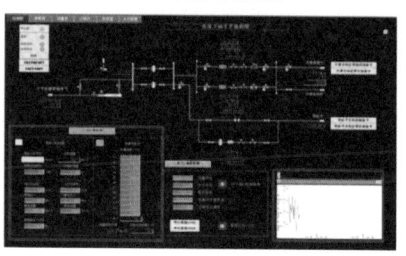

图 4-10　四种分输模式（平台界面）

(二)计量管路智能控制

计量管路智能控制功能主要通过对计量管路优先级、故障状态和气体流速、流量的判断,实现计量管路的自动切换和自动增开或减关计量管路的控制,包括对计量管路优先级别控制、管路故障自动切换和计量管路数量自动调节三部分。

计量管路智能控制功能实现过程如下:对调度人员设置的各管路优先级别及工作状态进行综合判断,要保证优先级别最高且管路可用,对不可用管路自动降低优先级别;当检测到在用的计量管路出现阀门、流量计或流量计算机故障时,则自动打开管路中优先级最高的可用计量管路,新管路投用后自动关闭故障管路;同时,程序实时采集并监控各在用管路的工作流量,当检测到其中任意1台流量计工作流量大于增开门限值时,自动增开1路备用中优先级最高的可用计量管路;当在用管路所有流量计工作流量均小于等于减关门限值时,则自动关闭1路在用管路中优先级别最低的计量管路,实现对计量管路数的自动控制。

(三)管道压力保护智能控制

1. 冗余变送器有效值选择方式的优化

管道压力保护智能控制是保护管道安全平稳运行的重要手段。中俄东线在管道压力控制功能提升方面,从提高系统完整性的角度,针对其他各类有效计算方法的缺点,提出了一种优化的冗余变送器有效值计算方法,在计算中以平均值为参考,过滤掉偏差较大的变送器示值,以期获取更准确的检测结果,提高系统的可用性。

经过逻辑运算,变送器将处于以下四种状态的其中一种:维护或超量程范围报警状态、不可用报警状态、可用监视状态、在用状态。当检测到1台变送器失效,应对报警状态的变送器尽快开展修复,系统的可用性得到大幅提升。

2. 爆管检测方法优化

国内早期建设的大型天然气管道,大多使用SHAFER气液联动阀自带的微处理器进行压降速率计算及阀门关断保护,压降速率的设定值、延时时间等重要参数的可拓展性较差。为进一步提高爆管检测的安全性,中俄东线进一步完善了压降速率算法,通过PLC和RTU实现爆管检测,使爆管检测的可靠性得到进一步提高。

中俄东线优化后的压降速率算法,主要是通过站场PLC或阀室RTU实时监控压降速率的变化,对管道某点压力经过重复采集、存储、计算,实现在站场或阀室对干线、支线及分输用户支线管道进行爆管检测及报警。在控制器中设置数据存储区,用于存放历史数据及编程所需的临时数据,按照先进先出的原则循环记录,因存储空间有限,新的记录会在存储空间不足时覆盖旧的记录。优化后的压降速率算法所需采集至缓存区的数据从以往的60个变为16个,降低了控制器内存占用率,提高了控制器计算处理的可靠性。

中俄东线将压降速率设定值设置为可读写模式,可在站控系统人机界面及阀室触摸屏进行压降速率设定值的修改,提高了爆管检测的可操作性。

七、智能安防

中俄东线的智能安防在传统安防技术基础上，主要对站场智能视频巡检、激光可燃气体探测等技术进行了探索和应用。

（一）站场智能视频巡检

利用三维视频融合技术，直观地将站场治安重点防控区域内处在不同位置、不同视角的监控图像实时融合到事先构建好的三维模型中，可观测到划定的重点区域，实现监控的细化管理与分级管控功能。采用虚拟现实技术将站场内已有的视频监控图像融合到虚拟环境中，形成全景视频融合监控系统，通过"一张图"掌控重点防控区域全局实时态势，结合智能视频分析和报警联动，达到安全管理的全局化、精细化和智能化，为安全防护、应急指挥等综合应用提供服务。基于站场重点防控区域的自动巡逻机制，以重点防控区域的态势为视频监视基础，制定合理的虚拟与现实视频融合的巡逻路线，在重点防控区域内的三维全景视频中，按照制定好的巡逻路径自动巡航重要区域视频监控画面。

系统具备六大功能：三维虚拟现实全景融合、高低点关联显示、自动巡逻监控、统一历史视频回放、球机追视、2D/3D地图联动等。

1. 全景融合

系统主要是通过将离散分布在站场重点防控区域的监控视频融合到虚拟现实场景模型中，建立视频在虚拟现实空间的感知能力，提供多个区域连续、直观监控，实现可跨区域、空间的基于虚拟现实的全景视频融合展示、视频巡逻。为站场重点防控区域治安管理提供有力的技术支撑，便于监控人员进行全局指挥和对突发事件的快速处置。

2. 高低点关联显示

系统提供多摄像机关联展示功能。在站场重点防控区域三维场景中，通过高点摄像展示重点防控区域整体全局实时画面，如果需要重点关注某局部区域，可同时关联低点摄像机，通过独立窗口展示相应低点区域实时视频画面。在突发状况发生时，监控人员即能纵观全局，又能掌控细节。

3. 自动巡逻监控

监控人员可通过平台自定义编辑多种虚拟巡逻路线，可按设定的三维路线自动进行巡逻，无需人工干预，巡逻速度比真实巡逻更为便捷，巡逻点上还可以加上提示说明，便于管理人员在突发状况下的指挥决策。

4. 统一历史视频回放

传统视频的存储采取单路存储的方式，历史视频的回放存在一定的局限性。这种局部回放模式，不能够形象、直观地展示整个事件的来龙去脉，需要花费大量时间和人力。在全景场景显示模式下融合显示多路历史画面，以实现历史事件整体回放，以整体画面描述事件来龙去脉，提高对历史事件的查询能力及事件的全场景重现能力，改变了依赖分镜头零散倒查的传统工作模式，有效提升历史事件的回查效率。

5. 球机追视

无需预知球机位置及观测角度,在三维场景中点击视野范围内的目标兴趣点,目标范围内的球机则能够根据目标的位置进行自动 PTZ 操作(调整视角,焦距)。可以在大场景中看到全局态势,控制球机进行细节展示,直接对目标兴趣点点击即可展示详细信息,使监控人员能准确对人脸、车牌、动作等进行详细观测追踪。

6. 2D/3D 地图联动

系统可同时显示三维场景与二维地图,并随着三维场景中视点、视角的变换,在二维地图中做实时联动,实现立体环境与二维地图的一体化观测,如图 4-11 和图 4-12 所示。

图 4-11 球机追视系统界面

图 4-12 视频智能识别报警系统界面

（二）可燃气体探测

目前国内常用气体泄漏检测有以下七种技术，具体对比分析见表 4-4。

表 4-4　各类原理比对分析表

检测方式	灵敏度	可靠性	气体选择性	响应速度	稳定性	使用寿命	量程范围	大批量使用经济性	维护保养
固定点型催化燃烧式	2%LEL 一般	一般	烃类可燃	≤20s	一般	1～2 年内	小	价格较低	易漂移，需经常性标定
固定点型红外式	2%LEL 较高	一般	烃类可燃	≤10s	一般	3～5 年内	小	价格较低	一年标定
红外对射式	2%LEL·m 较高	一般	非单元素烃类可燃	≤10s	一般	3～5 年	较大	价格适中	一年标定
泄漏可闻噪声检测	—	一般	任何气体	≤1s	较好	5～10 年	大	价格较高	无漂移基本免维护
激光对射式激光线束式	2ppm·m 非常高	较高	单一	≤1s	较好	5～10 年	大	价格高	无漂移定期维护
激光云台扫描式	2ppm·m 非常高	较高	单一	≤1s	较好	5～10 年	大	价格高	无漂移定期维护
超声波检测原理	—	较好	任何气体	≤1s	最好	10 年以上	大	价格适中	无漂移基本免维护

注：开放对射式可燃气体检测报警器的浓度检测单位为 %LEL·m，即气体浓度 × 发射端到接收端的距离。

1. 激光云台扫描式可燃气体探测器

激光云台扫描式可燃气体探测器是基于光谱吸收原理对特征气体浓度进行实时在线监测的设备，主要用于较远距离测量甲烷气体和含甲烷气体，通过将一束激光指向检测点，测量检测点的可燃气体浓度，并通过摄像头显示现场画面，如图 4-13 所示。

激光云台扫描式可燃气体探测器通过单片机控制电路对激光器进行电流调制，控制激光器发出所需波长的激光，激光穿过气体监测区域后，到达反射面（气体管道、天花板、墙体、地板、地面等）并被反射回激光探测器，若激光穿过的气体监测区域中存在被检测的特征气体，激光将与该气体作用并被吸收，特征气体浓度越高，吸收量越大，激光探测器将监测到激光强度的变化并反馈至单片机控制电路进行处理，最终由信号输出电路将浓度结果传输出去。

激光云台扫描式可燃气体探测器具有以下特点：

（1）对甲烷气体有高度敏感性，不受其他气体、水蒸气、粉尘等干扰；

（2）具有较强的抗干扰能力，不受风雨雷电等极端天气的影响；

（3）基于光谱吸收原理，对特征气体浓度进行实时在线检；

（4）采用防爆云台，能够实现水平 360° 及垂直 ±90° 转动，并可设定扫描检测轨迹，可以实现对重点区域的定点检测；

（5）具有指示光（图像）功能，指示光（图像）的位置始终与甲烷检测激光的位置保持一致，当气体检测浓度超过预警值时，通过指示器能够快速判断可能泄漏的区域；

（6）具有自检功能，当出现故障时及时发出报警信号。

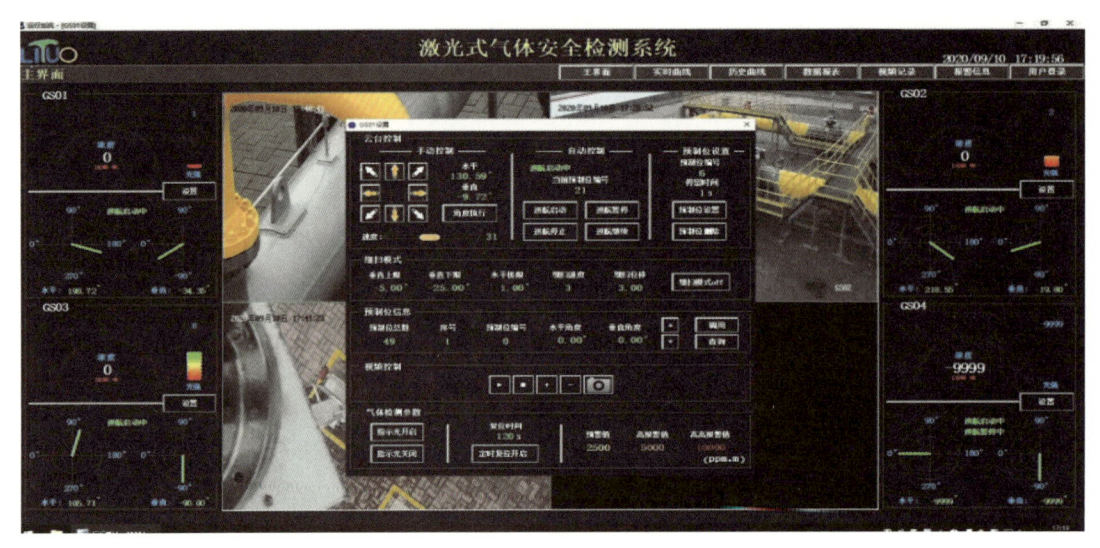

图 4-13 激光可燃气体探测器显示界面

2. 激光对射（线束）式可燃气体探测器

激光对射（线束）式可燃气体探测器由发射端和接收端两部分组成，发射端和接收端按轴线拉开一定距离安装，形成一个监测区域。发射端发出光谱，并经过加密调制，形成具有独特脉冲波形的光谱，当监测区域有可燃气体泄漏时，将会对特征波长光谱产生吸收，且光谱吸收强度与可燃气体浓度成正比，接收端接收到光谱强度衰减后，通过光电模块的处理，显示出可燃气体的浓度。激光对射（线束）式可燃气体探测器是隔爆型产品，响应时间小于 1s，能在危险区域内安装使用，其防爆等级不低于 ExdⅡBT4，防护等级不低于 IP65。激光对射（线束）式可燃气体探测器能适用于恶劣的工作环境，当光衰减不高于 25% 时，可正常工作。

3. 固定点型红外式可燃气体探测器

固定点型红外式可燃气体探测器采用红外吸收原理，测量范围应是可燃气体爆炸下限浓度的 0～100%LEL，准确度不低于 ±2%F.S，响应时间小于 10s，具有自检功能，并有相应的故障报警信号输出，报警信号为模拟信号；具有现场就地状态指示或显示功能，能在现场显示可燃气体浓度值和自检情况。

八、智能作业管理

智能作业管理平台着力解决公司各类维检修、大修施工现场风险管理。智能作业管理平台主要包括五大功能模块，项目风险评估、承包商选定、承包商开工前准备、承包商作业过程中的 HSE 管理、项目三方（建设方、监理方、承包商）安全绩效评估。利用人工智能技术，实现人员管理、扫码进场、视频监控、周界防护、环境监测、工序管理、安全检查、质量管理、作业许可管理、风险防控和问题整改全程跟踪、考核评价等功能，重点解决承包商管理及维检修作业过程中的各类安全监管不到位、资质不符等问题；主要包含电气预防性实验作业、大型动火作业、炉罐类大修、阀门更换维修、泵机组维检修作业等，作业监控覆盖率93%，平台使用率83%，如图4-14至图4-16所示。

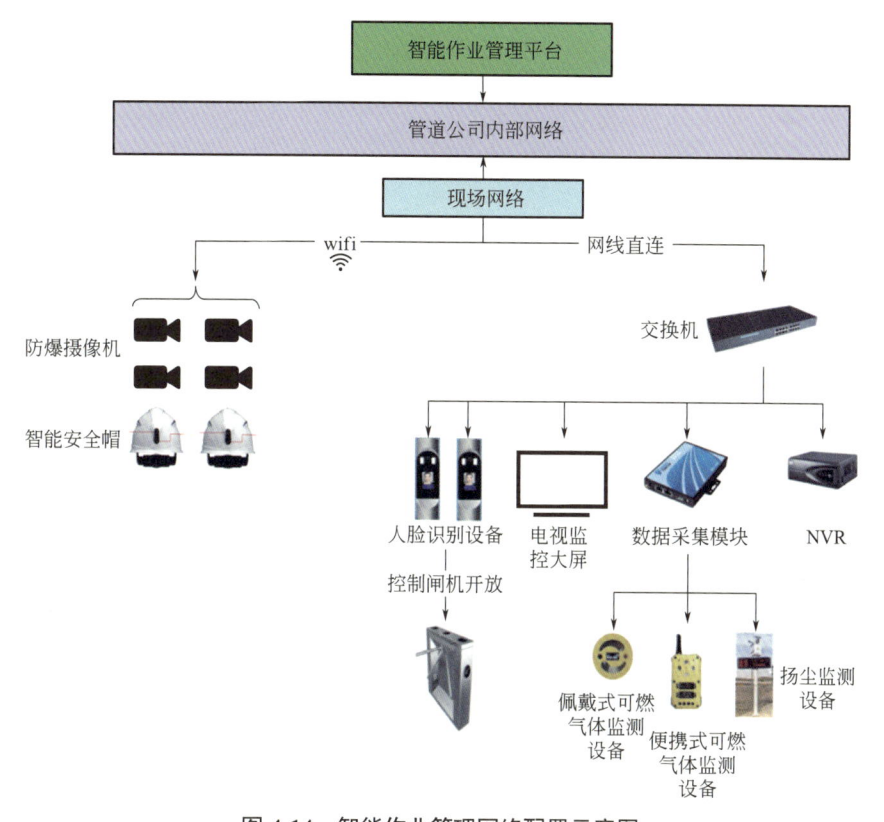

图 4-14 智能作业管理网络配置示意图

图 4-15 智能作业管理平台界面

图 4-16 智能作业管理平台功能界面展示

九、无人一体化橇装小屋

无人一体化钢制橇装小屋采用模块化、防电磁干扰、散热通风等技术设计，能够实现设备集成、预装接线、提前调试，减少设备用房及占地面积、减少现场安装工作量、缩短施工工期。无人一体化钢制橇装小屋有如下特点：

（1）钢制橇装小屋强弱电设备布置紧凑，配电设备、自动控制设备、通信设备、阴极保护设备采用模块化功能设计，满足天然气管道阀室工艺的供配电、控制和通信要求；

（2）钢制橇装小屋房体结构紧凑、坚固，具有良好的保温隔热、防雨防尘功能；

（3）采用钢制橇装房体，有效减少占地面积，运输、移动、吊装、安装便捷，有效缩短工期，节约投资。

中俄东线管道线路阀室采用无人一体化钢制橇装小屋进行设计，分为监控阀室和监视阀室。

（一）监控阀室

监控阀室橇装小屋特点：小屋采用钢结构制作安装于橇座钢梁上，房体侧面设置有带门锁的接线室，接线室分为上下两部分，上方为空调外挂机，下方为接线箱；小屋内顶部设有照明灯、可燃气体探测器及感温、感烟探测器；小屋内设置有 UPS 不间断电源装置和低压配电装置；巡检通道左侧是 UPS 电源和低压配电动机柜（并列布置），巡检通道右侧是通信机柜和仪表机柜（并列布置）；将通信机柜、仪表机柜与低压配电动机柜对立放置能有效减少电磁干扰；橇装小屋内空调、电暖气可根据屋内温度通过 RTU 控制实现自动启停，如图 4-17 所示。

图 4-17 监控阀室橇装小屋

（二）监视阀室

监视阀室橇装小屋特点：小屋采用钢结构外加保温材料，采用双层门结构；小屋顶部安装有太阳能光伏板及风叶，采用风光互补发电为阀室设备供电；小屋内顶部设置有照明灯、可燃气体探测器及感温、感烟探测器；小屋内设置有仪表机柜、风光互补发电控制装置及蓄电池组；无需外电，降低运行成本；系统稳定可靠，电力设备维护工作量大幅度下降，如图 4-18 所示。

图 4-18 监视阀室橇装小屋

十、中俄双方数据交互

中俄东线是跨国管道，为保障贸易公平性，天然气的计量交接点设在黑龙江主航道中心线处，主要考虑建设过程中计量参数互传、交界点的参数模拟计算以及数据安全等问题。

（一）数据互传

中俄东线黑河首站作为管道跨入国门的第一站，需要与俄方、海关、检验检疫等部门进行数据通信。中俄两国 SCADA 系统生产网采用不同的通信协议，直接进行数据连接会使 SCADA 系统受到主动或无意识的攻击，影响正常运行。为实现中俄双方关键数据实时共享，保证两国控制系统网络和数据通信安全，在首站搭建了 DMZ 数据隔离区。

为保证双方数据通信链路的稳定性和可靠性，与俄方通信方式采用一主一备的双网冗余设置模式，主通信信道为微波，备用通信信道为光通信。与海关和商检的通信网络采用单网设置的模式，从物理层隔离了俄方与商检和海关方数据的互访。与俄方的数据互传操作，俄方仅能访问隔离区的服务器，对计量和工艺参数进行读写操作，无法访问中方生产网；中方仅能将计量和工艺参数写入隔离区服务器，而不能直接访问外网。通过服务器对数据转储、同步和读写技术在中俄双方之间实现数据的实时更新与传送。

数据交互 DMZ 系统采用网闸+内网防火墙+数据服务器+路由设备的架构，使用交互数据服务器和软件将俄方使用的 OPC-UA、中方使用的 IEC104 通信协议进行转换，在传输软件中将传输数据加带时间标签并统一传输时区，确保数据交互实时性。通信中断时双方在各自系统服务器内自动记录每个数据点实时刷新最新的 1000 个数据，当通信恢复时存储的数据自动回填并传输至对方系统中，确保数据交互稳定性。中俄 DMZ 区网络结构如图 4-19 所示。

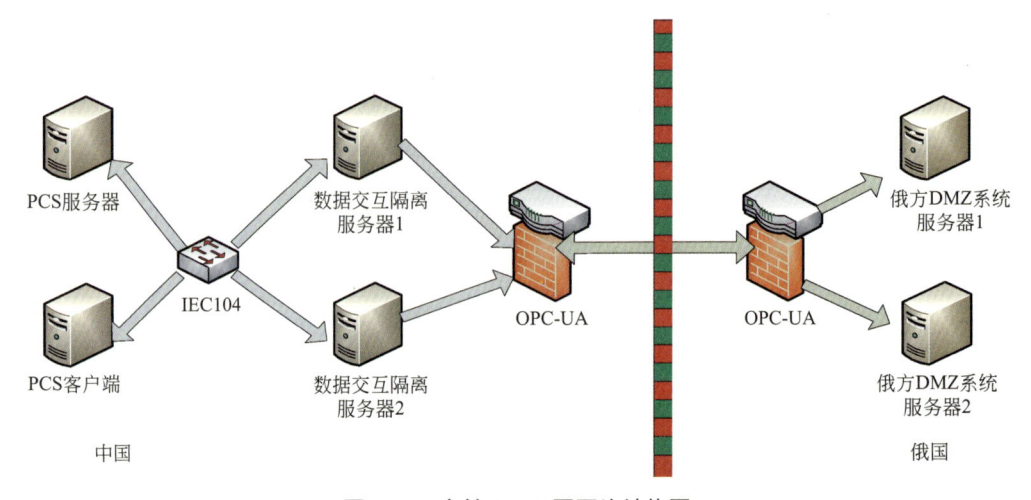

图 4-19 中俄 DMZ 区网络结构图

在首站与国检海关之间进行数据传输时，海关所需数据从站控系统控制网中通过单向网闸及防火墙后，转存到独立设置的海关服务器中，增强了网络数据安全性。黑河海关区的网络结构如图4-20所示。

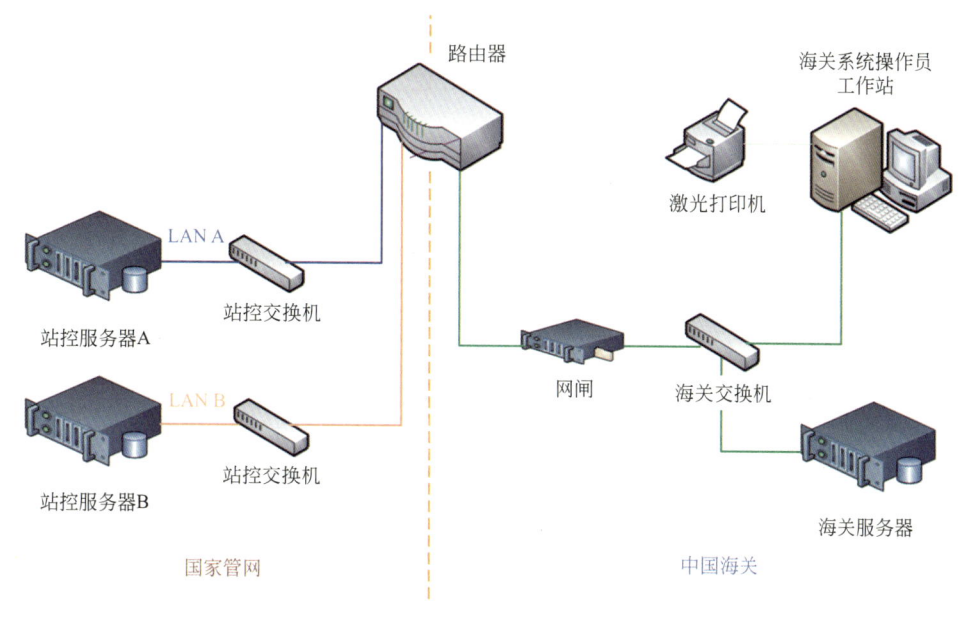

图 4-20 黑河海关区网络结构图

（二）贸易交接点仿真计算

为掌握俄方输入中方天然气的质量和数量，中方需实时监控交接点位置天然气的压力与温度。交接点在黑龙江中心线上，不具备安装远传仪表的客观条件，我方研发具有自主知识产权的仿真软件，可准确计算交接点的压力与温度。

软件采用的数学模型是基于双方协议拟定的水力计算公式、热力计算公式、气体状态方程，依据管道连续性方程、运动方程和能量方程等基本微分方程组推导出的计算公式，其中压力和温度的计算采用国际通用的计算方法，气体状态参数压缩因子、动力黏度、比定压热容、焦汤系数的计算方法采用大量俄天然气管道现场工程实验参数推导出的经验公式，对于俄罗斯天然气的气体状态参数计算有很好的适用性。

软件以 Microsoft 的 Visual Studio 2015 下的 C++ 为主要开发工具，从发出数据采集命令开始，软件通过 IEC 104 协议读取监控系统实时数据库内数据，经数据处理存入仿真软件数据库，建立流体模型求解交界点压力与温度，并通过 IEC 104 协议写入监控系统实时数据库内，如此循环往复计算交界点实时压力与温度参数。中俄赤线交接点仿真软件界面如图 4-21 所示。

经验证，中方仿真软件与俄方计算结果的压力的绝对误差在 0.1MPa 之内，温度的绝对误差在 1℃之内，满足调度协议要求。目前交接点仿真软件已应用于中俄东线，仿真结果得到了中俄双方的共同认证，保证了温度、压力满足管输需要。

图 4-21　中俄东线交接点仿真软件界面

第二节　远程应急指挥与辅助决策

  油气输送管道是连接上、下游的桥梁纽带，是保障能源供应的主要渠道，事关国家能源安全，事关人民群众生命财产安全，事关社会经济稳定发展大局。近年来，我国油气输送管道快速发展，在推动社会经济发展、造福民生的同时，管道事故也屡有发生，如输油管道的"11·22"事故、输气管道的"6·10"事故等，这些事故反映出管道保护和监管技术手段不完善等共性问题，亟待建立一套有效的油气输送管道应急指挥系统，用于指导企业做好管道规划建设、安全保护、日常监管、定期检测和维护、应急处置和事故调查等管道全生命周期的相关工作。中俄东线首次采用 1422mm 超大口径、X80 高钢级、12MPa 高压力管道运行，事故应急抢修具有难度大、时间要求紧迫、政治影响大等特点，且天然气泄漏导致事发现场易燃易爆，极易造成周边群众和现场处置人员的人身伤亡。因此，如何利用智能化手段有效开展远程指挥和现场抢修辅助决策工作，对于科学、快速处置突发事件，避免次生灾害发生具有重要意义。

  目前，已初步建成基于 3DGIS 的应急指挥平台，将管网路由、管道本体、附属设施、站场阀室、竣工资料、应急机构、应急保障设备物资、应急救援队伍等静态数据和现场动态数据以多种维度角度呈现，综合考虑国家部委、管道企业、第三方施工企业等使用需求，利用 AI 技术实现数据自动更新、查询分析，在管道全生命周期管理中发挥积极作用。基于 3DGIS 的应急指挥平台界面如图 4-22 所示。

图 4-22　基于 3DGIS 的应急指挥平台界面

应急指挥平台通过"一张图定制"实现了管道资产及应急资源的数字化。管道运行一张图接入了 SCADA 系统部分关键数据；管道保护一张图通过对管道保护数据分析和动态监控，有效辅助管道日常管理；应急资源一张图通过植入公司所属维抢修队伍人员、设备、物资及社会依托等信息，实现应急状态下的综合调控和应急辅助决策，如图 4-23 至图 4-25 所示。

应急指挥平台以"可通、可用、可靠"为建设原则，实现"平时管理、急时应用"的平战结合建设目标，具备日常管理、信息汇集、视频会商、辅助决策和应急指挥等功能，以下从日常管理和应急辅助决策两方面描述平台主要功能。

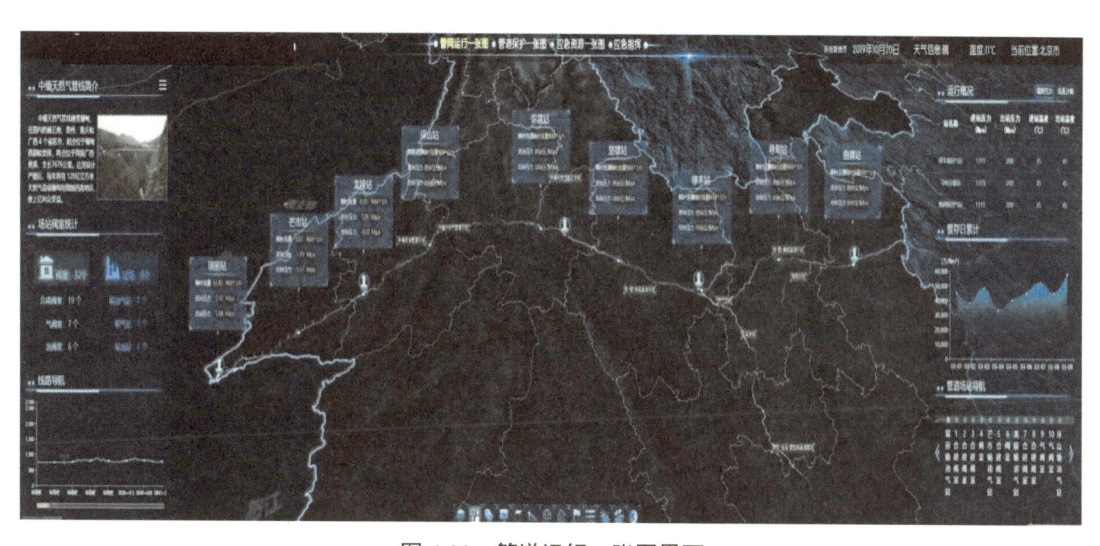

图 4-23　管道运行一张图界面

图 4-24　管道保护一张图界面

图 4-25　应急资源一张图界面

一、日常管理

（一）管网数据综合应用

实现管道本体和管道周边环境数据的全数字化，融合地质灾害监测、阴极保护监控、视频监控等数据，保证数据及时有效更新，应急指挥过程能够快速准确了解现场，辅助应急决策。

（二）管网资产日常监管

在管道资产与地理信息一体化显示的基础上，集成各管道站场运行工况实时数据，对整个管网运行实时状态和用户信息进行日常宏观掌控，督促管道日常运营风险识别和及时消除；对下属各地区公司所涉及的管道完整性管理要素进行数据汇总和组态呈现，在动态汇总和分类统计的基础上结合管网三维可视化系统进行宏观呈现，将管道保护事件发生的空间分布规律、时间规律等进行分析，满足管网运行、保护的日常监管。

（三）管道高后果区视频实时传输

高后果区视频监控作为管道保护重要的监控手段，能够实时查看高后果区现场实际情况，对高后果区现场进行有效监管。高后果区视频的实时传输，实现了集团公司和二级单位对管道保护的两级监管，是日常管理、应急指挥、应急辅助决策的重要手段之一。

（四）管道维抢修资源信息化管理

实现维抢修资源的电子化、信息化、体系化管理，在应急状态下能够快速有效匹配维抢修资源，为管道突发事件应急奠定坚实基础。

（五）管道应急预案数字化管理

通过对公司内现有应急预案进行梳理、归类和信息提取，按事故类别不同、级别不同将预案分门别类进行保存，形成系统、直观的应急预案体系。平台还提供预案制作模板，方便企业根据预案制作标准模板制定各种预案，并分类保存，还可通过预案推演验证预案的合理性。

（六）管道应急处置案例管理

应急平台对应急处置案例进行统一管理，对已有的应急处置案例进行分析梳理，形成规范化的存储模式；同时在平台应急处置过程中会商结果及各环节处置记录自动生成应急处置案例存储。实现应急处置案例标准化、体系化管理，为应急指挥决策参照提供知识库。

二、应急辅助决策

（一）应急信息上传下达

通过应急指挥平台及 APP，应急状态下信息可以在第一时间内得到有效沟通，实现应急处置过程中决策者、指挥者、现场人员等之间的在线实时沟通，信息共享。

（二）事故现场视频会商

应急状态下应急指挥中心须与处置现场建立全面音视频沟通，实现应急指挥中心与各地区公司、二级单位之间的音视频即时通信，开展应急状态下的处置方案会商。

（三）抢修资源调入

基于二维码、物联网技术实现应急物资的动态库存管理，物资通过二维码进行管理，应急指挥平台能够根据事故情况自动匹配物资种类、数量、运输距离、物流配送方式及路线。

（四）车辆行车路径实时监测

支持推送周边专业救援队伍、企业维抢修队伍以及医疗、公安、消防等应急资源，并根据应急能力、赶赴时间、行政区划等关键因素进行智能分析，制定最佳应急资源调度方案，通过 GPS 定位实时获取位置，从而实现行车路径的实时监测，信息实时回传。

（五）事故舆情实时监控

事故舆情在应急处置中占有重要的地位，通过分析应急救援舆情现状以及舆情危机发生的主要原因，有针对性地提出应对舆情危机遵循的主要原则和相关应对策略，以便及时、准确、高效地应对应急救援工作中的舆情危机。

（六）实现事故电子沙盘推演

应急指挥平台能够构建真实的管道周边、本体、设备的数字孪生体，还原管道现场，在平台应急处置过程中指挥中心与抢修现场在统一的电子沙盘上对事故灾情、处置方案、抢修方案等进行会商，查询事故管道周边的环境信息、管道本体及附属设施数据、应急救援力量信息、实时数据等，结合真实的数字孪生推演事故影像范围，辅助决策应急指挥。

（七）智能推送应急行动方案建议

应急指挥平台能够根据应急预案和事故案例，对突发事件应急响应给出处置要点建议，自动抽取现场音视频及在线上报信息，结合应急救援指挥行动要点形成应急决策建议。

第三节　网络安全防护

随着信息革命的飞速发展，网络安全面临着非常严峻的挑战。为了全面落实国家网络空间安全战略，夯实网络安全基础，中俄东线推行智能化管道建设的同时，进一步加强了网络安全管理。

一、工控网络安全防护

网络化、智能化已成为现代工业 SCADA 系统的显著特点，然而，正是这些特点使工业 SCADA 系统面临着网络固有脆弱性和攻击威胁。近年来，全球针对工业控制系统的攻击事件屡见不鲜，工业控制系统网络安全问题已成为信息安全的焦点问题，安全生产受到严重威胁。

为了保障 SCADA 系统网络安全，依据《中华人民共和国网络安全法》的要求，中俄东线采取了多项网络安全防护措施。

（一）网络安全防护策略

通过设置受限制的网络访问规则，实现 SCADA 系统和相关业务系统的连接及数据的安全交换。针对人员和设备的管理，减小非授权访问造成不良影响的措施主要包括：互联网对 SCADA 系统的访问与操作限制、非授权的工作站在 SCADA 系统中的接入限制、网络设备上未投入使用的网络接口应进行"非使能"设置等措施，如图 4-26 所示。

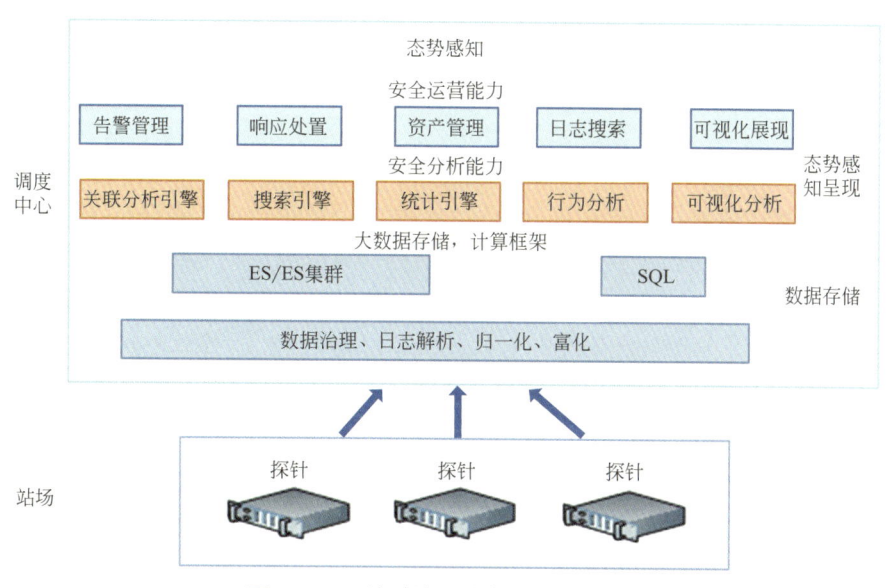

图 4-26　工控系统网络安全结构示意图

（二）网络安全监测

中俄东线各站场部署了 1 套网络安全审计系统，审计报警数据接入廊坊分控中心网络安全态势感知平台进行实时监控，能够及时发现、报告并处理网络攻击或异常行为，保留工业控制系统的相关访问日志，并对操作过程进行安全审计，对工业网络进行全方位、全天候安全态势感知，及时发现各类网络安全风险和非法访问事件，全面提高管道工业控制系统的安全防护水平，如图 4-27 所示。

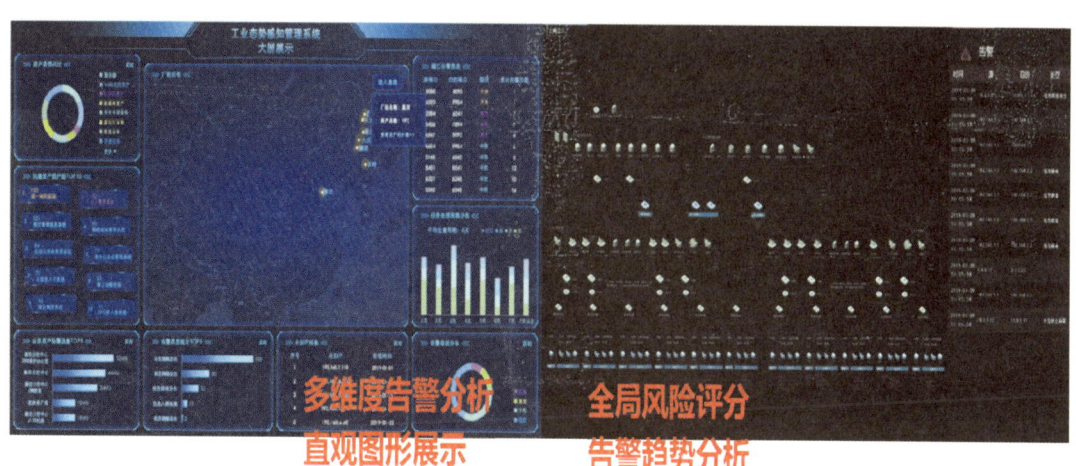

图 4-27　工控系统态势感知平台界面

二、办公网络安全防护

通过网络安全态势感知平台，终端检测响应平台，上网行为管理平台多维度监控手段，实时对中俄东线内网办公终端进行防护，对内网环境威胁进行感知，有效隔离带毒文件，阻止其蔓延传播到网络内其他终端。对于分公司内网终端的非法访问，以及远程外联等操作，一旦发现立刻对该终端 IP 进行封禁操作，升级整体网络安全管理能力，提升管理安全防护级别。

对公司整体网络进行安全加固，在保证网络稳定、高性能的基础上，重点加强网络管控能力，提高运维管理水平，全面提升内网的整体安全防护能力，提升日常运维效率。通过构建稳定、高性能的出口及核心网络，加强对内网风险的识别与防护，打造安全的总部内网边界，形成全局安全可视与高级威胁防护能力，最终实现统一安全、运维集中简化的管理架构。

中俄东线严格按照网络安全法、网络安全等级保护 2.0 制度、网络安全管理办法进行中俄东线的网络安全建设，提供 7×24h 不间断网络安全监控服务，有效防护如 APT 攻击、勒索病毒、0Day 漏洞等高危网络安全的攻击。通过定期进行网络安全扫描，应用系统渗透测试，对网络进行不同等级的区域划分等手段，有效减少攻击威胁面，缩减漏洞暴露时间，有效降低网络安全风险，如图 4-28 所示。

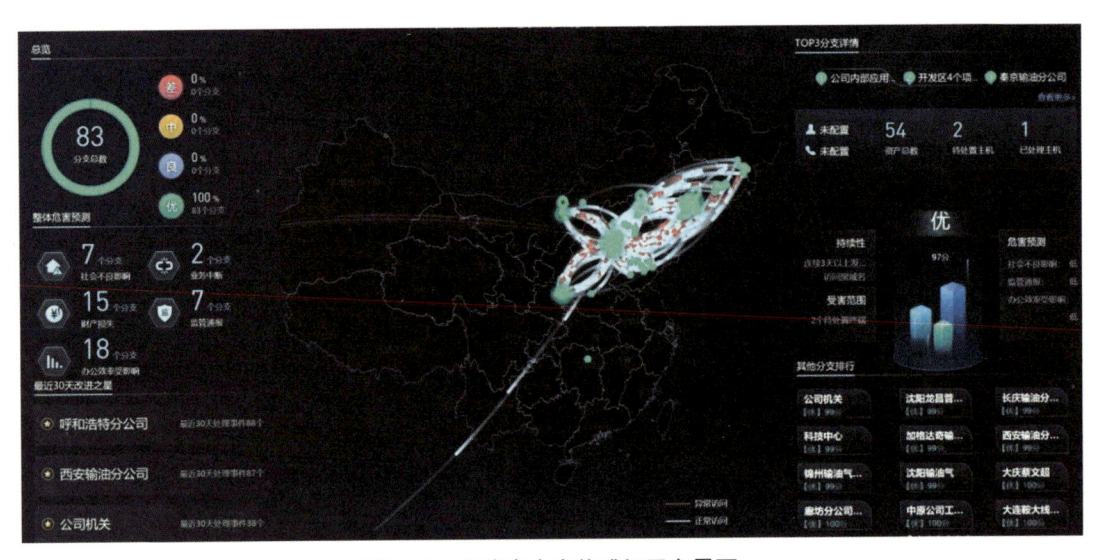

图 4-28 网络安全态势感知平台界面

第四节　管网优化运行技术

随着全国性天然气管网的逐步成型，管网运行灵活性得到显著提高，用气需求得到更好保障，与此同时，网络化运行模式使得管道间相互影响日趋复杂、管网的集中调控及优化运行难度越来越大，亟需科学的方法和工具，整体解决管网资源调配及流向优化、压缩机组启停选择及运行工艺参数设定等难点问题。

中俄东线作为我国首条大口径、高钢级、高压力的跨国天然气管道，具有重要的政治意义。依托中俄东线，开展运行优化技术的深化应用，并将应用中积累的优化原则、关键技术推广复制到全国管网，对保障管网在本质安全的前提下、提升运行水平具有重要的示范意义。

技术实施思路：利用在线仿真系统软件搭建中俄东线在线仿真模型，实现实时模拟、趋势预测及系列经济计算（如管输费收入、能耗成本以及用户购气成本等）功能，协助指导管道、调控运行；利用离线仿真软件和在线仿真软件，编制中俄东线运行优化方案库，用于指导该管道计划方案编制的优化，以及优化日常调控运行。

优化实施技术路线如图 4-29 所示。预期可实现的功能包括优化结果可视化及智能展示和利用人工智能技术归纳总结优化两方面。

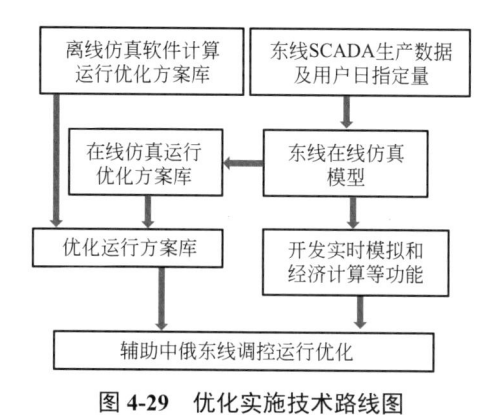

图 4-29 优化实施技术路线图

（一）优化结果可视化及智能展示

（1）以 PI 数据库为基础，利用大数据、云计算等技术，优化数据存储机制和方式，搭建数据平台。

（2）搭建综合展示平台，规范不同层级的生产数据需求，实现不同用户等级不同需求的智能展示。

（3）研究移动展示实现技术（手机 APP 应用技术），协助调控中心各级管理人员和运行分析优化人员快速掌握管网实时生产信息和运行情况及历史数据。

（二）利用人工智能技术归纳总结优化

依据调度员日常运行积累经验，特别是异常事件事故的处理经验，研究区域管网或管道运行工况（特别是异常工况）识别原则，结合机器学习、人工智能等先进技术，针对不同的工况和边界条件，总结每步调控操作实施原则，制定各种参数的调度优化决策规则（重点是把事故处理的具体步骤和参数要求整理出规则），并将调度专家决策规划作为运行优化技术的约束条件之一，应用到天然气管网全时段运行优化系统之中；针对每个事故异常情景，整理出相应的应急优化调整措施和运行参数限制。

多年来，国内管道运营企业与科研院所联合不断进行着运行优化技术的研发与应用，之前以具体管道定制优化软件为主，如西气东输运行优化软件（WEGPOPT）、陕京管道运行优化软件（SJGPOPT），2013年出现了通用运行优化软件RealPipe-GasOpt。与国外管道运营公司应用效果相比，国内运行优化软件应用效果有限（能耗降低2%左右），一方面是软件技术水平上存在差距，另一方面是国内管道运营企业除了要考虑经济效益外，还承担着一些社会和民生责任，运行优化技术应用模式比国外复杂。国内稳态管网运行优化技术应用规模较大，如西部管廊，包含27个压气站，约6000km管道。

当前，依照业务层级及问题求解难度，国家管网团队采取"四步走"方针解决大型天然气管网稳态运行优化问题，并递进开发了四个优化引擎：压气站开机方案优化、单管道运行优化、定制管网运行优化及大规模管网通用运行优化。其中大型管网规模过于庞大、数学模型更为复杂。国内外在处理此类问题时提出了一些简化措施，如不考虑温度对管网的影响、压缩机计算采用理想模型等，使得相关优化方法更侧重理论研究，在一定程度上不具备实际应用的条件。而国内团队结合了国际研究的经验和成果，提出了基于DP-MILP（动态规划—混合整数非线性规划）的混合优化算法，在算法测试阶段取得了良好的效果。

DP-MILP混合优化算法的基本思路是，首先将整个管网系统拆分为若干子系统，以每个子系统为一个整体采用DP算法优化并进行线性化近似，再建立拆分后规模更小的约简管网的MILP模型。相比于传统线性化思维，DP-MILP算法的优点是所建立的MILP模型规模和线性化近似造成的精度损失极大减小，保障了优化结果的可靠性。它在中俄东线的应用效果也相对显著，如图4-30所示。

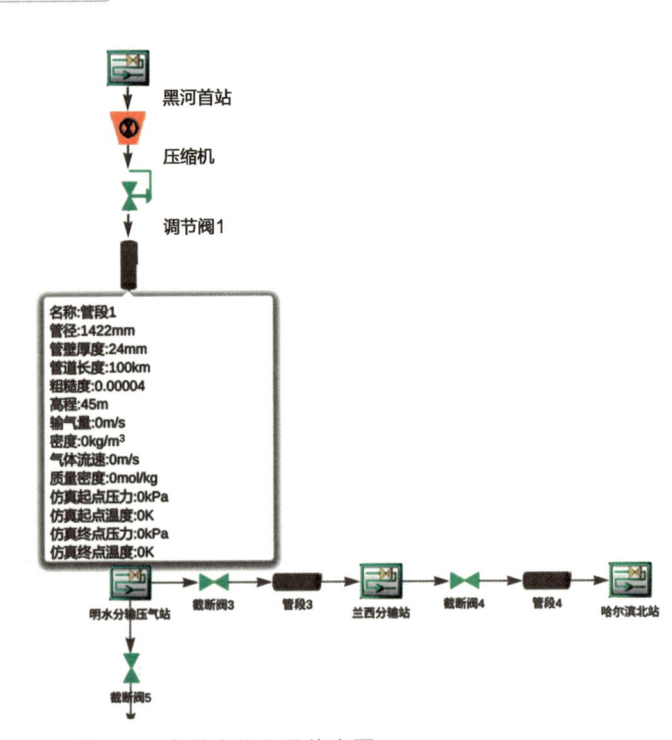

图4-30 中俄东线北段仿真图

参考文献

[1] 魏凯，唐善华，闫峰，等．西气东输盐池站压缩机组远程控制系统优化[J]．油气储运，2011，30（6）：474-475，477．

[2] 王怀义，杨喜良．长输天然气管道压缩机组远程控制系统设计[J]．油气储运，2016，35（12）：1360-1364．

[3] 徐铁军．天然气管道压缩机组及其在国内的应用与发展[J]．油气储运，2011，30（5）：321-326．

[4] 唐小江，李华．电驱压缩机组控制系统的整合[J]．油气储运，2018，37（7）：798-803，809．

[5] 龙蔚泓．压缩机控制及保护系统设计探讨[J]．石油化工自动化，2011，47（6）：17-21．

[6] 刘天贝，徐继荣．大型压缩机自动控制的优化[J]．石油化工自动化，2016，52（6）：17-20．

[7] 李遵照，王剑波，王晓霖，等．智慧能源时代的智能化管道系统建设[J]．油气储运，2017，36（11）：1243-1250．

[8] 唐小江，李华．电驱压缩机组控制系统的整合[J]．油气储运，2018，37（7）：798-803，809．

[9] 龙蔚泓．压缩机控制及保护系统设计探讨[J]．石油化工自动化，2011，47（6）：17-21．

[10] Dionysios P X，Georgios M K，Matteo C，等．Operational optimization of networks of compressors considering condition-based maintenance[J].Computers& Chemical Engineering，2016，84：117-131．

[11] 钱迪，郑会，张沛，等．压缩机组PLC控制系统的国产化升级改造方案[J]．油气储运，2018，37（1）：46-51．

[12] 崔艳星，杨立萍，马永祥，等．西三线压缩机组负荷分配控制方案[J]．油气储运，2015，34（5）：538-543．

[13] 王小平，蒋平，翁正新．西气东输离心压缩机组负荷控制系统的研究[J]．研究与设计，2012，28（7）：45-48．

[14] 齐洪鹏，孙瑾，朱世凯．TRICON ITCC系统在管道压缩机组上的负荷分配控制应用[J]．中国科技博览，2013，9（2）：308-312．

[15] 马凯，王华强，张保平，等．天然气管线压缩机组加载/卸载及负荷分配控制研究[J]．工业仪表与自动化装置，2018，（6）：86-88，93．

[16] Andrea C，Mehmet M，Matteo Z，等．Online performance tracking and load sharing optimization for parallel operation of gas compressors[J].Computers & Chemical Engineering，2016，88：145-156．

[17] Cortinovis A，Ferreau H J，Lewandowski D，等．Experimental evaluation of MPC-based anti-surge and process control for electric driven centrifugal gas compressors[J]. Journal of Process Control，2015，34：13-25．

[18] 刘锐，杨金威，陈玉霞，等．中亚天然气管道站场ESD系统分析与改进[J]．油气储

运，2016，35（12）：1325-1328.

[19] 张平，周勇，曹雄，等.压缩机组停机保压控制逻辑优化[J].油气储运，2013，32（6）：623-626.

[20] 王小平，蒋平，翁正新.西气东输离心压缩机组负荷控制系统的研究[J].微型电脑应用，2012，7：45-47，54.

[21] 王振声，董红军，张世斌，等.天然气管道压气站一键启停站控制技术[J].油气储运，2019，38（9）：1029-1034.

第五章　全生命周期管理

管道全生命周期管理是指在管道规划、可行性研究、初步设计、施工图设计、工程建设、竣工验收、投产、运行维护、报废处置等管道整个生命周期内，整合各阶段业务与数据信息，建立统一的管道数据模型，利用泛在感知技术掌握管道实时状态，持续积累管道"本体数据"和"过程数据"，实现管道从规划到报废处置的全业务信息的集成共享、递延传承和丰富完善。

中俄东线通过管道智能检测评价、站场关键设备远程诊断、天空地一体化管道管理新模式等手段对管道全生命周期数据进行感知、诊断和评价，建立了智能管道可视化交互系统，对各类数据进行清洗和融合，初步实现了大数据综合展示和融合应用。

第一节　站场关键设备远程诊断

一、压缩机组远程诊断

依托关键设备远程监测与诊断中心，中俄东线压缩机组实现了监测全覆盖，实时掌握机组的运行状态，通过对机组运行参数、图谱特征等异常数据的筛查分析及专家诊断，及时发现机组异常状态和早期故障，及时推送机组异常报警信息，实现对机组故障的精确远程诊断，如图 5-1 所示。

（一）数据采集

数据采集充分考虑了不同系统的兼容性、接口开放性、可扩容性，采集压缩机组的振动数据和工艺量数据。

1. 振动数据

（1）键相信号。

采用电涡流传感器，提供触发信号，同步整周期采集，用于故障诊断参考。

（2）径向振动信号（水平垂直）。

采用电涡流传感器,测量轴径向振动及轴心轨迹等,监测机组振动、轴承类、摩擦类故障。

（3）轴向振动信号（位移测试）。

采用电涡流传感器,测量轴位移值（静态量和动态量）,监测轴向窜动、平衡盘故障、角不对中故障等引发的轴位移变化、轴向振动变化等故障。

图 5-1 关键设备远程监测与诊断中心界面

2. 工艺量数据

工艺量数据通过站场机组控制系统远维服务器,利用标准协议采集现场数据服务器数据,上传至国家管网关键设备远程监测与诊断中心。离心压缩机工艺量数据采集参数见表 5-1。

表 5-1 离心压缩机工艺量表

类别	名称	描述
机组整体测点	电动机功率	电动机实时运行功率
	机组运行时间	压缩机组累计运行时间
齿轮箱测点	齿轮箱低速轴、轴承温度	驱动端轴承温度、非驱动端轴承温度
	齿轮箱高速轴、轴承温度	驱动端轴承温度、非驱动端轴承温度
	齿轮箱止推、轴承温度	止推轴承内向侧温度、外向侧温度
电气系统测点	变压器温度	变压器实时温度
	变频柜温度	变频柜实时温度
	三相电压	监测 AB 电压、BC 电压、AC 电压
	三相电流	分别监测 A 相、B 相、C 相
	励磁电流	励磁电流实时值

续表

类别	名称	描述
电气系统测点	电动机电压	电动机电压实时值
	电动机电流	电动机电流实时值
	电动机轴承温度	驱动端、非驱动端轴承
	励磁机轴承温度	励磁机轴承温度
	主电动机定子绕组测温	6个测点
压缩机测点	压缩机进、出口压力	压缩机进、出口天然气压力
	压缩机进、出口温度	压缩机进、出口天然气温度
	压缩机进口差压	监测天然气流量
	压缩机入口过滤器差压	压缩机入口过滤器差压
	防喘阀开度	防喘阀开度
	压缩机轴承温度	驱动端轴承温度、非驱动端轴承温度
	压缩机止推轴承温度	止推轴承推力面温度、非推力面温度
润滑油系统测点	油箱液位	润滑油箱液位
	油箱温度	润滑油箱温度
	油泵出口压力	润滑油泵出口压力
	供油温度	润滑油供油温度
	润滑油过滤器差压	润滑油过滤器差压
	电动机供油压力	润滑油电动机供油压力
	压缩机供油压力	润滑油压缩机供油压力
干气密封系统	过滤器差压	干气密封过滤器差压
	平衡管差压	干气密封平衡管差压
	干气密封供气流量	驱动端供气流量、非驱动端供气流量
	供气温度	干气密封供气温度
	密封气供气压力	密封气供气压力
	干气密封排气压力	驱动端排气压力、非驱动端排气压力
	干气密封排气流量	驱动端排气流量、非驱动端排气流量
水冷系统测点	供水温度	冷却水供水温度
	供水压力	冷却水供水压力
	电导率	冷却水电导率
	冷却水流量	冷却水流量

续表

类别	名称	描述
水冷系统测点	回水温度	冷却水回水温度
	回水压力	冷却水回水压力
	外水过滤器差压	外水过滤器差压
	外水进水温度	外水进水温度
	外水进水压力	外水进水压力

（二）数据传输与存储

压缩机组监测诊断系统接入国家管网光通信网络，将机组运行监测数据上传至国家管网关键设备远程监测与诊断中心，实现数据的存储和集中监测。各压气站至地区公司总部开通 4MB 带宽的光通信道，地区公司总部至国家管网关键设备远程监测与诊断中心开通 10MB 带宽的光通信道，保障数据传输。监测诊断系统数据传输架构如图 5-2 所示。

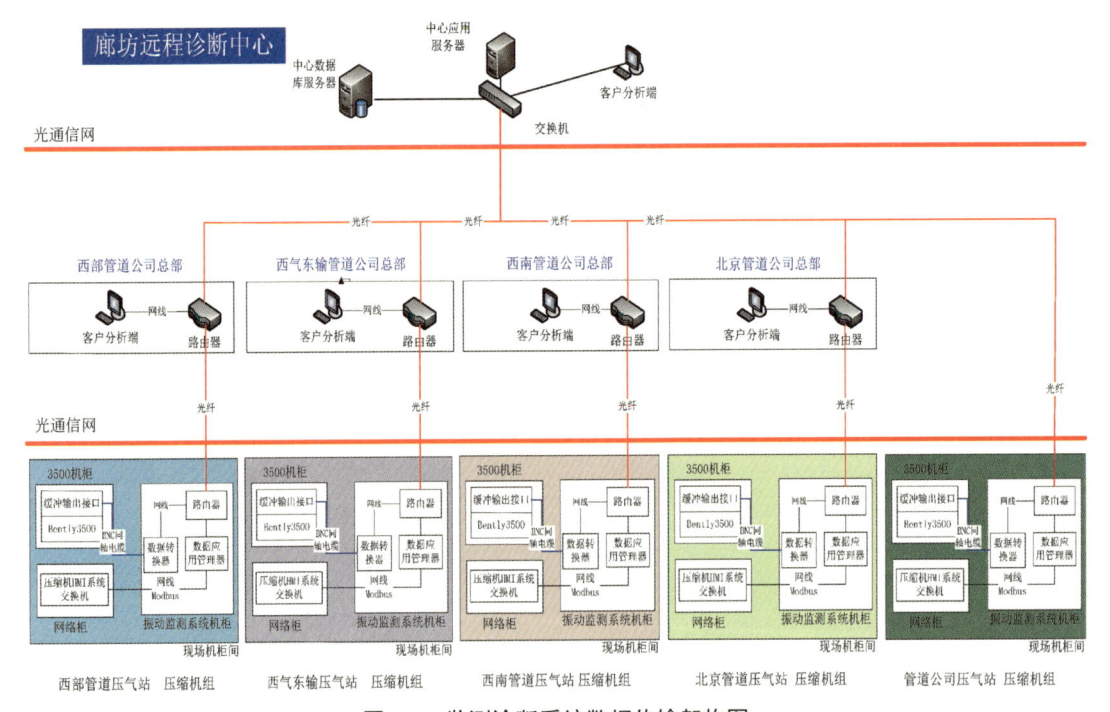

图 5-2 监测诊断系统数据传输架构图

中俄东线电驱压缩机组通过上述方式将振动数据和工艺量数据上传至国家管网关键设备远程监测与诊断中心。

（三）监测诊断系统功能

压缩机组监测诊断系统包括数据转换器、数据应用管理器、在线监测与测试系统软件等。系统具备可视化管理、机组状态分类显示、测点状态显示、监测诊断分析、故障报警、案例库管理、报表管理及状态监测 APP 等功能，如图 5-3 和图 5-4 所示。

图 5-3　压缩机组分布图（平台界面）

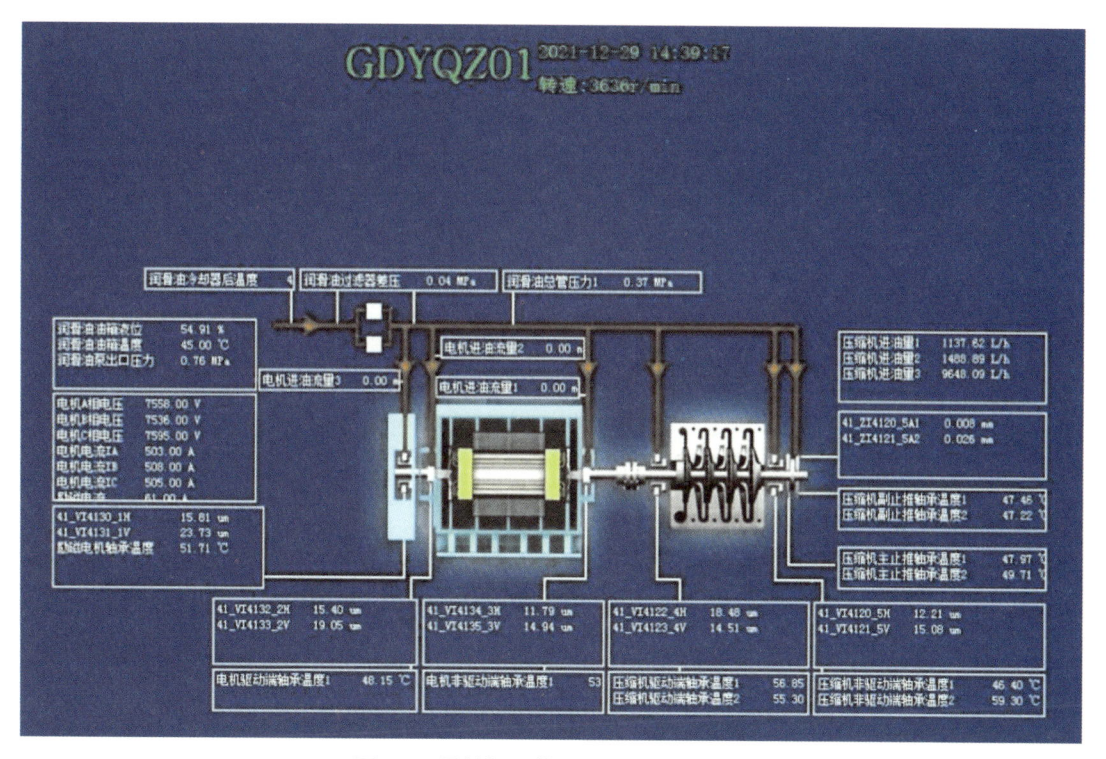

图 5-4　压缩机组监测数据（平台界面）

（1）可视化功能：查看各公司、输气线路、各站场全部机组运行状态及报警信息。

（2）机组状态：查看每台机组的运行状态、报警信息，并可进行不同状态的分类统计等。

（3）测点状态：展示机组各个监测点、报警值和当前状态值等。

（4）监测诊断分析：查看机组振动趋势图、频谱图、波形图、轴心轨迹图等各类诊断图谱，根据图谱进行分析判断。

（5）故障报警：分智能报警、阈值报警等功能。智能报警为预设快速波动报警或偏差报警等，机组运行同工况下，振动幅值趋势波动幅度大时发出报警；阈值报警是每台机组根据现场控制系统设置的报警线选取合适的软报警线。

（6）案例库管理：记录机组故障诊断分析案例及维修案例信息等。

（7）报表管理：分类汇总各类技术报告、相关资料。

（8）状态监测APP：机组监测诊断功能移动端应用。

（四）压缩机组故障诊断方法

压缩机组故障诊断则是根据状态监测所获得的信息，结合设备的工作原理、结构特点、运行参数及其历史运行状况，对设备有可能发生的故障进行分析、预测，对设备已经或正在发生的故障进行分析、判断，确定故障的性质、类别、程度、部位及趋势。压缩机故障诊断主要有以下几种方法：

（1）振动分析法。

振动分析法是对设备所产生的机械振动进行信号采集、数据处理后，根据振幅、频率、相位及相关图形所进行的故障分析。

（2）油液分析法。

油液分析法是对机组在用润滑油的油液本身及油中微小颗粒所进行的理化分析。

（3）轴位移监测。

在某些非正常情况下，大型旋转机械的转子会因轴向力过大而产生较大的轴向位移，严重时会引起推力轴承磨损，进而引起叶轮与气缸隔板摩擦碰撞，对轴位移进行在线状态监测和故障诊断分析十分必要。

（4）轴承回油温度及瓦块温度的监测。

检修或运行中的操作不当都会造成轴承工作不良，从而引起轴承瓦块及轴承回油温度升高，严重时会造成烧瓦。

（5）综合分析法。

在进行实际的故障诊断时，往往是将以上各种方法，连同工艺及运行参数的监测一起进行综合分析。

（五）压缩机组常见故障类型

压缩机组发生故障的重要特征是机器伴有异常的振动和噪声，其振动信号从幅值域、频率域和时间域实时反映机器的故障信息。常见故障形式有转子不平衡、不对中、碰摩、油膜涡动、转轴裂纹等，如图5-5和图5-6所示。

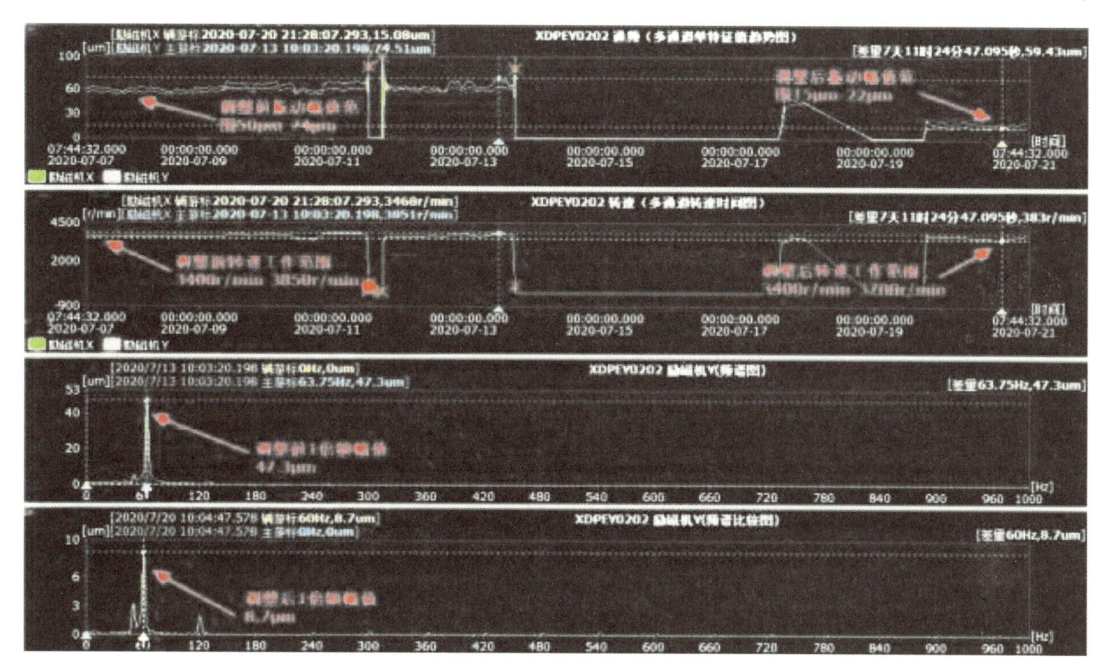

图 5-5　监测到的异常振动数据（平台界面）

图 5-6　发现螺栓变形故障

（1）转子不平衡。

转子不平衡是由于转子部件质量偏心或转子部件出现缺损造成的故障，它是旋转机械最常见的故障。

（2）转子不对中。

大型机组通常由多个转子组成，各转子之间用联轴器连接构成轴系，传递运动和转矩。由于机器的安装误差、工作状态下热膨胀、承载后的变形以及机器基础的不均匀沉降等，有可能会造成机器工作时各转子轴线之间产生不对中。

（3）转子碰摩。

随着对旋转机械高转速高效率的要求，转子与静子的间隙越来越小，以及运行过程中不平衡、不对中、热弯曲等的影响，导致转子和静子间的碰摩事故经常发生。旋转机械的转子、静止件碰摩所表现的现象是一个极为复杂的演变过程。

带有碰摩故障的转子系统是分段线性刚度的非线性振动系统,它受诸如静子刚度、偏心、阻尼比、摩擦系数等多个参数的影响,并存在着丰富的非线性动力学现象。

(4)油膜涡动与油膜振动。

油膜轴承因其承载能力好,工作稳定可靠、工作寿命长等优点得到广泛应用,油膜涡动和油膜振动是以滑动轴承为支承的转子系统的一种常见故障,它们是由滑动轴承油膜力学特性引起的自激振动。

(5)转轴裂纹。

导致转轴裂纹最重要的原因是高周疲劳、低周疲劳、蠕变和应力腐蚀开裂,此外也与转子工作环境中含有腐蚀性化学物质等有关,而大的扭转和径向载荷,加上复杂的转子运动,造成了恶劣的机械应力状态,最终也将导致轴裂纹的产生。

通过压缩机组远程监测与诊断系统,发现轴位移、转子不平衡、平衡块松动等故障案例多例,及时进行预警维护,保障了设备高可靠运行。

二、自动化控制系统远程运维和诊断

自动化控制系统是油气管道生产运行的"大脑",要实现油气管道智能化和智慧化建设,必须确保"大脑"运行的安全、可靠、稳定。自动化控制系统远程运维和诊断系统从本质安全管理的需求出发,按照适应"区域化管理"模式,以"数据统一,信息集成,多处共享"的方式开展实施工作,为管道生产运行管理与经营分析提供技术支撑。

为实现自动化控制系统运行状态实时监控,通过对出现的故障进行快速定位及处理、故障数据库积累和故障智能诊断预测算法的优化,将自动化系统从故障事后处理、定期预防维护进化到基于状态的预测性维护。中俄东线在廊坊分控中心建立自动化控制系统远程维护和诊断系统,实现分控中心、站场自动化设备运行状态集中监视、协同分析、异常预警、准确定位以及全方位展示。

分控中心自动化控制系统远程维护和诊断系统由数据采集模块、在线监视分析模块、大数据分析平台三部分组成,实现系统故障信息的采集、存储、展示及分析等功能,如图5-7所示。

数据采集模块采用Modbus TCP、Modbus RTU、CIP、IEC104、SNMP、OPC、agent等通信协议采集自动化系统设备及软件信息,包括交换机、路由器、操作员工作站、服务器、PLC、RTU、堡垒机、防火墙、SCADA系统软件等的故障信息和日志。故障信息和日志集中在廊坊分控中心虚拟化平台进行存储,在数据库之上,建立SCADA系统监视分析、自动化主机监视分析、网安设备在线监视分析、网络设备在线监视分析、RTU/PLC在线监视分析、计量设备在线监视分析模块。对自动化系统故障数据进行整理分析后,将分析结果发送给系统展示层,实现设备状态监控、故障统计汇总、故障诊断结果、设备健康评价、设备告警信息的展示,为调度、运行人员及领导层进行相应的分析决策提供支持。

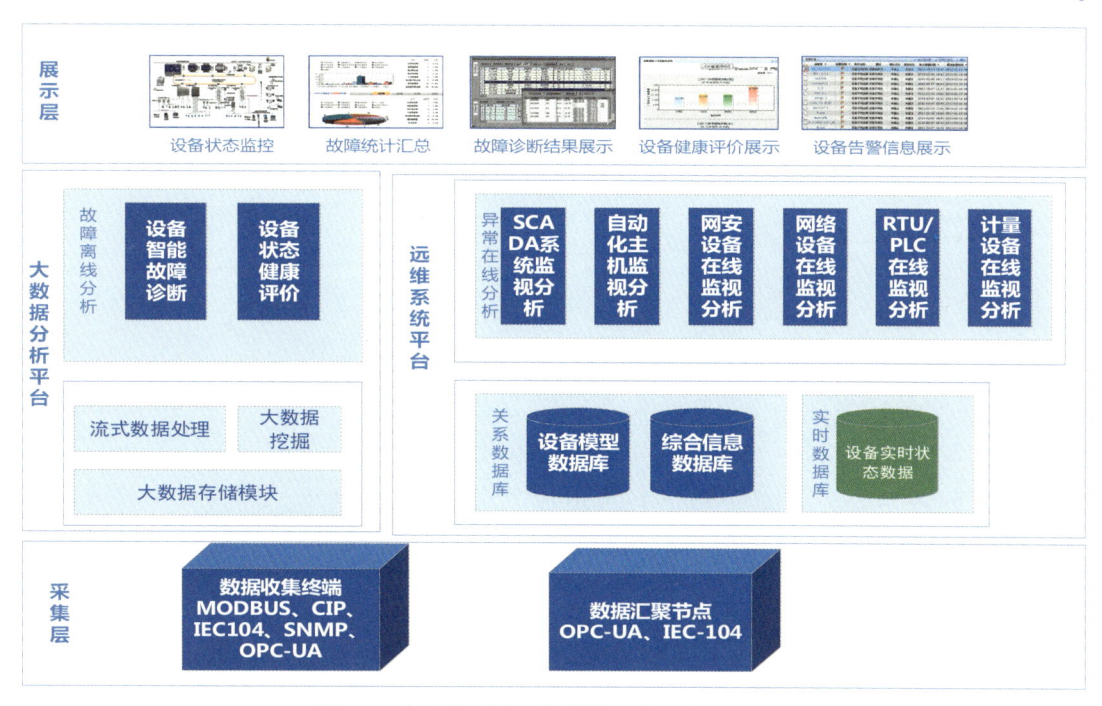

图 5-7 自动化系统远程维护和诊断系统架构图

中俄东线自动化控制系统远程维护和诊断功能已经在油气管道自动化系统状态监测与故障诊断分析平台上实现，系统可实时采集并展示网络设备的运行状况，数据刷新频率为 30s 一次，支持查询、详情、查看等功能。整体效果展示如图 5-8 所示。

图 5-8 油气管道自动化系统状态监测与故障诊断分析平台界面

以 PLC 的远程诊断为例，其详情页面展示了 PLC 各模块的运行情况，包含模块、型号、卡件、故障等信息。蓝灯表示正常运行，红灯闪烁表示存在故障。点击"模块诊断""通道诊断"等字样可查看详情,包括卡件、位、状态、故障数等信息,如图 5-9 所示。

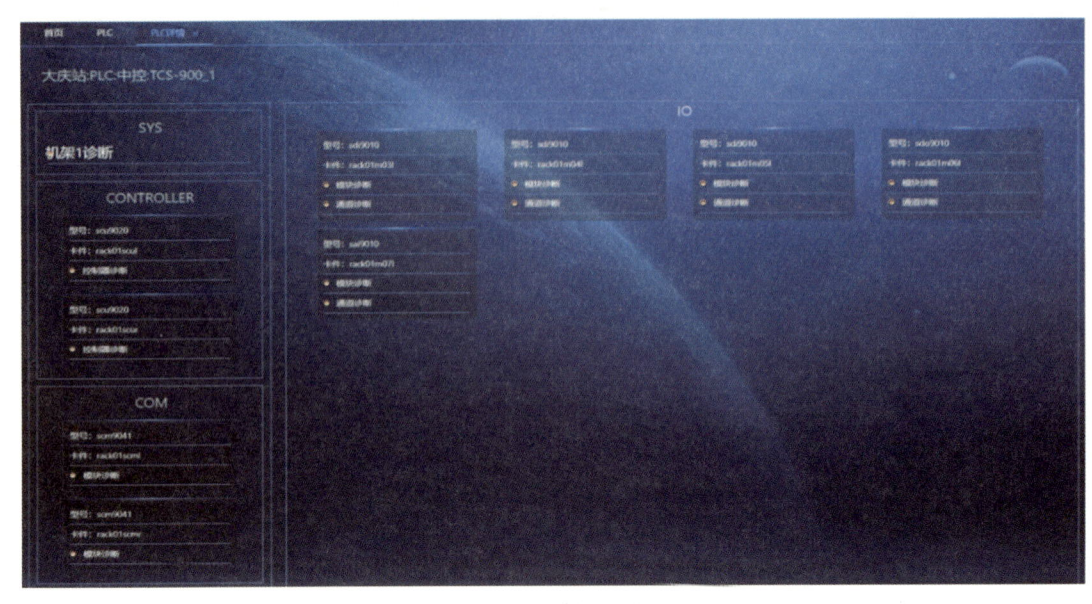

图 5-9　PLC 远程维护界面

三、计量设备远程诊断

自 20 世纪 80 年代超声流量计首次运用于天然气计量领域以来,历经多代升级,特别是电子技术的大幅改善和扩展,使得超声流量计拥有了自诊断、自维护、使用中检验、远程诊断等许多新功能。这些功能在天然气计量中的运用使其工作稳定性和可靠性得到了质的提升,为天然气贸易计量提供了准确、可靠的保障。计量远维系统界面如图 5-10 所示。

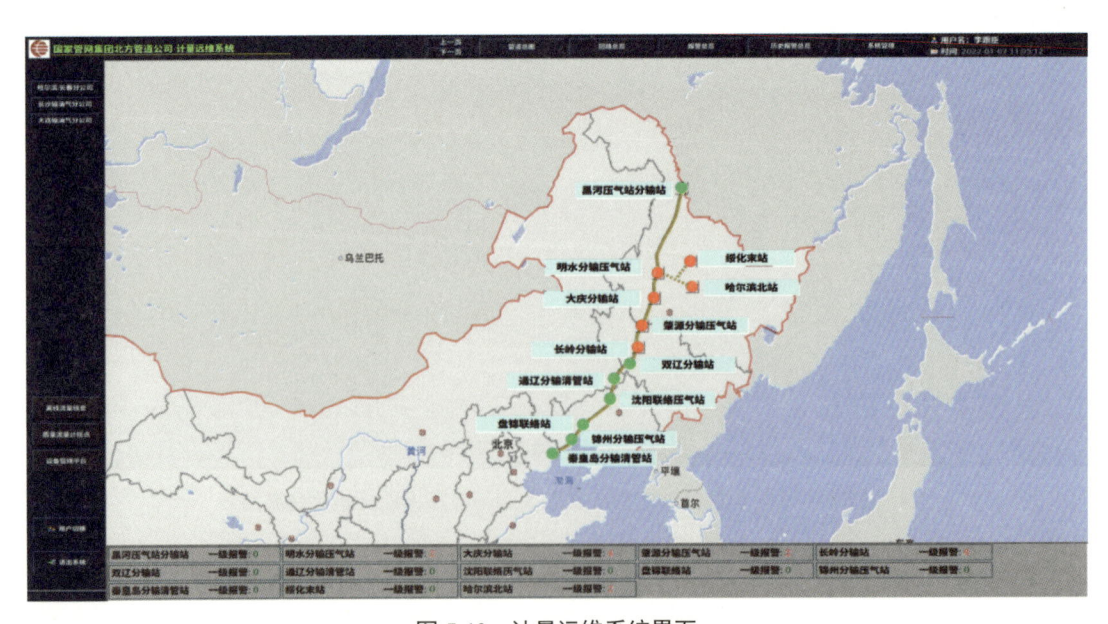

图 5-10　计量远维系统界面

超声流量计远程诊断系统一般包含流量计算机、流量计、变送器、色谱分析仪等四个计量系统的诊断功能，其中流量计诊断是远程诊断系统的核心。

（一）超声流量计远程诊断参数

超声流量计诊断有五个基本参数（不同厂家的诊断参数名称有区别，但表征含义相同）：

（1）增益值，超声换能器的增益值（AGC）主要代表声道的信号强度，增益在正常情况下应相对稳定。超声波流量计设计上均具备自动控制增益功能，随着接收信号的强弱，自动调整输出信号强度，增益值受气体压力、流速的影响而变化。

（2）信号质量，当信号质量下降，流量计电路部分会放弃非正常脉冲信号，防止采集错误信息影响计算结果。通常信号质量都大于90%，数值随流量计的具体型式及其尺寸而变化，在较大流量下将降至50%左右。检测效率的降低一般不影响测量精度，只有当接近零时，才会严重影响测量精度。当检测效率持续下降，低于预先设定值时，需要对换能器进行清理。

（3）信噪比，主要用于反映流量计测量信号检出水平的参数。每个换能器在接收配对换能器发射脉冲信号的同时还可能接收到外部噪声信号，当噪声信号接近甚至超过接收信号时，将严重影响流量计的正常工作。信噪比通常有某一门槛值，信噪比增加代表背景噪声增强，噪声的频率可能与换能器之间的工作频率相同，通过信噪比的监测可以判断噪声对流量计测量的影响。

（4）流速特性，气体在管道中流动的流态变化与上游阻力件形式、管道条件、流速、流量计脏污有关，对保持精度非常重要，流速特性的变化会转换为仪表精度的微小变化。例如，Daniel 3400的剖面系数值在1.12~1.22之间，漩涡角值在1°~4°之间，RMG的剖面系数值在0.8~1.2之间，漩涡角值应小于3°。

（5）声速偏差，声速偏差计算有助于辨别探头上是否有异物，声速受气体组分、压力和温度的影响，温度1℃的偏差可引起SOS 0.17%的误差，34.5kPa的压力偏差可引起SOS 0.01%的误差。

此外，波形图也是判断超声信号质量好坏最直观的方式，特别针对判断信号是否存在干扰的情况。正常情况下，超声波波形是平滑的波动线，若存在干扰，波动线连续性变差，会出现离散性，这种变化用肉眼较为容易辨别。

（二）超声流量计远程诊断系统

远程诊断系统通常采用服务器/客户端结构模式，现场流量计、流量计算机等计量设备通过工业以太网交换机建立局域网络，计量机柜的工业以太网交换机采用网线与站控系统局域网交换机相连，并通过站控系统与调控中心实现计量系统数据的远程传输。现场数据在计量站场完成采集、初步处理，一般通过OPC协议进行数据传输，最终将现场计量诊断数据传输至流量计诊断系统进行分析诊断。流量计诊断系统的数据库多为开放系统，支持OPC或者OBDC等通用接口，可将系统诊断报告及报警信息传输给管理系统，如图5-11所示。

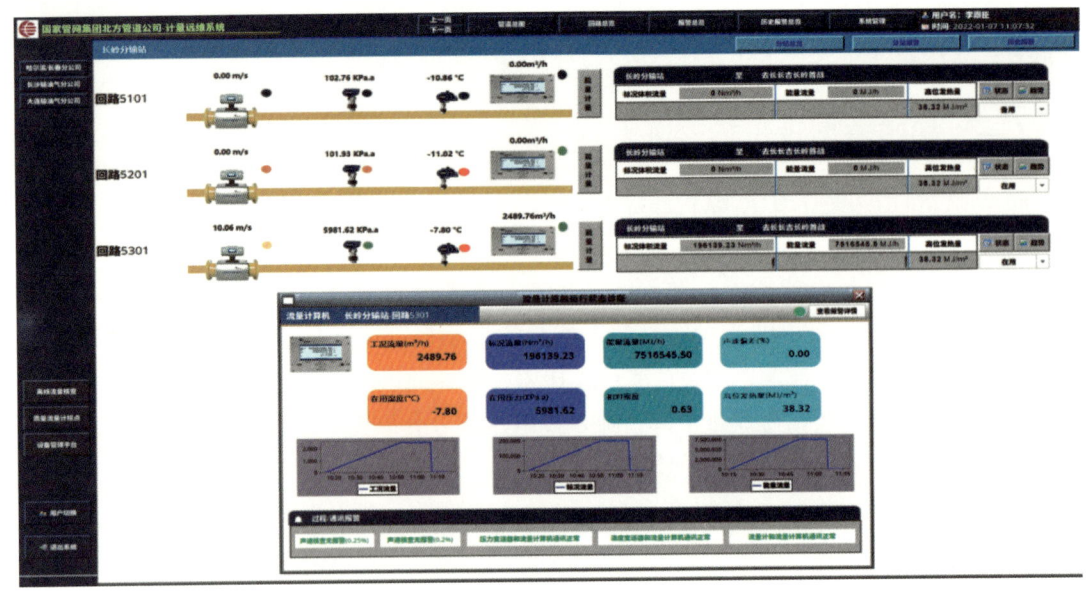

图 5-11　流量计算机运行状态诊断（平台界面）

超声流量计远程诊断系统具有以下功能：

（1）超声流量计运行状态诊断。

记录超声流量计基本诊断数据（包括各声道流速、平均流速、各声道声速、平均声速、各声道信号质量、各声道增益、各声道信噪比以及回路旋涡角、交叉流等），分析上述各指标是否在有效范围内，若有超出范围的，则对该流量计进行报警。定期（每月）追踪上述各指标的变化是否在有效范围之内，定期生成上述各指标的历史追踪曲线。

（2）流量计算机运行状态诊断。

记录超声流量计、色谱分析仪的通信状态，记录气体流速、天然气组分数据、温度数值和压力数值的在用状态，记录各数据状态切换的时间。

（3）气相色谱分析仪运行状态诊断。

记录气相色谱分析仪的运行状态、回路组分数据，分析气体组分数据，当气体组分出现异常时发出警告提示操作员予以处理。

（4）压力变送器、温度变送器运行状态诊断。

实现对智能变送器诊断信息的调用与分析，并记录相关重要诊断信息，当出现重要指标漂移时发出警告。记录压力（温度）变送器与流量计算机的通信状态，当出现通信中断时发出黄色警告提示操作员。

（5）声速核查功能。

实现远程对任意指定回路进行声速核查，并生成声速核查报告。

（6）流量核查功能。

实现远程对任意指定回路进行流量核查功能，以比较流量计算机的计算结果，并监测相关重要计算参数的设置与修正，生成流量核查报告。

（7）计量回路设备的状态核查。

通过超声流量计智能诊断技术和色谱分析仪等结合实现流量计回路运行状态诊断、管道脏污诊断和管道及整流器堵塞诊断，生成计量回路诊断报告。

（三）计量系统融合诊断与智能化管理

中俄东线部署了计量远程管控系统，通过综合利用计量监测系统、SCADA 系统、视频系统的计量数据、工艺数据和视频数据，及时识别计量系统异常状态与预警，结合计量管理业务需求，实现计量管理和输差控制智能化分析与决策支持，如图 5-12 所示。系统具备如下功能：

（1）可对计量相关数据实时监视，具备流量计诊断及计量信息管理等功能；
（2）可自动生成流量计核查、声速核查、组分比对、计量数据的管理报表；
（3）将计量业务和工艺运行结合，可进行管存计算分析，辅助管道输差分析。

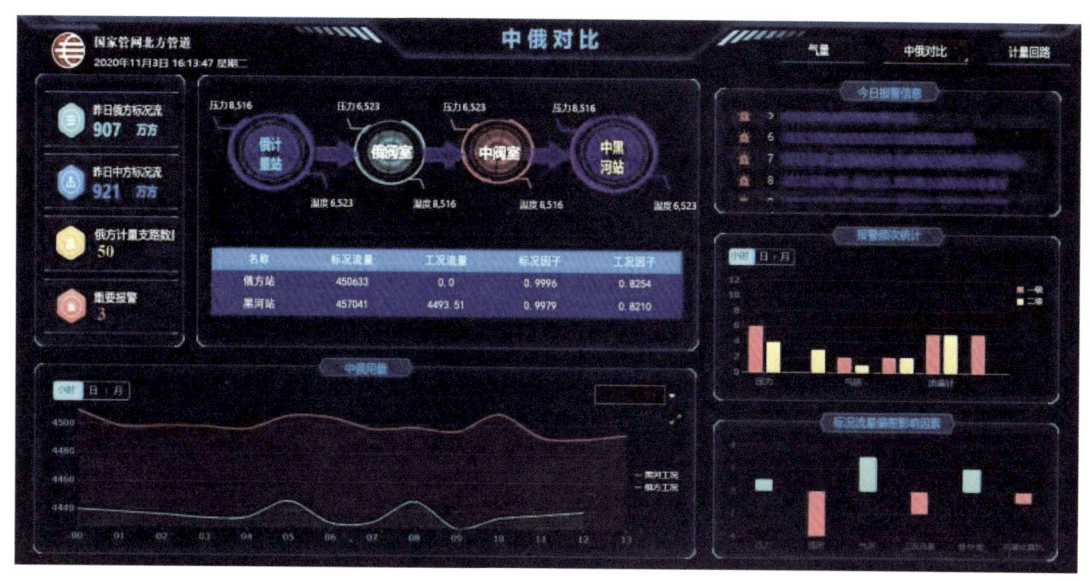

图 5-12 中俄双方计量系统对比（平台界面）

通过计量管控系统，实现了计量管理信息化，改变传统人工记录数据工作模式，自动生成管理报表；将计量管理与运销管理关联，实现计量和运销相关数据一体化管理；通过构建内置知识库及案例库，实现流量计及配套的计量仪表智能化诊断；通过集成管存实时计算、输差分析等程序，可对管输不平衡性进行全面管控，可实现输差的智能化管理。

四、电气设备智能诊断

（一）监测系统框架

电气设备智能诊断系统利用微水密度、温度、局部放电、油中溶解气体等传感器采集变压器、组合电器（GIS）等一次设备的实时状态信息，然后通过点对点方式传递到安装在现场的状态监测单元 IED，根据通信标准 DL/T860 与后台系统服务器之间保持实时通信，上传显示设备运行状态信息，为诊断和检修提供基础数据。电气设备远程监测框图如图 5-13 所示。

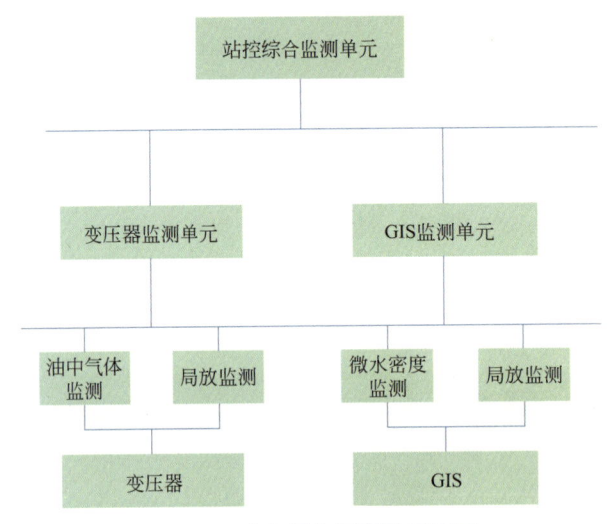

图 5-13 电气设备远程监测框图

根据 IEC 61850 标准，电气设备智能诊断系统分过程层、间隔层和站控层。过程层通过 Modbus 等协议实现把变压器等一次系统的数据进行采集并转换成为数字信号；间隔层综合监测单元与过程层变压器等一次系统设备一一对应，创立一致的监控分析架构；站控层主要任务就是对所有即时监控设备的信息进行收集和处理分析。

（二）监测参数

油浸变压器通过本体的变压器油中溶解气体、温度、局放等传感器，实现变压器状态数据的实时采集、故障报警及记录，并通过与设定数据进行对比实现变压器的预测、预警和分析。变压器采用特高频法进行局部放电监测，并对各监测点的局部放电信号进行采样，具有抗干扰能力强、监测灵敏度高、实时性好且能准确进行局部放电特征量分析和故障定位等特点。

采用组合电器 GIS 设备进行 SF6 在线微水密度和局部放电监测，对断路器绝缘及 SF6 气体的微水、压力、温度进行实时数据采集显示、数据远传、故障报警与闭锁信号传输、后台数据显示和分析。

（三）数据传输

数据传输主要通过主通信管理机、以太网交换机、智能网关、光纤及接口、GPS/ 北斗对时装置、电能管理（电能及电源质量谐波监测）和远动装置等实现。主通信管理机向上与站控室的 SCS 系统通信，向下与各保护、监测单元通信，完成所有信息的上传下达任务。根据"直采直送"原则，采用 IEC 61850 通信标准，主通信管理机通过光纤和站控系统（SCS）实现数据交换，可将电气运行监测数据上传至廊坊远程监测与诊断中心，如图 5-14 所示。

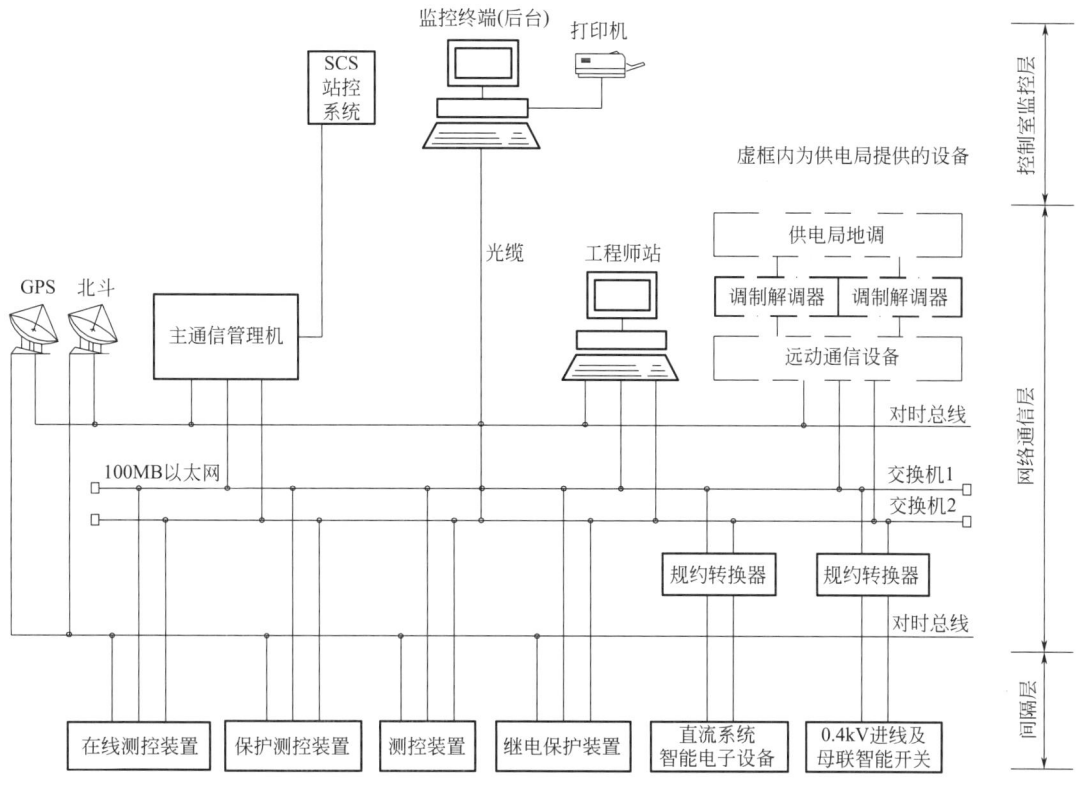

图 5-14 电气设备监测网络结构图

（四）系统配置

电气设备智能诊断系统配置为传感器、通信转换器、数据处理终端、监控软件等，其中电气检测系统配置见表 5-2。

表 5-2 电气检测系统配置

序号	名称		功能	配置
1	监测设备	变压器	变压器油	溶解气体传感器 微水传感器 温度传感器
			局部放电	特高频（UHF）传感器
		组合电器 GIS	SF$_6$ 气体 微水含量和密度	SF$_6$ 在线 微水密度传感器
			局部放电	特高频（UHF）传感器
2	通信转换器		现场信号转换为符合 IEC 61850 规约的信号	IED、通信管理机
3	数据处理终端		数据采集、存储、计算	商用服务器
4	监控软件		将采集的数据进行统计、分析、展示	随检测器配置

（五）电气设备智能诊断功能模块

电气设备智能诊断系统可对一次设备的运行状态监测数据和评价结果进行管理和数据展示，同时对设备的故障具体位置、故障的大小以及发展趋势给出评估，为状态检修提出建议策略，如图 5-15 所示，主要由以下模块组成：

（1）系统设置，包含站场设置、间隔设置、信息分类编码、特征参数类别、特征参数编码、设备参数配置等；

（2）基础数据，包含设备台账、缺陷数据、检修数据、试验项目设置、试验数据、试验分析、设备信息汇总；

（3）在线监测，监测参数设置、监测数据分析、报警查询；

（4）状态评估，设备状态评估、设备故障诊断、状态趋势预测；

（5）状态检修，状态检修管理、维修计划管理。

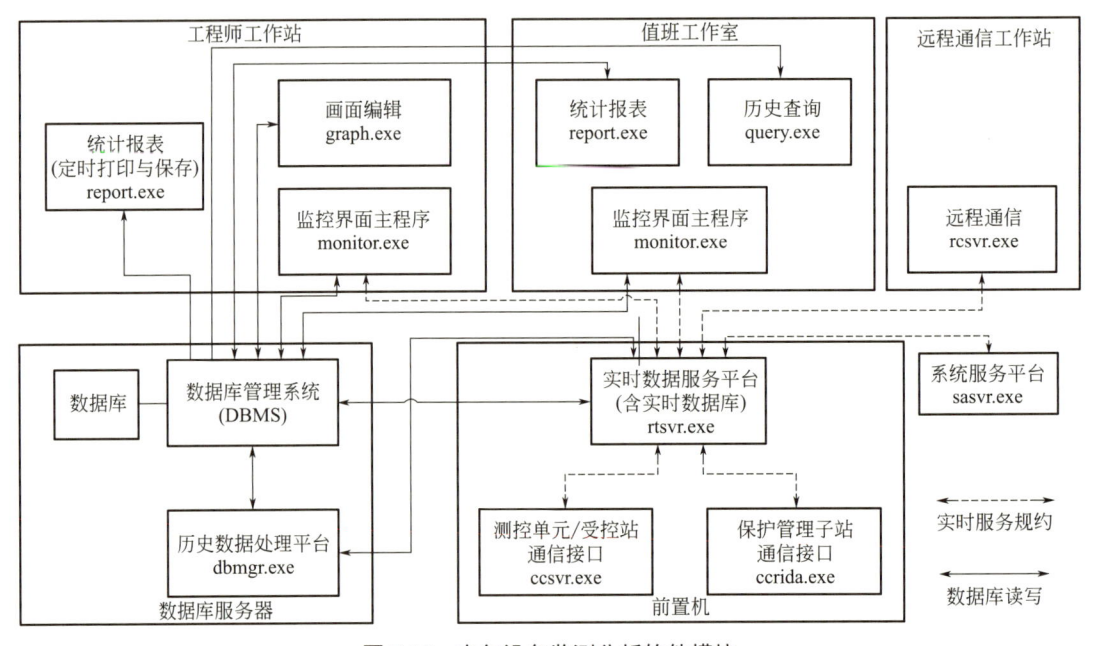

图 5-15 电气设备监测分析软件模块

第二节 管道线路远程管控

油气长输管道具有点多、线长、面广的特点，传统管道管理主要是依靠人员定期巡检，劳动强度高、效率低，隐患发现不及时。随着信息化技术和工业化技术的不断进步，智能化监控在长输管道中的应用成为可能。中俄东线天然气管道采用智能阴极保护、光纤预警、视频智能识别监控、无人机巡线以及人工辅助巡线相结合的全新模式，通过多种技术的融合深化应用，实现了管道天空地一体化管理、全方位立体感知与预警，如图 5-16 所示。

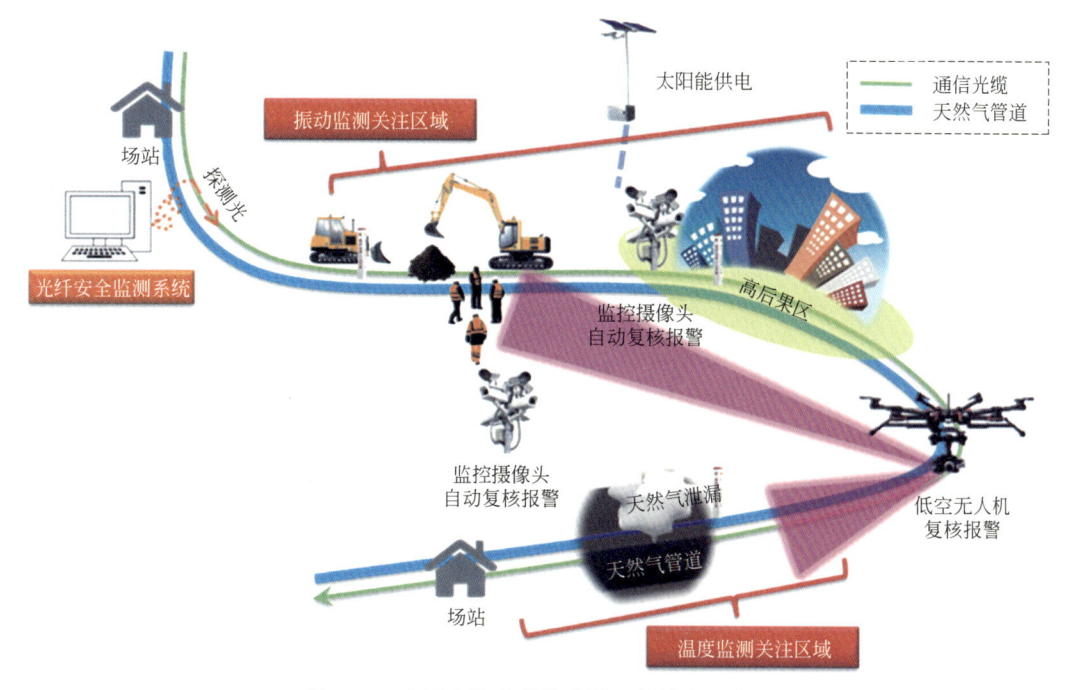

图 5-16　中俄东线北段管道管理新模式示意图

一、智能阴极保护远程监控系统

（一）系统组成

智能阴极保护远程监测控制系统由感知层、传输层、应用层三个层面组成。

感知层主要由智能测试桩和智能恒电位仪组成，其主要功能是实现阴极保护系统参数的现场采集。

传输层主要是指将智能测试桩、智能恒电位仪采集到的数据上传至后台服务器，目前可应用的通信方式有 GPRS、ZigBee、光纤通信、物联网（如 NB-lot）等，几种传输方式的优缺点见表 5-3。

表 5-3　不同通信方式对比

通信方式	优点	缺点
GPRS	低功耗、低成本、覆盖范围较广	受运营商基站限制，在无通信公司网络覆盖的地区无法应用
ZigBee	低功耗、延时短、采用自组网的方式	通信距离短，从几十米至几百米，通过增加发射功率和中继可达几千米
光纤通信	数据传输量大，传输稳定性高	在数据接入点处需要光转换器，因接入点较多对光缆损耗较大
物联网（如 NB-lot）	低功耗、低成本	目前属于起步试点阶段，受运营商基站限制，大数据量的数据无法传输

应用层主要指对感知层采集到的数据进行专业分析和应用的阴极保护管理系统,系统主要具有以下功能:

(1)接收处理智能测试桩数据,远程调整数据采样频率,如 ON/OFF 电位、交流干扰电压、交/直流电流密度、环境温度、电池电量等。

(2)接收和远程调整恒电位仪运行参数,如设置预置电流和保护电位、调整运行模式(恒流/恒位)、远程开关机等。

(3)查询分析功能,查看电位曲线图,如某个桩随时间变化曲线图、全线电位随里程变化曲线图等。

(4)地图显示功能,在地图上显示智能测试桩安装位置,点击图标可显示智能测试桩采集到的数据。

(5)信息统计功能,统计所辖管线智能测试桩和恒电位仪设备的报警信息、统计管线的保护状态信息,如正常保护、欠保护、过保护的数量以及杂散电流干扰情况等。

(二)技术参数

智能测试桩由智能电位采集仪、检查片/极化探头、参比电极、参比管、太阳能板、蓄电池及桩体组成,主要用于阴极保护参数的自动采集与传输。其中,智能电位采集仪由数据采集模块、通信模块、供电模块等组成,通过阴极保护管理系统可远程对采集频率、通断电位周期等参数进行设置。智能测试桩技术性能参数见表 5-4。

表 5-4 智能测试桩技术性能参数表

内容	技术指标	
通电电位采样	采样范围	±3V、±30V,自动量程切换
	采样误差	<±10mV(±3V)、≤1%(±30V)
	输入阻抗	≥10MΩ
断电电位采样	采样范围	-3~3V
	采样误差	<±10mV
	输入阻抗	≥10MΩ
交流电位采样	采样范围	0~100V(RMS)
	采样误差	≤1%
交/直流电流采样	采样范围	±1mA、±20mA,自动量程切换
	分辨率	1μA
	采样误差	≤1%
	电流采样电阻	≤10Ω
流经参比电极电流密度		<3μA/cm^2
抗交流干扰能力		≤30V
参比输入阻抗		大于1MΩ
适用温度范围		-48~+40℃

（三）中俄东线（黑河—永清段）应用实践

1. 智能测试桩设置

中俄东线（黑河—永清段）地处东北和华北平原，管道沿线土质无明显变化，杂散电流干扰不强，阴极保护电位波动不大。因此，从数据完整性、反映管道全线阴极保护水平及成本投入等方面考虑，中俄东线（黑河—永清段）平均每 3~5km 安装 1 个智能测试桩，全线共安装 405 个智能测试桩，外观如图 5-17 所示。重点管段和关键点主要包括以下位置：

（1）一般公路、铁路、河流穿越段在其一侧安装，大型河流穿越管段上下游两侧安装；

（2）与电力线交叉/平行段；

（3）阴极保护站进、出站约 1km 处；

（4）阴极保护站中间位置、高后果管段；

（5）人员难以进入进行电位测量的位置。

针对中俄东线北段冬季环境温度低，智能测试桩可能出现不稳定的问题，采取了以下四方面的措施：

（1）供电系统，采用太阳能+蓄电池的供电方式，解决了干电池单一电源在低温环境下供电不稳定的问题。

（2）参比电极，选用防冻型硫酸铜和锌参比电极，并在参比电极上方安装带保温功能的参比管，有利于后期参比电极的维护与更换。

（3）安装方式，将采集仪安装在配套测试桩内，并放入至地表以下。

（4）检查片选型，采用面积为 9cm^2 的圆形试片，解决方形试片的边界效应影响电位测量结果的问题。

图 5-17　智能测试桩

2. 数据传输及平台设置

阴极保护管理系统采用 B/S 架构，数据通过移动网络 GPRS 进行传输，并通过国家管网 DMZ 区进入国家管网内网，数据分析服务器部署在北方管道公司机房内，既保障了数据的安全，又有利于管道大数据的挖掘分析。阴极保护远程监控平台界面如图 5-18 所示。

图 5-18　阴极保护管理系统登录页面

3. 应用效果

1）阴极保护电位优化调整

在阴极保护系统运行调试阶段发现，全线阴极保护电位波动较大，并且部分管段存在欠保护情况。系统采集数据如图 5-19 所示。

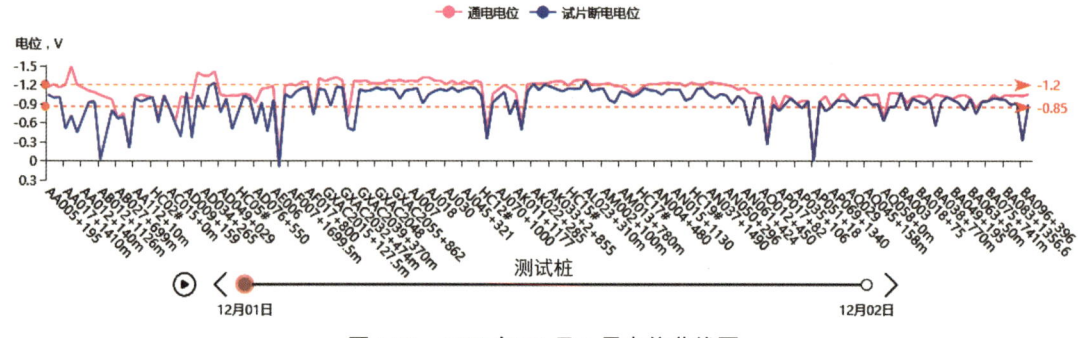

图 5-19　2019 年 12 月 1 日电位曲线图

通过数据分析与现场确认，主要原因为全线强制电流系统刚投入使用，部分临时牺牲阳极未从管道上摘除所致。在将临时牺牲阳极全部摘除后，从图 5-20 所示的电位曲线可以看到，管道全线基本处于有效的保护，但还存在不同程度的波动情况。

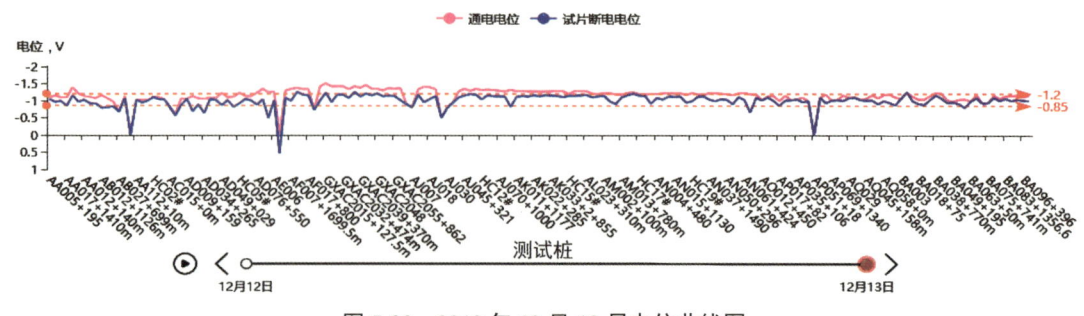

图 5-20　2019 年 12 月 13 日电位曲线图

针对电位波动情况，分析认为还存在阴保站之间的相互干扰情况，远程关闭了 4 号、11 号和 20 号阀室的恒电位仪后，管道全线电位基本无大的波动，只有个别点的数据仍异常。经确认，数据异常点是由于智能电位采集仪接线存在问题所致，如图 5-21 所示。

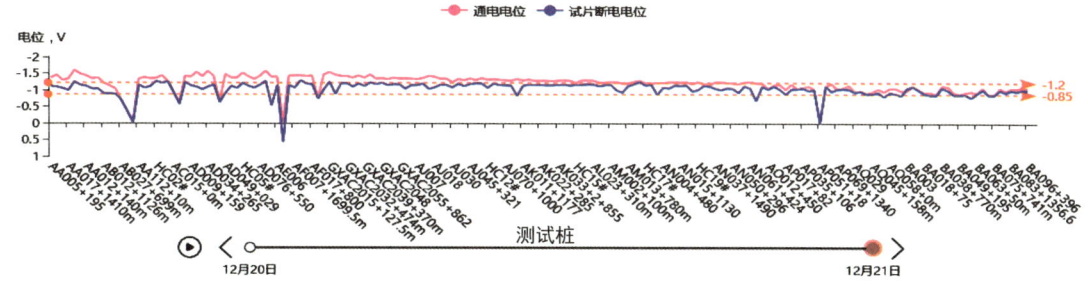

图 5-21　2019 年 12 月 21 日电位曲线图

2020 年 1 月 24 日，阴极保护管理系统报警提示 AK017+933 桩到 AL023+310 桩管道电位异常变负。通过数据分析判断可能是恒电位仪出现故障所致，经确认，明水站在切换恒电位仪时出现故障，输出电流偏大，导致电位异常偏负，如图 5-22 所示。

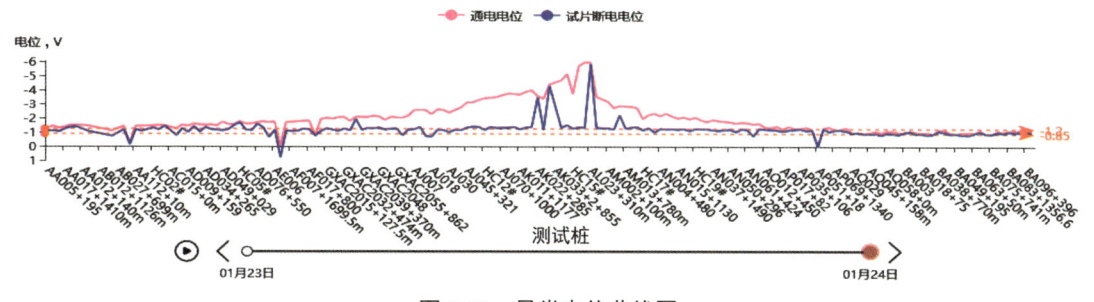

图 5-22　异常电位曲线图

2）故障发现

通过阴极保护远程监控平台异常数据分析，发现雷电、设备故障对阴极保护效果的影响，如图 5-23 至图 5-26 所示。

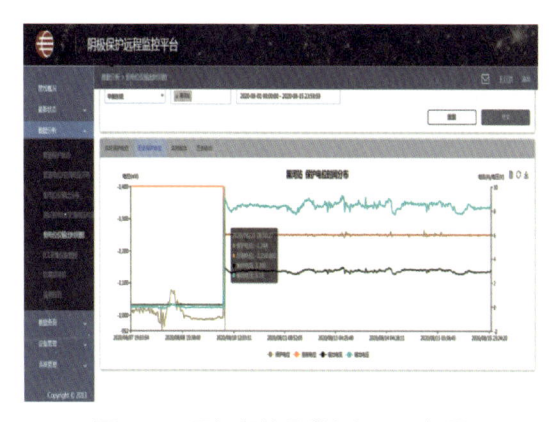

图 5-23　阴极保护异常数据（平台界面） 　　图 5-24　恒电位仪电阻雷击损坏

图 5-25　阴极保护异常数据（平台界面）　　　　图 5-26　固态去耦合器被雷击损坏

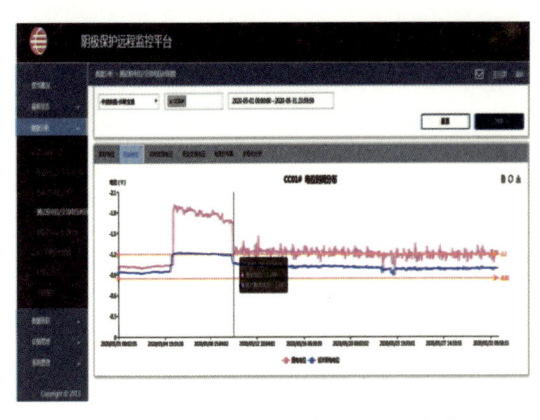

通过智能阴极保护远程监控系统建设，满足了管道智能感知、大数据综合分析需求，大幅度减轻了现场工作量，提高了数据采集的准确性、及时性、完整性（至少采集数据 6 种，1 次 / 日；传统采集数据 1 种，1 次 / 月），改变了传统工作模式；由现场测试到远程登录系统查阅分析数据，解决了恶劣天气和环境无法现场测试的难题，降低现场测试带来的交通安全等风险，提高了工作效率；通过大数据分析应用，及时发现和处理阴极保护系统存在的问题，实现了中俄东线（黑河—永清段）阴极保护管理的专业化和智能化。

二、光纤监测预警

管道沿线第三方施工、非法破坏、地质灾害等都将威胁着管道安全平稳运行，一旦发生泄漏事故，极有可能会造成沿线人民群众生命财产安全损失。加强管道沿线预警监测，及时发现各种危险事件并进行防范，具有重要现实意义。

（一）光纤振动预警

1. 光纤振动预警监测原理

基于相干瑞利的管道光纤振动预警监测技术直接利用与管道同沟敷设的通信光缆作为传感器，采用其中 1 芯光纤采集管道沿线周边振动信号。管道周围出现人工挖掘、机械挖掘、打孔盗油等行为时，会产生不同频率的振动信号，外界振动导致光在光纤中传输时的相位发生改变，通过测量光波相位变化即可获得管道附近的振动信号。分布式光纤测振动系统可检测各个位置的振动信号，获得振动事件的时间、地点、事件趋势等信息，通过对振动波形分析和特征信号提取，结合信号数据库和识别算法，可对振动信号进行定性分析，及时发现威胁管道安全事件并进行跟踪定位。光纤振动预警系统的原理如图 5-27 所示。

2. 光纤振动预警系统构成

光纤振动预警系统由光纤预警单元、预警管理终端、中继放大装置、数据库服务器、监测软件及机柜组成。

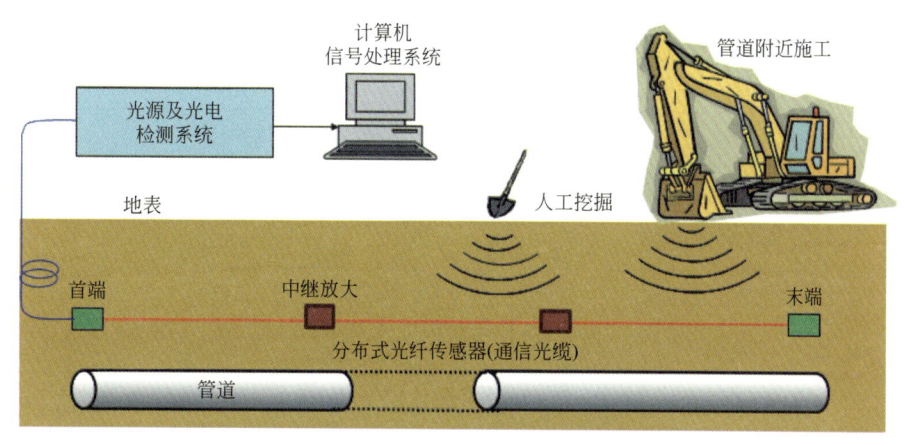

图 5-27 光纤振动预警系统原理图

1）硬件组成及功能

系统硬件设备主要包括：

（1）分布式微振动光纤传感器，为管道同沟敷设的光缆。

（2）光纤预警单元，负责检测光纤振动所产生的信号，转换为电信号，并对振动信号进行分析处理和振动事件的算法识别。

（3）中继放大装置，包括发射装置和接收装置，负责延长系统的检测距离。

（4）预警管理终端，负责显示某一监测单元的监测信息，包括 GIS 地图、瀑布图、报警信息等内容。

（5）数据库服务器，负责存储所有监测单元数据，并为所有监控终端和监控中心提供数据。

2）软件组成及功能

监控中心监测软件主要功能：

（1）GIS 地图或管道示意图功能，在 GIS 地图或管道示意图上显示报警点。

（2）瀑布图显示功能，可清楚显示威胁事件随时间和空间的发展趋势，辅助威胁事件的人工核实。

（3）历史报警查询和瀑布图回放功能，根据事件类型、发生日期、操作用户等进行历史报警查询，并回放瀑布图。

光纤振动预警系统技术要求见表 5-5。

表 5-5 光纤振动预警系统技术要求

内容	技术要求
监测单元最大监测长度	60km
定位精度	≤100m
报警准确率	≥90%
报警响应时间	≤60s

续表

内容	技术要求
机械作业检测范围	≤15m
监测单元功耗	200W/220VAC 或 24VDC
监控终端、监控中心功耗	300W/220VAC
中继放大装置功耗	15W
工作温度	0～40℃

注：以上指标在光缆埋深、信号损耗不同的情况会略有不同。

3. 中俄东线应用效果

利用管道干线敷设的通信光缆，对中俄东线进行预警监测。黑河至长岭段光纤预警监测设备包括 10 套光纤预警单元、3 套预警管理终端、8 套中继放大装置、1 台数据库服务器、1 套监控中心监测软件；长岭至永清段光纤预警监测设备包括 12 套光纤预警单元、5 套预警管理终端、9 套中继放大装置、1 台数据库服务器、1 套监控中心监测软件。光纤振动预警系统设备分布配置如图 5-28 和图 5-29 所示。

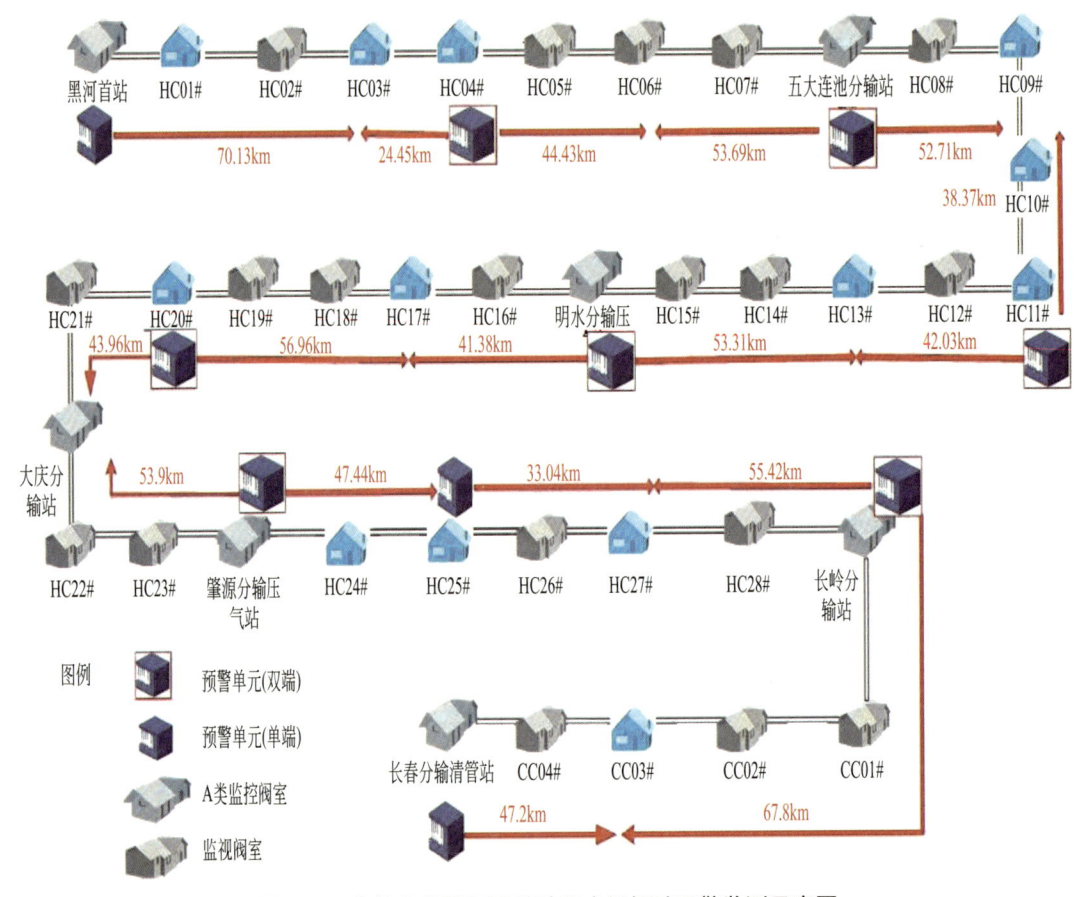

图 5-28 中俄东线黑河至长岭段光纤振动预警监测示意图

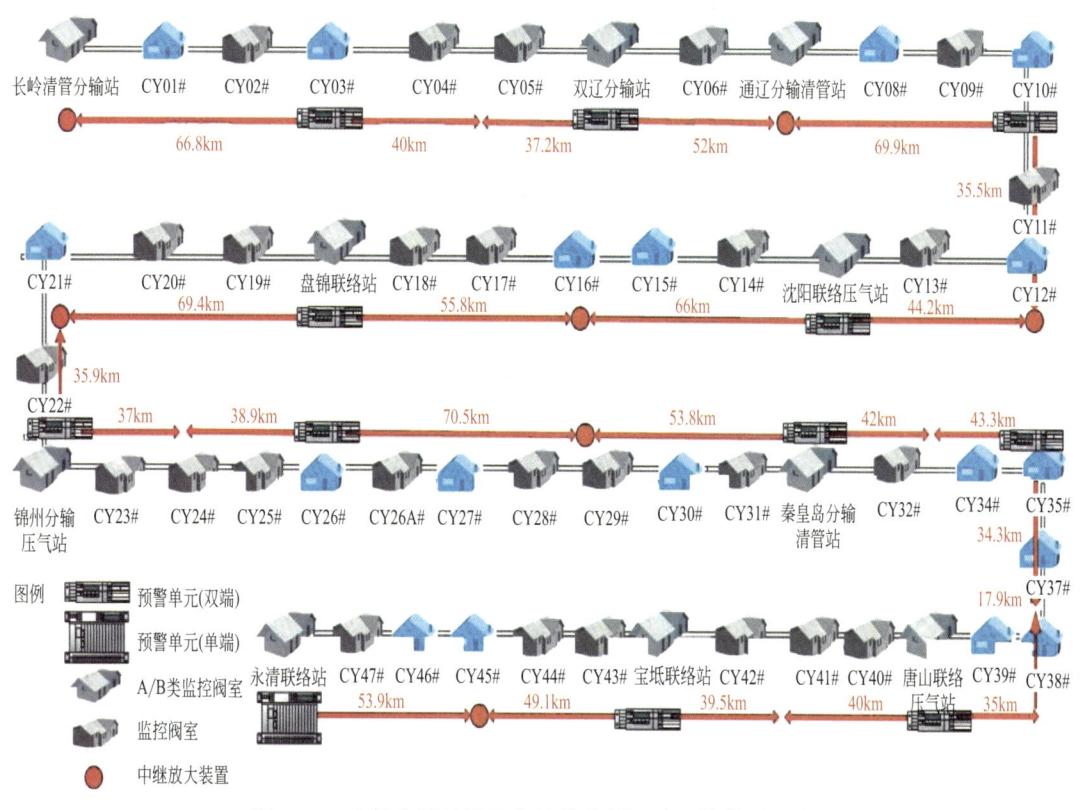

图 5-29 中俄东线长岭至永清段光纤振动预警监测示意图

通过现场测试、告警数据校正、优化等一系列工作，光纤振动预警系统报警准确率从初期的 60% 上升到现在的 90% 以上，实现管道线路第三方施工等事件的全面受控，如图 5-30 和图 5-31 所示。

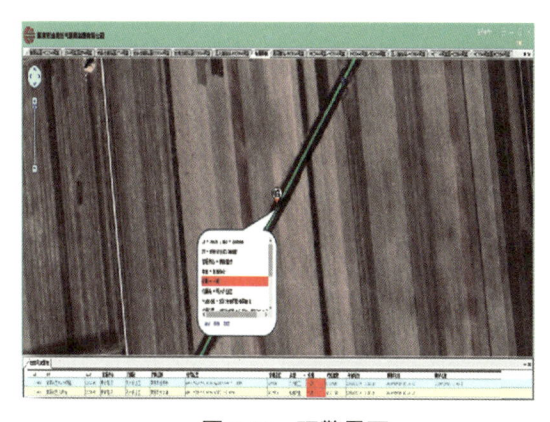

图 5-30 预警界面

图 5-31 接警后现场处理

（二）光纤测温预警

1. 光纤测温原理

天然气管道出现泄漏后，由于焦耳—汤姆逊效应，泄漏位置会迅速发展为低温点，伴

127

随着该位置的温度变化，管道周围的土壤将形成温度梯度，冷却效应与土壤温度无关（与气体类型和压力直接相关），并且无论环境土壤温度如何，冷却效应的量级保持不变。通过同沟敷设的通信光缆，利用基于布里渊散射的分布式光纤技术，对沿光纤温度场进行分析可以确定发生泄漏的部位，如图 5-32 所示。

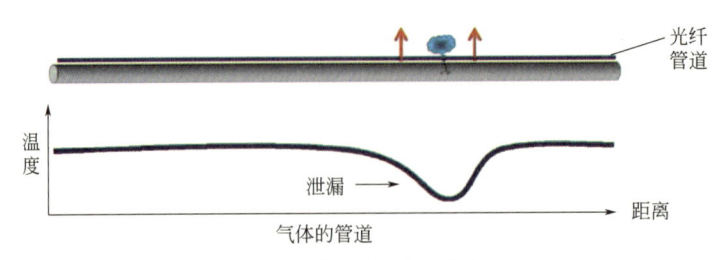

图 5-32　气体泄漏导致温度变化

2. 光纤测温系统构成

光纤测温系统由光纤测温主机、传感兼传输光缆、数据处理软件及报警信息显示终端等组成。它的系统架构如图 5-33 所示。

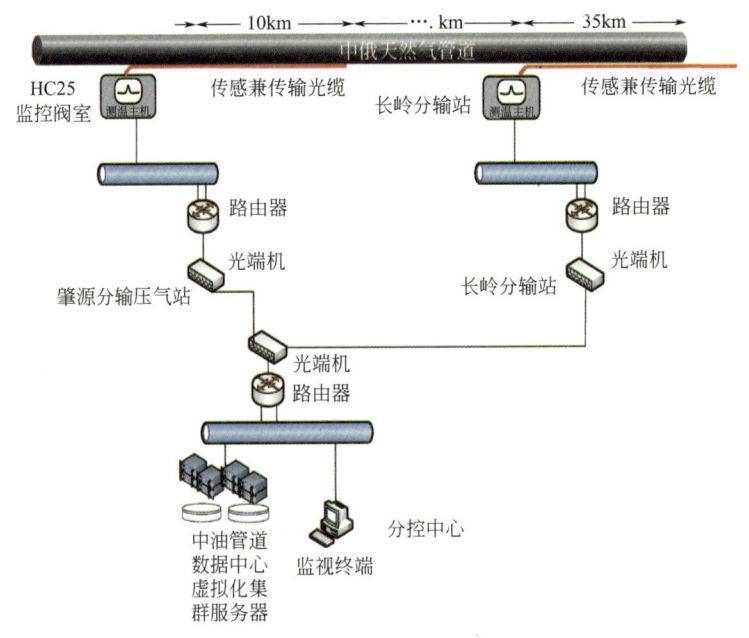

图 5-33　系统架构图

光纤测温系统技术要求见表 5-6。

表 5-6　光纤测温系统技术要求

内容	技术要求
测量距离	≥60km 单向
主机通道	>2 通道

续表

内容	技术要求
温度分辨率	0.1℃
测温范围	−50 ～ +300℃
空间分辨率	≤ 2 m
响应时间	3min
通信接口	100M 以太网接口 /RJ45
工作电压	220V AC，50Hz
光缆安装质量要求	单模光纤在 1550m 的衰减系数 <0.25dB/km

注：系统监测软件可设定光纤分区及多级温度报警值；对月 / 年进行统计，输出报表或曲线；可远程对主机状态和传感光缆传输损耗、断纤位置进行自诊断。

3. 中俄东线应用效果

1）应用方案

中俄东线北段光纤测温监测系统由 2 台光纤测温主机、1 台服务器（含显示器）、1 台交换机、信号处理及分析软件等组成，2 台光纤测温主机分别安装在 HC25 阀室和长岭分输站，服务器和交换机安装在长岭分输站（表 5-7）。利用同沟敷设的通信光缆中 2 芯光纤组成测量回路，实时感应光纤周围的温度变化并传输至光纤测温主机，光纤测温主机接收、处理管道沿线光信号直接进行解调，并将解调后的数据上传到服务器，经信号处理及分析软件解算后，根据报警阈值设定显示温度变化报警及位置。在长岭站可以实时监控报警信号，监测数据通过办公网传输到长春、廊坊的监控终端，可以实现报警远程监控及历史数据查看，如图 5-34 所示。

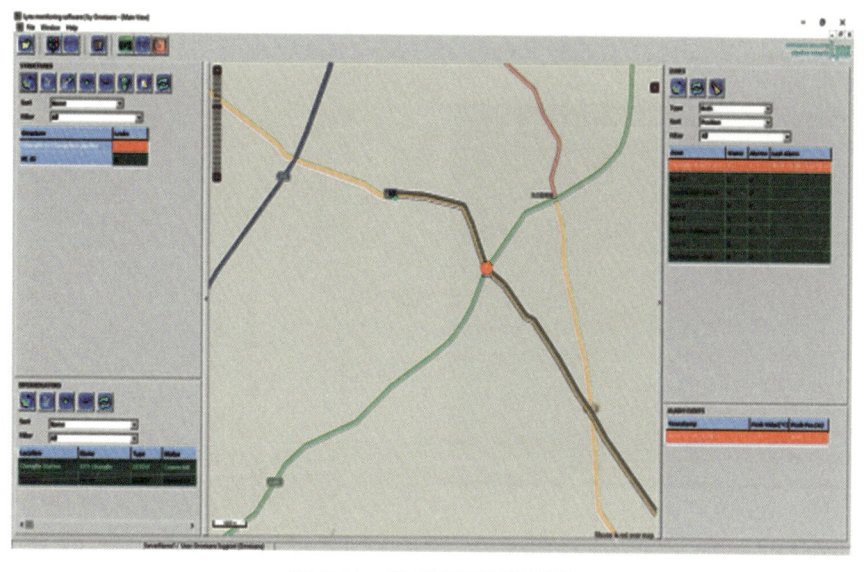

图 5-34 光纤测温系统界面

表 5-7 光纤测温主机设置表

序号	三级地区	设置站场	主机配置	监测管段
1	三级地区 1	HC25 监控阀室	光纤测温主机	从 25 号阀室开始至下游 10km
2	三级地区 2	长岭分输站	光纤测温主机	从长岭分输站开始至下游 35km

2）现场验证

为验证光纤泄漏监测系统稳定性及报警准确性，在中俄东线长岭分输站至下游 35km 的监测管段上开展了 4 种工况的现场实验，系统设置预警值为温差 3°，报警值为温差 5°，步长 3m，监测周期 10min/ 次。验证方案见表 5-8。

表 5-8 验证方案一览表

序号	环境温度	验证方法	验证目的	验证结果
工况 1	−20～−12℃	裸露光缆浇热水	升温、降温	监测到温升，并报警
工况 2	−20～−12℃	开挖深度 1m	降温	未监测到温降
工况 3	−20～−12℃	开挖深度 2.3m，光缆裸露	降温	监测到温降，并报警
工况 4	−20～−12℃	逐步对开挖点回填	升温	监测到温度缓慢上升

（1）升温测试。

以光纤测温主机为零点，位于 178m 处（管道里程 −30m）的光纤暴露在地表，室外环境温度为 −20～−12℃，采用浇温水的方法测试光纤对于温度变化的反应能力（工况 1），每隔 10min 采集一次温度，采集持续 120min。测试结果如图 5-35 所示，光纤测温系统能够明显地反映出测点处温度的变化，开始升温反应迅速，然后开始下降，降温过程先快后慢，至 90min 温度基本恢复至加热前状态，温度变化符合热传导规律。测试表明，基于 BOTDA 的分布式光纤监测技术能够准确监测到验证点处测温度的升降变化。

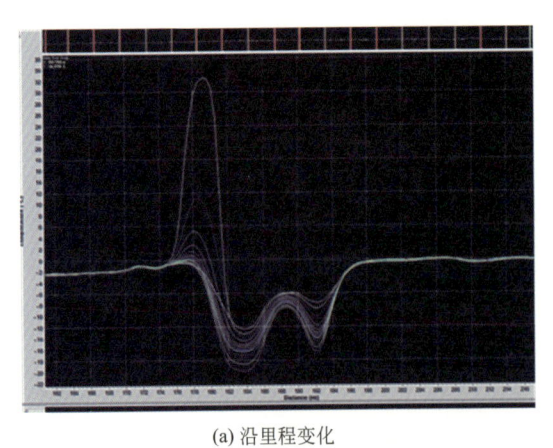

(a) 沿里程变化　　(b) 沿时间变化

图 5-35 系统显示的温度升降变化沿里程和时间曲线图

（2）降温测试。

选择长岭分输站出站管道里程 4065m（AA010 测试桩，203 国道边，此处管道管顶埋深 1.8m）处进行测试，验证开挖、回填过程中光纤在不同埋深下随环境温度变化时的温度变化规律。

光缆随管道同沟敷设，深埋 1.8 m 左右，光缆处地温保持相对恒定，测试时冻土层厚度约 1.0m。第一次开挖至冻土层下，开挖深度为 1m，光缆剩余埋深 0.8m，放置一夜，因光缆外部有硅芯管，且土壤保温效果好，光缆周边土壤温度无变化，系统未监测到温降和报警（工况 2）；当第二次开挖到光缆暴露于空气中时，系统能够监测到光缆随环境温度下降时的温度变化值，光缆悬空时效果更加明显，并进行报警（工况 3）；然后对光缆分层回填，系统监测光缆温度逐步回升至开挖前的温度（工况 4）。通过现场测试，发现光纤感温随环境温度变化具有明显的变动，根据不同工况情况下拐点温度变化为 2.2℃→ −8.3℃→ −3.2℃→ −2.5℃→ 1.9℃，符合开挖回填温度变化规律；通过开挖回填过程中温度时程曲线分析，温降与缓慢回升阶段与开挖、回填操作契合准确，测温监测系统给出的开挖点里程与实际里程误差仅为 2m，如图 5-36 至图 5-39 所示。

图 5-36 现场开挖至 1.0m 深度

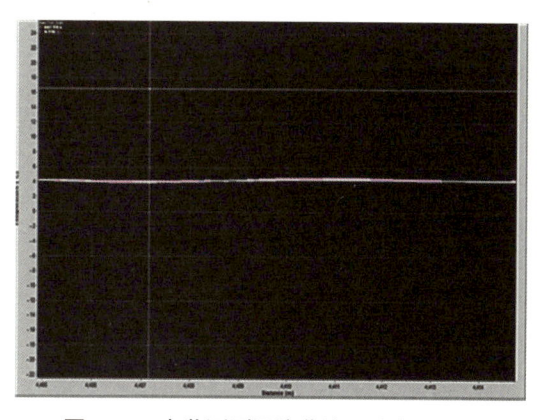

图 5-37 未监测到温降曲线（系统界面）

图 5-38 光缆裸露并悬空

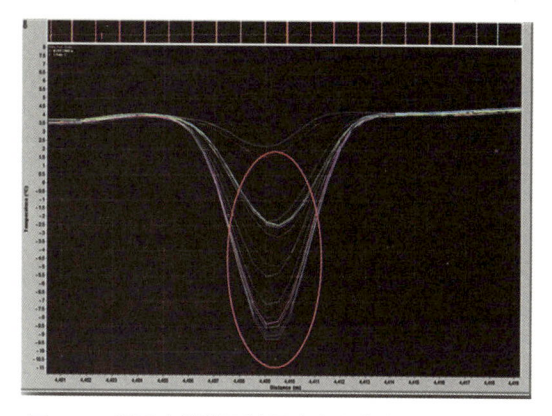

图 5-39 裸露光缆随环境温度变化曲线（系统界面）

通过现场验证，基于布里渊光时域分析（BOTDA）的分布式光纤测温技术和焦耳—汤姆逊效应的天然气管道泄漏测温监测系统，可以快速准确监测管道沿线的温度变化，并能够快速准确定位。

3）应用效果

2020年11月2日、6日，光纤测温预警系统捕捉到长岭支线26km、31km两处报警，经核实确认现场安装视频监控，如图5-40和图5-41所示。

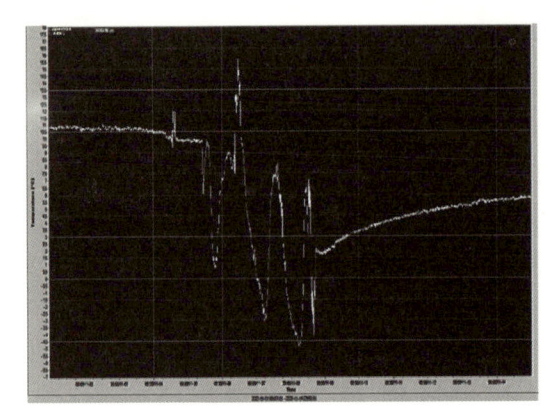

图5-40　系统报警查阅温度曲线（系统界面）

图5-41　现场确认视频监控接入光纤

三、管道本体及地质灾害智能监测

中俄东线沿线自然环境复杂、高寒冻土、水网沼泽、林带交替分布，同时经过地震断裂带等条件恶劣的地质环境，对管道安全运营提出了严峻考验，采用了多种监测手段对中俄东线地质灾害风险进行监控。

（一）监测类型及技术介绍

1. 管道本体变形监测

管道本体变形采用振弦式应变传感器技术测量。管道本体变形监测系统由监测与数据采集子系统、数据传输子系统、数据处理与监控子系统组成（图5-42），每条管道按一定间距分多个监测截面，每个监测截面按时钟0时、3时、9时位置布置3个应变计。

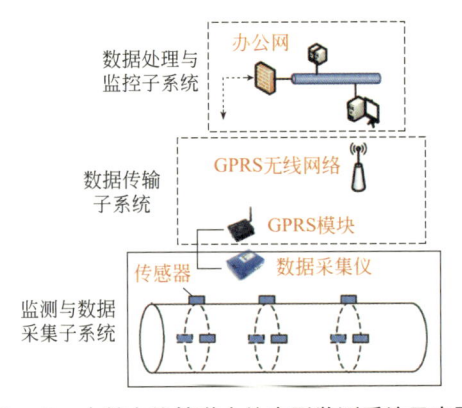

图5-42　中俄东线管道本体变形监测系统示意图

基于应力或应变对管道安全状态进行定量评价,当管体监测的变化量超过允许附加应力阈值时,将产生不同级别的报警信息,依据报警级别采取相应的应对措施,消减灾情发展,防止事故发生。

2. 分布式光纤应变监测系统

1）系统原理

与管道同沟直埋应变光缆,利用布里渊散射技术,获得地质灾害区域管道沿线周围土层应变分布变化信息(图 5-43),提前对安全隐患进行预警。基于布里渊散射的测量技术有 BOTDA（布里渊光时域分析）和 BOTDR（布里渊光时域反射）两种技术,中俄东线采用 BOTDR 监测技术。

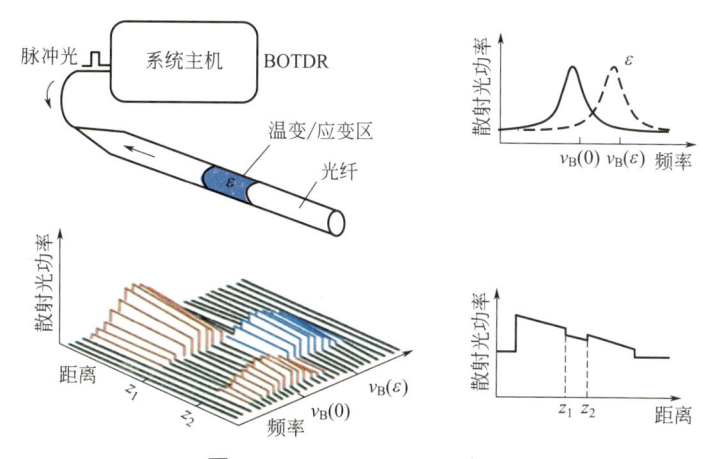

图 5-43 BOTDR 原理示意图

BOTDR 技术利用自发布里渊散射原理,当光纤受到温度、应力变化影响时,光纤折射率及光纤中声速发生变化,使得布里渊频移发生线性改变。通过计算布里渊频移的变化,可以得到沿光纤长度的分布式温度与应变信息。BOTDR 分布式光纤传感技术是基于单一脉冲的布里渊散射获取外界环境因素信息的传感方法,自发布里渊散射光信号相对较弱,BOTDR 的测量精度与测量范围因较弱的光信号强度以及光纤的固有损耗而受到限制。

2）系统组成

分布式光纤应变监测系统由光纤测应变主机、应变光缆、信息处理及分析系统等组成。与管道同沟敷设一根应变光缆,接入光纤测应变主机,光纤测应变主机将传输过来的光信号直接进行解调,并将解调后的数据上传到廊坊分控中心信息处理及分析系统,信息处理及分析系统接收、处理和显示光纤应变数据,实现应变信息显示和对光纤测应变主机管理。中俄东线分布式光纤应变监测系统架构如图 5-44 所示。

3. 不稳定斜坡 GNSS 监测预警

全球卫星导航系统（Global Navigation Satellite System，GNSS）是对北斗系统、GPS（美国）、GLONASS（俄罗斯）、Galileo（欧盟）系统等卫星导航定位系统的统一称谓。

GNSS 位移监测技术具有接收机体积小、测量精度高（毫米级）、数据采样频率高（20 Hz）、全天候、实时、自动监测等优点，已广泛应用于国土资源部门地质灾害形变监测，尤其是不稳定斜坡的地表位移监测，如图 5-45 所示。

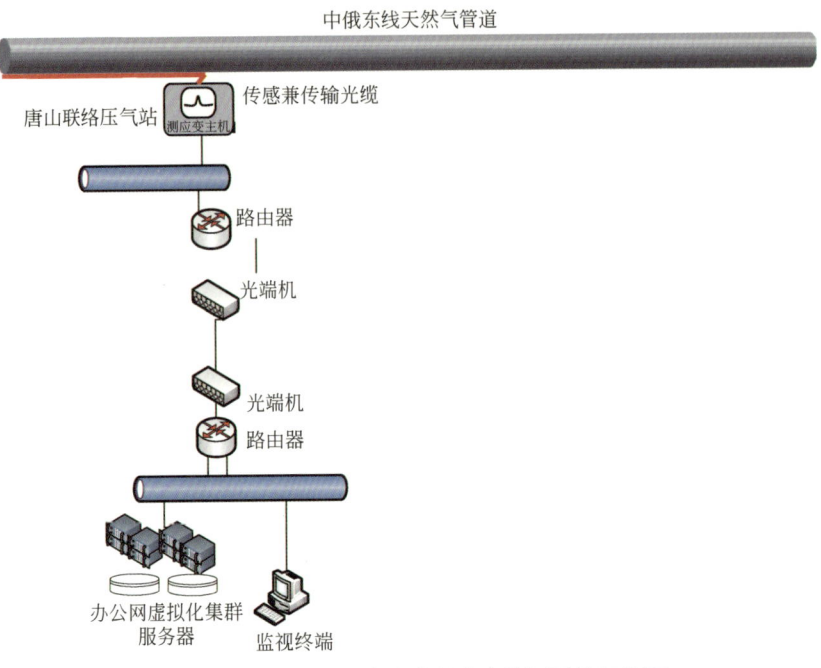

图 5-44　中俄东线分布式光纤应变监测系统架构图

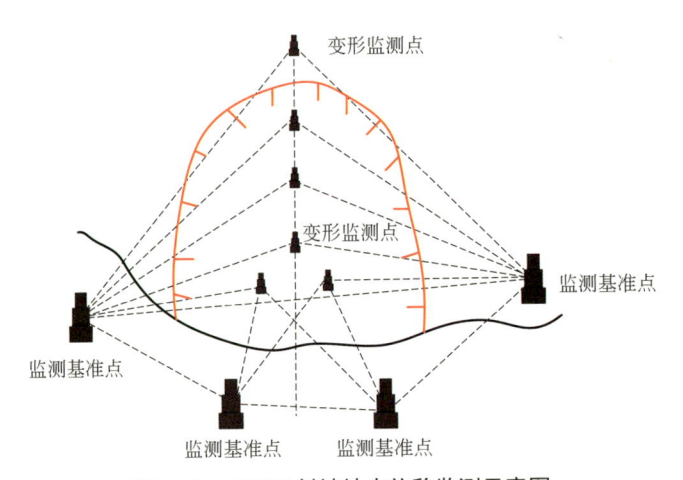

图 5-45　GNSS 斜坡地表位移监测示意图

经勘察分析，在中俄东线沿线不稳定斜坡相应位置设置 GNSS 变形监测，计算变形监测点的位移变化，根据变形量变化趋势及安全监测预警模型，分析斜坡变形规律，并根据事先设定的预警值进行报警。

（二）监测预警平台

通过管道变形综合智能监测系统（图 5-46），融合管道本体应变监测、应变光缆地灾监测、GNSS 地灾监测等专用系统和其他管理系统，通过 DMZ 技术，解决数据由外网进内网安全性问题，做到多源数据融合，并对报警信息进行分类统计和分析。管理人员可以实时了解监测数据变化和报警情况，掌握地灾易发区管道的运行状态，提高敏感点管道运行安全的管理效率。

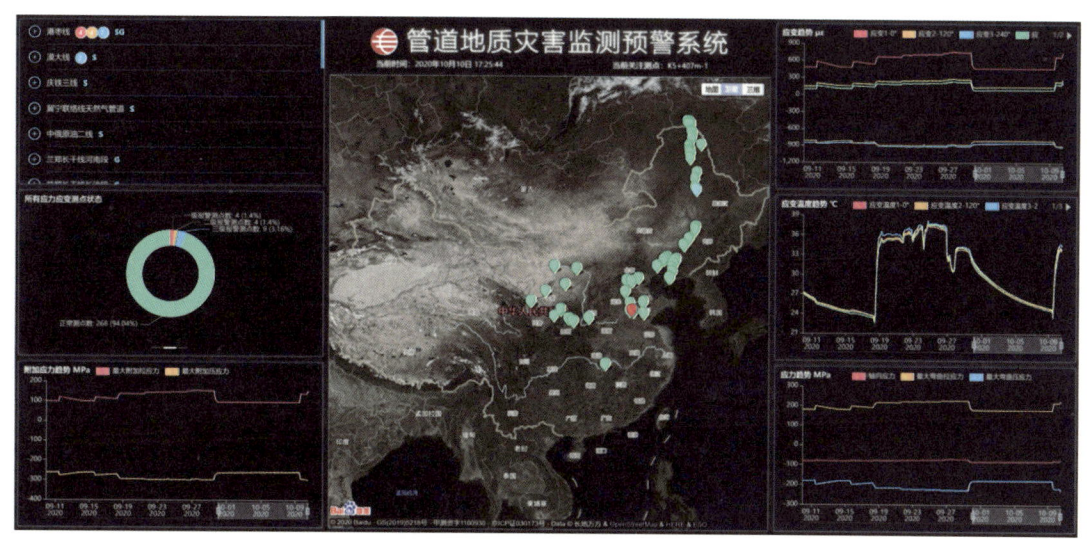

图 5-46 管道本体监测预警平台界面

四、视频智能监控

国家对安全管理要求不断提高，相继发布了多部国标、行标、企标、文件，从不同高度对工业电视视频监控提出了具体要求。如 GB/T 50115《工业电视系统工程设计标准》提出利用图像资源及时监视生产工况，及时发现和排除生产事故隐患，保障人身和设施安全；GA 1166《石油天然气管道系统治安风险等级和安全防范要求》提出一（二）级风险部位应（宜）安装摄像机实施 24h 监控；安监总管三〔2017〕138 号文件提出人员密集型高后果区安装全天候视频监控，等等。按照要求，中俄东线（黑河至永清段）在线路高后果区、大型河流穿越处安装 93 个高清摄像头，站场、阀室安装 492 个高清摄像头，共计 585 个摄像头。

大量的视频信号传输到监控中心后需要管理人员实时监视，远远超出了人的承受能力，导致实际监控效率低。中俄东线开发出了视频智能识别技术辅助人工监控现场，及时发现不安全因素，实现了黑屏管理，降低劳动强度，提升安全管控水平。

（一）视频智能监控系统组成

1. 视频智能识别内容

根据智能化管道建设及国家相关部委要求，针对特殊作业许可规范（动火作业、受限空间作业、挖掘作业、高处作业、吊装作业、临时用电作业、管线打开作业）的安全风险管控措施梳理出 89 项，基于目前智能识别的能力，筛选出可通过视频实现智能识别监控的内容46项（表5-9）。

表5-9 视频智能识别一览表

序号	视频智能识别项	序号	视频智能识别项
1	安全帽检测	24	警示围栏检测
2	工作服检测	25	警示带检测
3	安全绳检测	26	大型车辆检测
4	劳保鞋检测	27	细土回填检测
5	睡岗检测	28	定向钻泥浆泄漏检测
6	打电话检测	29	监控遮挡检测
7	抽烟检测	30	地貌恢复检测
8	聚集检测	31	管沟土质识别
9	人员逗留检测	32	焊接咬边检测
10	车辆逗留检测	33	焊接侧壁未熔合检测
11	攀高检测	34	焊接焊偏检测
12	吊物站人检测	35	焊接填充不足检测
13	管道站人检测	36	焊接焊瘤检测
14	非法入侵检测	37	身份识别
15	人员倒地检测	38	激光可燃气体监测
16	巡检事件检测	39	光纤预警监测
17	火焰检测	40	人员统计
18	烟雾检测	41	重点人员防控
19	漏油检测	42	黑名单检测
20	气瓶摆放检测	43	非授权人员检测
21	工具摆放检测	44	打架检测
22	挖掘机吊装检测	45	手持武器检测
23	旋转作业安全检测	46	摄像头离线提醒

2. 视频智能识别设备

1）前端智能识别小盒（PSG）

为解决视频流量带宽以及信号传输问题，研发智能识别小盒，融合国内主流主板，运算能力强，适用于管道线路、动火现场和建设工地的前端视频智能识别，算法可根据需要远程进行部署和删除，如图 5-47 所示。

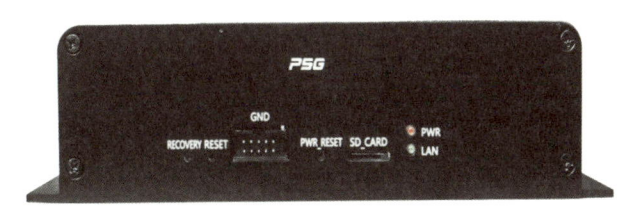

图 5-47　前端智能识别小盒

2）智能安防一体机（PSG）

研发一套集成 PoE 太阳能供电系统、智能芯片、4G 互联网的视频智能安防一体机，通过前端智能识别将报警信息发送到平台，减轻网络传输压力。一体机集成了国内主流主板，接口开放，支持二次开发；现场安装简洁，后续维护量少，如图 5-48 和图 5-49 所示。

图 5-48　智能安防一体机　　　　图 5-49　智能安防一体机现场应用

3. 视频数据传输链路

为保证信息与数据安全，将现场采集到的视频数据传输进入国家管网内网。针对视频传输数据量大的问题，设计了以下五种传输模式，如图 5-50 至图 5-53 所示。

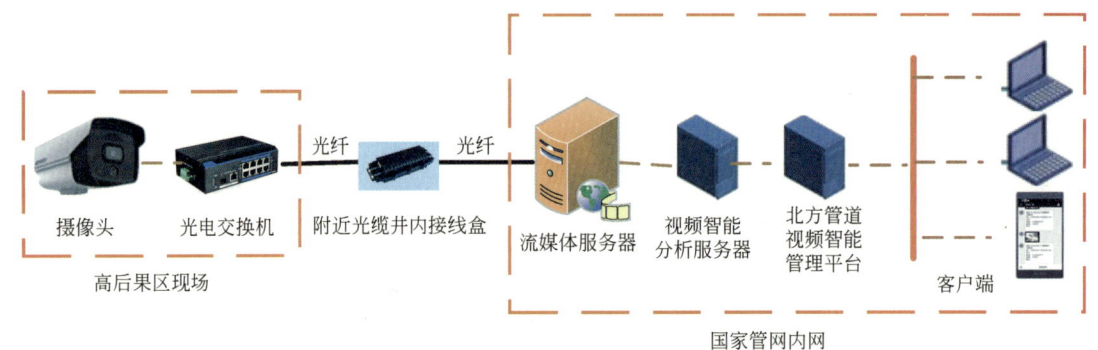

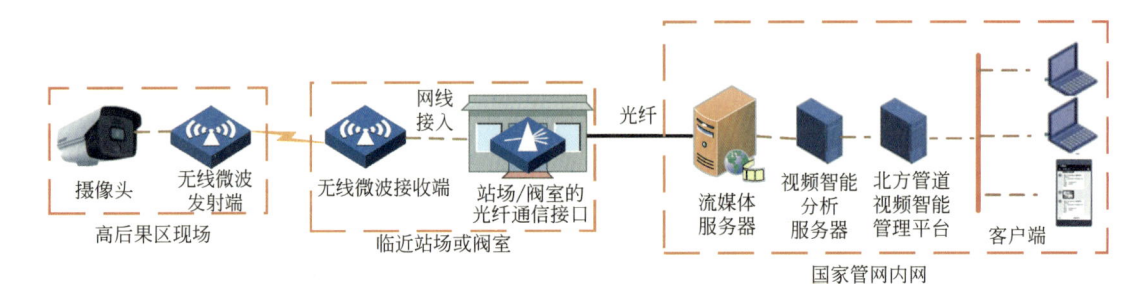

图 5-50　光纤传输示意图

图 5-51　无线微波 + 光纤传输示意图

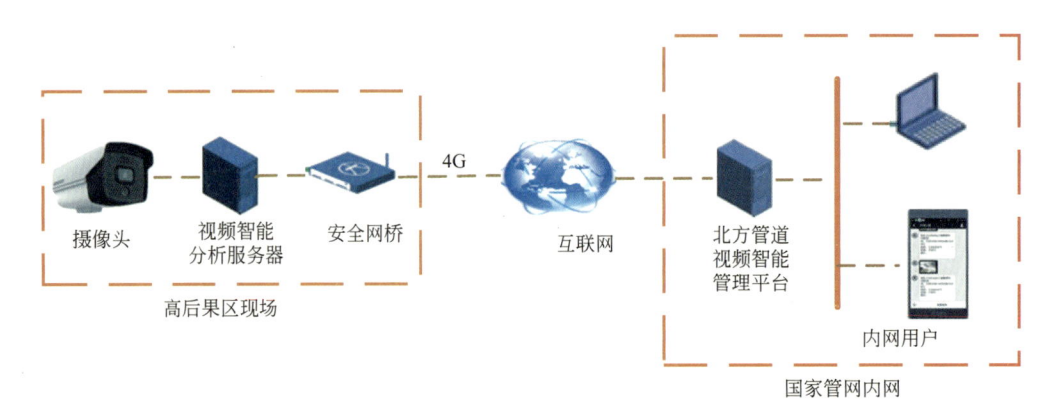

图 5-52　4G+ 安全网桥传输示意图

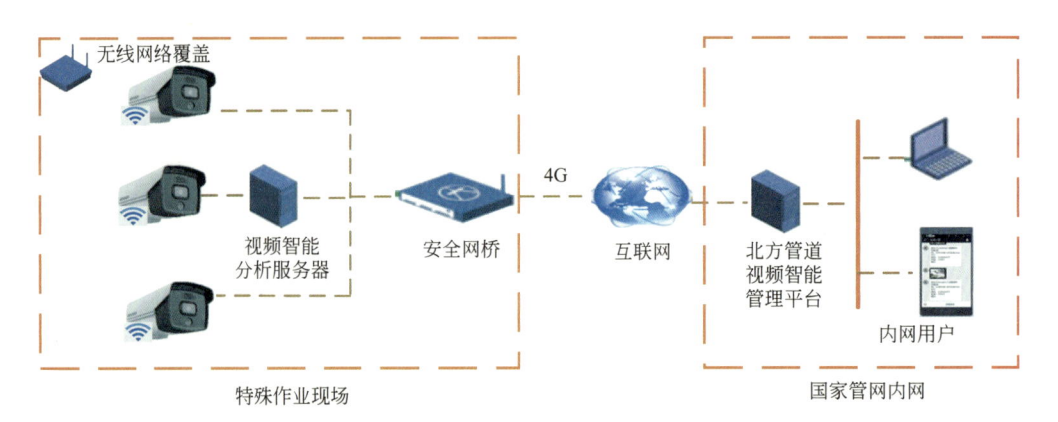

图 5-53　现场组局域网 + 安全网桥传输示意图

1）光纤传输（后端智能识别，云的形式）

现场安装的摄像头与光电交换机相连，光电交换机光端口的光纤引缆与附近光缆井内光纤熔接，将视频信号传入至国家管网内网。此为摄像头信号优先选择的传输方式。

2）无线微波 + 光纤传输（后端智能识别，云的形式）

在周围光缆井无法满足光纤接入的情况下，通过无线微波技术将摄像头信号传输到最近的能接入光纤的站场或阀室，进而传入到国家管网内网。在摄像头位置安装无线微波发射装置，在站场或阀室安装无线微波接收装置，无线微波接收装置通过网线与内网网络接口相连，将视频信号传入至国家管网内网。

3）4G+ 安全网桥传输（前端智能识别，端的形式）

通过在前端部署智能识别分析服务器和安全网桥，将识别报警信息传回至内网。

4）现场组局域网 + 安全网桥传输（前端智能识别，边的形式）

通过在现场组建局域网，将摄像头信号集中至智能识别分析服务器，智能识别分析服务器将识别后的报警信息通过安全网桥传入至内网。这种方式适用于特殊作业现场。

5）4G 传输

通过应用摄像机自带 4G 传输模块功能，或者在现场安装 4G 路由器，利用 4G 网络进行视频信息的传输。

不同的传输方式对比分析见表 5-10。

表 5-10　不同传输方式对比分析一览表

传输方式	数据安全性	可传送数据量	运行维护	适合场景	备注
光纤传输	数据安全性高，满足国家管网网络安全要求	视频信号可实时回传，带宽基本不受限制	安装时一次性投入费用，后期基本无维护费用，综合成本低	可用在各种场合	数据均进入国家管网内网
无线微波 + 光纤传输	数据安全性高，满足国家管网网络安全要求	视频信号可实时回传，所传数据量会受微波设备带宽影响	安装时一次性投入费用，无线微波设备基本免维护	可用在各种场合	
4G+ 安全网桥传输	数据安全性较高，满足国家管网网络安全要求	只传识别报警信息，数据量很小	后期需要每年投入 4G 流量费，数据传输稳定性受 4G 信号强弱影响大		
现场组网 + 安全网桥传输	数据安全性较高，满足国家管网网络安全要求	只传识别报警信息，数据量很小	数据传输稳定性受 4G 信号强弱影响大	可用在各种场合，主要用在作业现场	
4G 传输	数据安全性差	可传数据量少，受 4G 流量影响大，达到规定流量后会降速，影响数据传输	需要每年投入 4G 流量费，数据传输稳定性受 4G 信号强弱影响大	可用在各种场合	数据在公网上

4. 视频智能识别系统架构

视频智能识别系统包括：前端摄像机、视频智能识别分析服务器、流媒体服务器、报警管理平台，如图 5-54 所示。

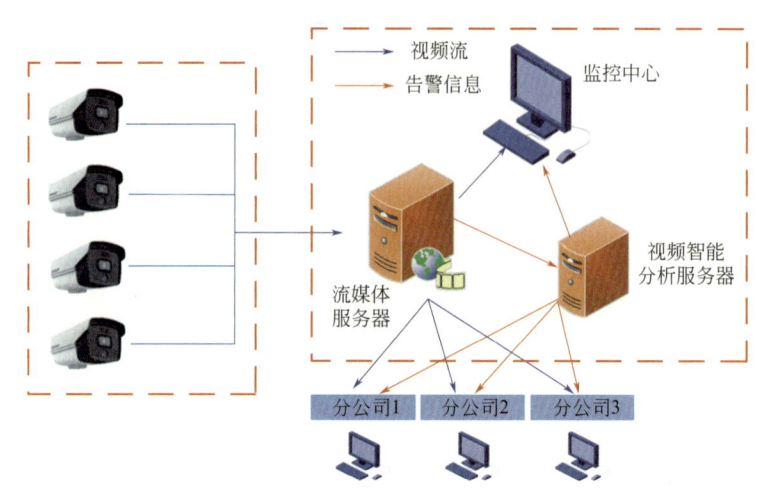

图 5-54　视频智能识别系统示意图

视频信号通过管道同沟敷设的光缆进入公司内网，将流媒体服务器和视频智能分析服务器统一部署在北方管道公司机房，分公司从公司机房流媒体服务器中读取实时视频和报警信息。

视频信息按业务归口分级管理，作业现场和管道沿线视频报警信息均推送到廊坊监控中心，同时推送给业务归口部门。机关业务管理部门可查看相应业务范围内所有分公司的视频及报警信息，各分公司查看各自所管辖的视频及报警信息。

5. 系统主要功能

油气管道安全风险视频智能识别技术从人、机、料、法、环等五方面梳理分析，充分结合了油气管道行业的特色和需求，首次开展了针对油气管道作业现场、"两高"地区、站场安全及无人机巡线视频的智能识别算法研发，形成了以智能识别算法为核心，流媒体平台、智能分析及管理平台、训练平台为配套的专业视频智能识别技术。

具有自主知识产权的智能识别算法及硬件，根据不同业务需求，搭建"端、边、云"技术架构，在保证数据安全的前提下，极大降低了运维成本。

研发了视频智能识别训练平台，可对误报警、错报警进行优化、迭代升级，不断提高报警准确率，报警准确率已达到 95% 以上。

采用 B/S、C/S 架构，PC 端和移动端 APP 应用，具有灵活性、包容性、多样性，不限摄像头厂家、不限摄像头数量，可同时接入建设工地、站场、线路等视频信号进行实时智能识别分析，可远程对每路摄像头有针对性部署 N 种 AI 算法，实现报警实时化、可视化。

可接入多种视频信号源，如直连摄像头、NVR、RTSP\RTMP 视频流等；可按 1\4\8\16 屏查看视频，分组进行画面轮巡，可设置轮播间隔时间，可替代人工进行智能巡检。

具有分级分权限功能，可多维度查看各类报警信息，对报警数据进行快速分析，具有报警事件处理流程功能，进行报警事件的流转、分配与处理。

油气管道安全风险视频智能识别技术已对工业电视摄像头进行了集中智能化管理，智能识别产生报警后，系统自动弹出对应的视频画面和报警信息提示，并进行语音播报，不需人员长时间查看视频，实现"黑屏"管理，如图 5-55 和图 5-56 所示。

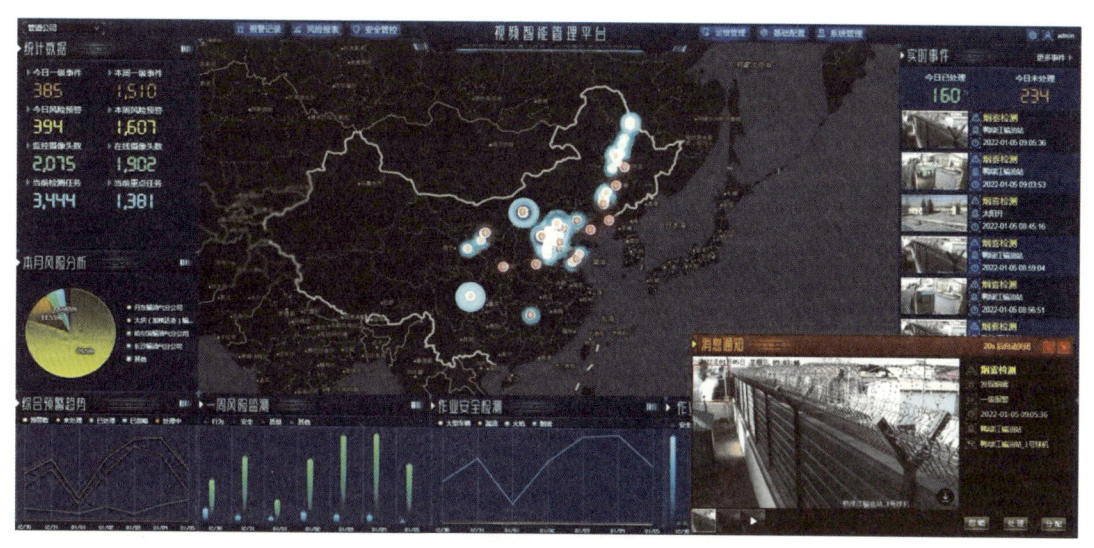

图 5-55　视频智能识别管理平台界面

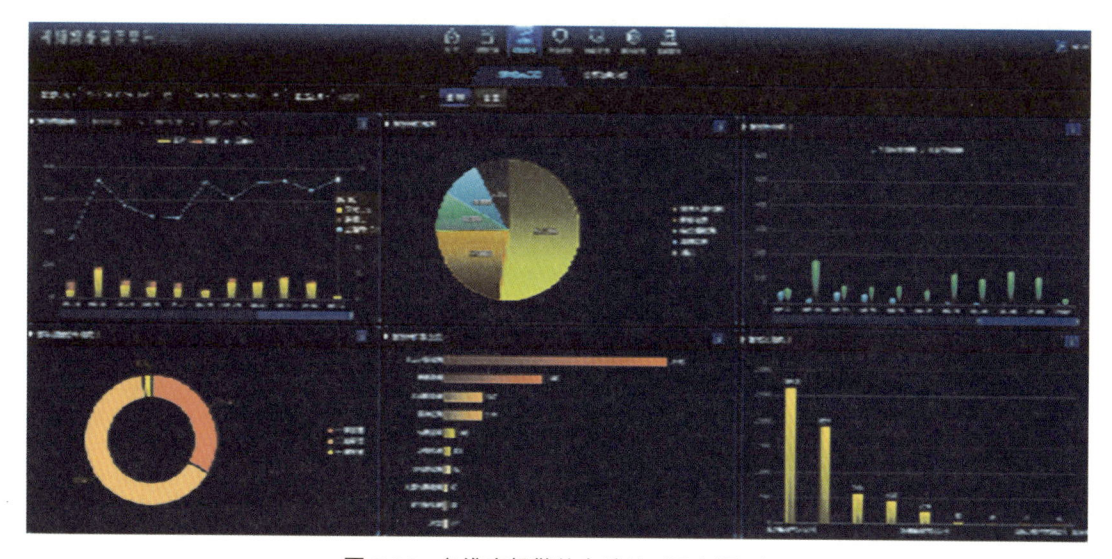

图 5-56　多维度报警信息统计（平台界面）

（二）视频智能监控技术应用

1. 中俄东线建设工地的应用

中俄东线建设工地开展了视频智能监控安全风险的应用，及时发现建设工地上人的不安全行为，有效提升了安全管控水平，如图 5-57 和图 5-58 所示。

图 5-57　劳保着装不规范（平台界面） 　　　图 5-58　旋转半径内人员检测（平台界面）

2. 中俄东线站场的应用

中俄东线所有站场、阀室和线路上的摄像头均实现了视频智能识别，可以实时识别站场内、阀室的不安全行为，如图 5-59 至图 5-62 所示（部分图片来源于其他场景应用）。

图 5-59　睡岗检测测试（平台界面） 　　　图 5-60　阀室非法入侵（平台界面）

图 5-61　漏油检测（平台界面） 　　　图 5-62　打电话（防爆电话）检测（平台界面）

3. 中俄东线高后果区应用

在中俄东线高后果区及重点管段安装视频监控设备，视频信号通过光纤回传至公司内网，通过后端服务器开展视频智能识别分析，重点智能识别分析线路人员长时间停留、大型车辆长时间停留、机械施工及烟火预警等不安全行为事件，实现线路安全管理的可视化和智能化，如图 5-63 和图 5-64 所示。

图 5-63　车辆滞留检测（平台界面）　　　　图 5-64　特种车辆检测（平台界面）

五、无人机智能巡护

（一）无人机技术介绍

近年来，无人机在国土、能源、农林、渔业、石油化工、交通、边防武警等行业和部门中得到广泛应用，无人机应用已经成为未来线性工程巡护的一种发展趋势。无人机航摄系统具有成本低、效率高等技术优势，其获得的高分辨率影像数据可应用于油气管道的安全管理领域。

长输管道巡护用无人机主要有固定翼无人机、多旋翼无人机两类。多旋翼无人机能够定点起飞、降落，空中悬停，但是飞行速度不如固定翼无人机快，其最大速度在 100 km/h 以内，且续航时间也较短，不适合用于长距离巡线，一般用来进行中、短距离的巡线或者对已确定的故障段进行悬停式细节检测；固定翼无人机具有使用安全方便、飞行速度快、飞行时间长等特点。一般管道巡检线路较长，需要固定翼无人机和多旋翼无人机组合应用，满足管道巡护要求。另外，无人机的动力源对其飞行距离有较大的影响。一般电驱无人机飞行距离较短，在 1～5km 范围内，油驱无人机一般在几十千米范围内。无人机技术参数对比及适合场合见表 5-11 和表 5-12。

表 5-11　无人机技术参数一览表

机型描述	多旋翼		固定翼		旋翼加固定翼
动力	电动六旋翼	油动变距四旋翼	油动	电动	电油混合
最大起飞质量	10kg	100kg	45kg	5.5kg	34kg
载荷	1～3kg	20～40kg	5～10kg	0.5～1kg	3～6kg
时速	50km/h	50km/h	70～120km/h	120km/h	100km/h
最大续航时间	大于 6h	120min	10h	150min	6h
抗风能力	5 级	6-8 级	7 级	6 级	6 级
工作温度	−20～+40℃	−30～+40℃	−30～+40℃	−20～+40℃	−20～+55℃
起降方式	垂直起降	垂直起降	滑跑起降 / 伞降	手抛起飞滑降	垂直起降

表 5-12 两种无人机性能一览表

机型	固定翼无人机	多旋翼无人机
结构原理	翅膀开关固定，靠流过机翼的风提供力	4个或更多个旋翼
优点	自稳定系统，速度快，转向灵活，巡航半径大，滞空时间长	可悬停，机动灵活，价格较低，经济性较好
缺点	无法实现悬停，价格较贵，起降距离要求较高	不稳定，难控制，抵抗恶劣天气能力差，续航时间短
应用场合	适用于对油气管网的整体普查及灾害救援期间的灾情调查	适用于小范围线路的详查工作，油气管道应急抢险时的现场勘查等工作

（二）无人机传输链路

无人机飞行主要有两套通信链路，一套是用于无人机飞行控制，一套是用于视频传输。视频的传输方式有很多种，如 4G 传输、无人机自带的无线图传以及自建通信链路等方式，但不管哪种方式的传输均在公网上运行，不满足网络信息安全的要求。因此，北方管道公司采用无线图传＋光纤将无人机视频实时回传到国家管网内网的传输链路，满足智能巡护要求。

（三）无人机智能巡护在中俄东线北段的应用

按照智能化管道建设要求，中俄东线北段无人机巡护要求能够实时看到无人机巡护视频画面并实现智能识别。在管道沿线站场、阀室搭建无线图传接受设备（图 5-65 和图 5-66），实时接受无人机传回的视频画面，通过企业光纤将视频信号传输至部署在国家管网内网上的智能视频分析平台（图 5-67），实时对第三方施工机械、地貌变化等危及管道安全情况进行智能识别（图 5-68）。为了保证画面能够被清晰识别，在无人机巡护时要求可对管道中心线两侧各 100m 范围内进行视频拍摄，发现特殊情况时，能够拉近或靠近拍摄，一般要求摄像头光学变焦不小于 30 倍，有效像素不低于 500 万。

图 5-65　无人机图传链路搭建

图 5-66　实时回传的无人机视频

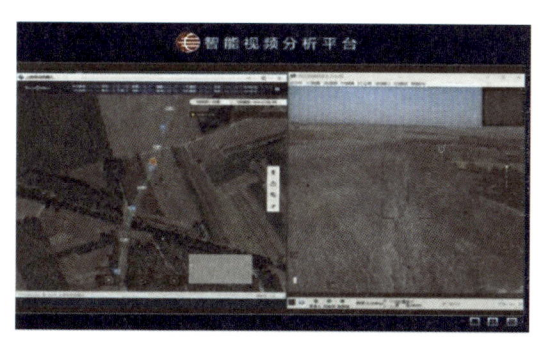

图 5-67　无人机巡护飞控画面 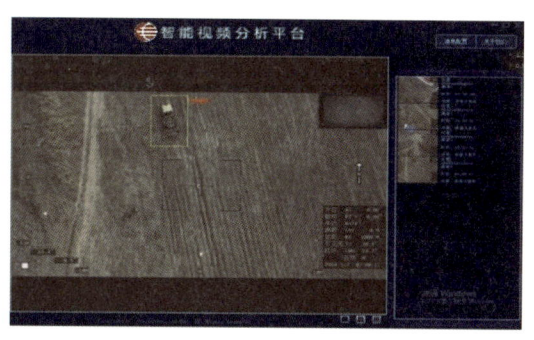　　　　　图 5-68　无人机巡护智能识别

六、GPS 智能巡检

在管道日常管理中，巡检工作是保障管道安全运营的重要手段之一，可监控和预防第三方施工、打孔盗油气和地质灾害等安全事件。

通过智能巡检管理系统，利用 GPS/GIS、移动通信等方法和技术，实现对日常巡线业务的高效管理，使巡线人员对管道隐患及时发现、及时汇报、及时跟踪处理，做到对管道隐患主动预防和管理，并辅助管理人员在巡检计划、执行与跟踪、考核、标准等环节的管理。管道巡检管理系统与管道完整性管理系统（PIS）相融合，将巡检业务与其他完整性管理业务紧密结合，为日常巡线业务提供技术支撑。

（一）系统架构

GPS 智能巡检系统分为五层结构：数据存储层、应用支撑层、应用层、展现层、用户层，如图 5-69 至图 5-71 所示。

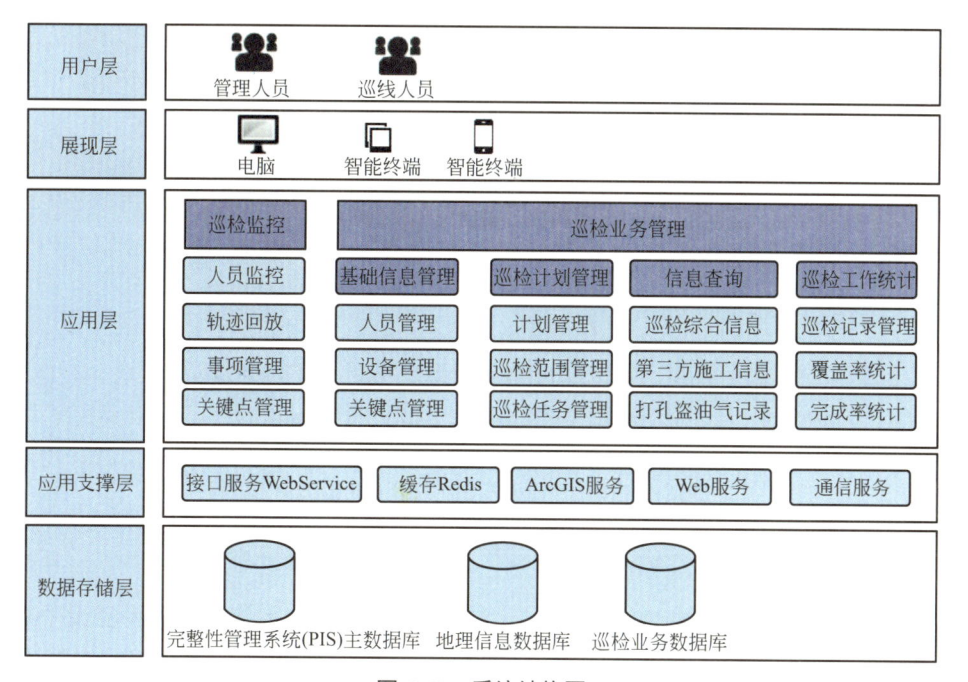

图 5-69　系统结构图

数据存储层作用是存储业务相关的数据，为业务系统做数据支撑；应用支撑层作用是对业务系统应用做服务支撑，保障应用的稳定和高效运行；应用层是整个系统的核心，巡检所有相关业务都在该层进行处理；展现层作用是将数据呈现给用户，并完成与用户的交互。

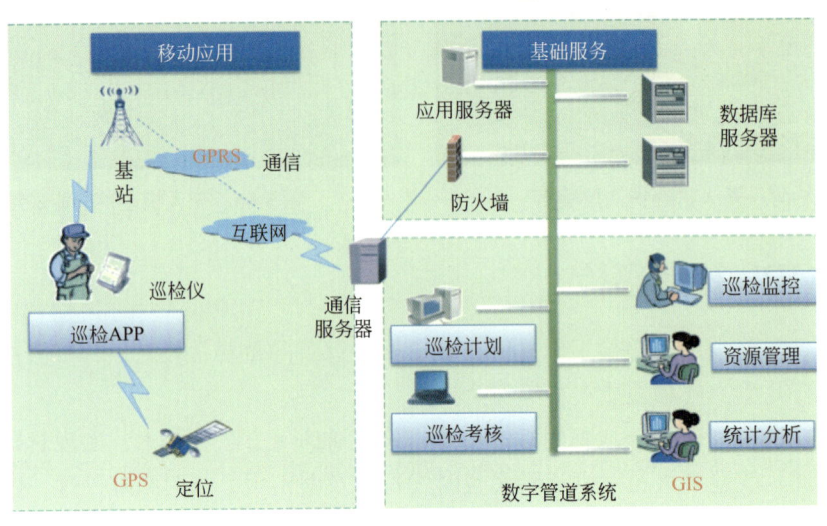

图 5-70 部署结构图

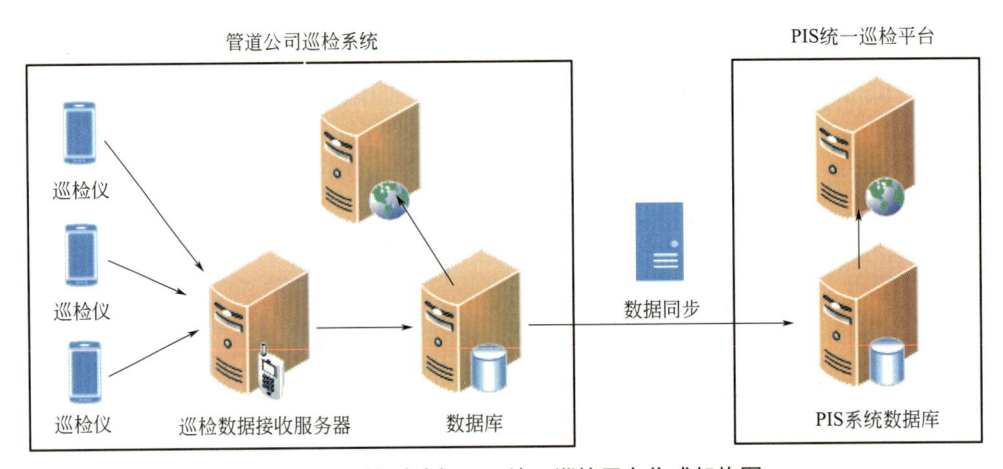

图 5-71 巡检系统与 PIS 统一巡检平台集成架构图

（二）系统功能

巡检平台由巡检业务管理、巡检监控端、巡检移动端三个部分组成。

1. 巡检业务管理

主要实现巡检工作的业务管理，包括巡检设备、人员、关键点等基础数据的管理。同时实现巡检计划、范围、任务等管理功能，并且包含巡检工作考核等统计分析功能。

1）基础信息管理

实现对巡检基础数据的管理，如巡检人员、设备、关键点的管理和维护，由于基础数据的数量较大，该功能均提供了批量导入和导出的功能。

2）巡检计划管理

根据实际的巡检工作需要，制定不同的巡检计划，支持制定长期和临时两种计划，保证巡检计划的灵活性；同时通过设置巡检频率、巡检方式等计划项，能够适应实际巡检工作的多样性。

3）巡检信息查询

查询巡检相关的信息，如第三方施工信息、巡检记录、巡检异常记录等，如图 5-72 所示。

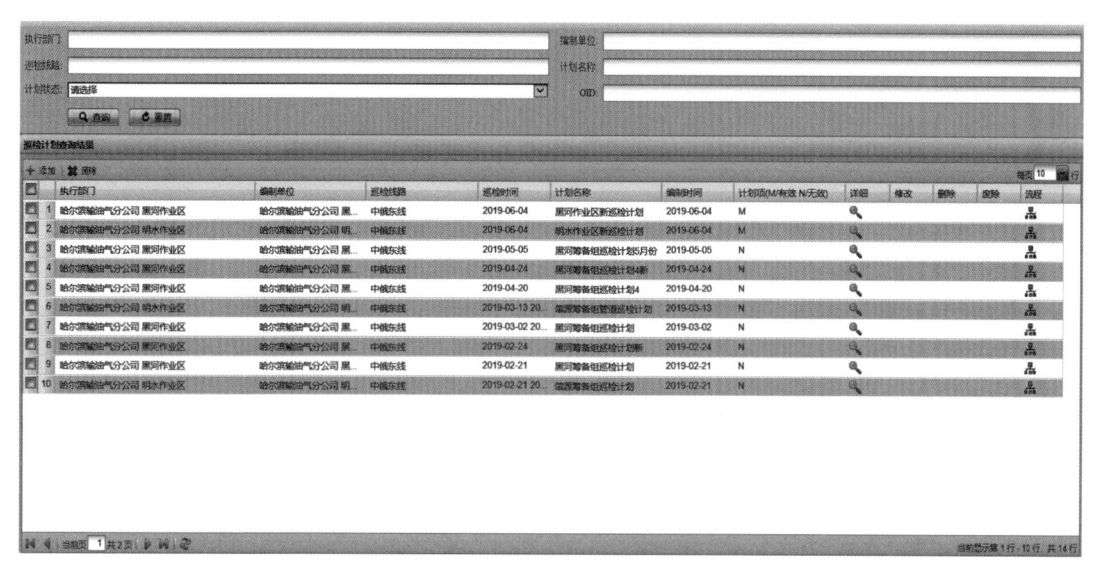

图 5-72　巡检信息查询页面

4）巡检考核统计

通过该功能对各单位的巡检完成情况进行统计，具体指标项包含巡检计划覆盖率、巡检任务覆盖率、巡检任务完成率等，实现巡检工作的量化考核。

2. 巡检监控端

主要实现管线数据、巡检数据、地图数据相结合的方式进行巡检人员的监控、轨迹回放等监控功能，数据展示更加直观。

1）人员监控

实现巡检数据结合地图进行展示，对巡线人员进行实时监控，包括轨迹回放等，如图 5-73 所示。

2）巡检轨迹回放

可查看巡检人员当日的巡检轨迹，并支持历史轨迹的回放，可用于事后回查，如图 5-74 所示。

3）巡检事项管理

接收并在地图上定位展示巡检移动应用上报的事件，包括图片和文字信息。

图 5-73　人员监控页面

图 5-74　巡检轨迹回放页面

4）巡检关键点管理

结合地图对关键点进行管理，更加直观地了解关键点的位置，使关键点的定位更加准确合理，如图 5-75 所示。

3. 巡检移动端

主要实现巡检任务的显示、巡检到位提醒、轨迹数据上传、事项上报（如第三方施工、上报的信息可在监控平台中定位显示）等功能，如图 5-76 所示。

开发基于 PIS 系统的管道巡检移动应用，提供任务下载、轨迹上传、巡检监控、导航定位、阴极保护采集、关键点采集、信息上报等功能。根据实际的业务需求，进行优化和改进。

图 5-75　巡检关键点管理页面

专业版
(管道工版)

精简版
(巡线工版)

管理、采集、地图、测量　巡检记录、问题上报

图 5-76　巡检移动端页面

（三）应用效果

管理人员通过 PIS 系统可在线监控人员 / 车辆的巡线情况，对巡检人员进行定位和移动轨迹回放，自动完成巡线人员任务分发、未完成任务提醒与巡护质量考核，完成上报事件的分析处理。通过智能巡线管理系统的应用，实现与巡护人员的实时交互，有效提高巡护质量，确保现场事件得到及时、有效处置。

第三节　管道智能检测评价

一、投产前管道内检测

（一）需求分析

近年来，随着全生命周期管理的不断推进，投产前管道内检测日益受到重视。投产前管道内检测可以对凹陷等管体变形缺陷进行检测和定位，可以对管道环焊缝进行识别，可以对管道中心线进行测绘，得到中心线的基线数据，还可以挂载摄像头或其他传感器对管道状况进行检查或检测。

管道在建设过程中，由于底部接触岩石或受其他外力作用，管壁受碰撞、挤压而产生凹陷、椭圆变形等几何缺陷。按照施工验收规范，投产前需要对超标的几何变形缺陷进行修复或换管。目前，投产前管道检测主要采用带测径铝板的清管器进行测径清管，或采用投产前几何变形检测器来进行检测，但前者只能粗略判断管道中是否存在较大变形点，无法精确测量和定位；后者仅能针对管道变形进行检测，不能检测管道其他内部缺陷。

传统的投产前内检测主要使用空压机作为动力源推动检测器前进，需要大量的高压气体作为动力。对于大口径管道（OD711mm 以上❶），经常发生因动力不足而产生的检测器停滞甚至卡堵问题，而且时常出现检测器超过检测适宜速度前进，导致不能正常采集数据或数据质量降级，严重时造成检测器碰撞损坏。

在冻土区、斜坡、沉降区等地质不稳定区域的管道易因冻胀融沉或土体位移作用导致管道中心线发生弯曲变形，管体易出现屈曲、褶皱等缺陷，产生的附加应力也会施加在管体和焊缝上，过大的应力会导致环焊缝等位置发生断裂。近年来国内外管道因此发生多起重大管道失效事故。管道投产前测量中心线基准数据，运行期定期测量中心线数据并与建设期中心线数据进行比对，能够得到管道弯曲变形情况，对存在较大附加应力的管段提前采取风险减缓措施，对保障管道安全运行具有重要的意义。

投产前内检测采用管道内壁高清摄像技术，可以清晰拍摄到管道内壁与环焊缝图像，一是能够准确进行环焊缝识别和定位，二是能够查看管道内壁和环焊缝的表面质量情况，三是查看管道内是否有异物和施工遗留物。通过高清图像检测，与建设期射线检测等无损检测结果进行综合分析，对保证环焊缝施工质量具有重要意义。

针对以上问题，为满足中俄东线 OD1422mm 管道投产前内检测需求，自主研发了 OD1422mm 管道自动力智能内检测器，并在检测器上集成和配置相应的工具或传感器。主要功能如下：（1）能够自主提供动力在管道内前进，续航里程 50km 以上；（2）行进速度可按检测需求进行调整，具备一定的爬坡能力（最大 45° 斜坡）；（3）加装高清摄像装置，对管道全圆周内壁、环焊缝进行高清拍照；（4）加装惯性导航单元，对管道中心线进行测

---

❶ OD 代表管道外径。

绘;(5)根据需求可加装声呐等传感器测量管道尺寸、形状和腐蚀状况。

(二)设计及实现

1. 总体设计

管道自动力智能内检测器作为机电一体化、高度集成的设备,总体上分为机械结构本体、控制系统、几何变形检测单元、中心线测绘单元、前置摄像单元、管道内壁高清摄像单元等部分,以实现管道几何变形检测、中心线测绘、管道内部状况检查、管道内壁高清摄像综合检测等功能。自动力智能内检测器实物如图5-77所示,整体设计性能指标见表5-13。

图 5-77 自动力智能内检测器实物照片

表 5-13 设计指标一览表

检测管径	OD1422mm
可通过最小弯头半径	3D
可通过最小管径	80%D
里程定位精度	1%
单次检测最大距离	不小于 50km
最大爬坡能力	45°
工具额定运行速度	0.5～1.5m/s
最大运行温度	60℃
最小运行温度	0℃
运行时间	不小于 30h

2. 控制系统设计

控制系统由电源模块、驱动控制、通信模块、监测模块、数据存储模块等部分组成,可以实现供电、控制、通信、调试、数据存储等功能,如图5-78所示。

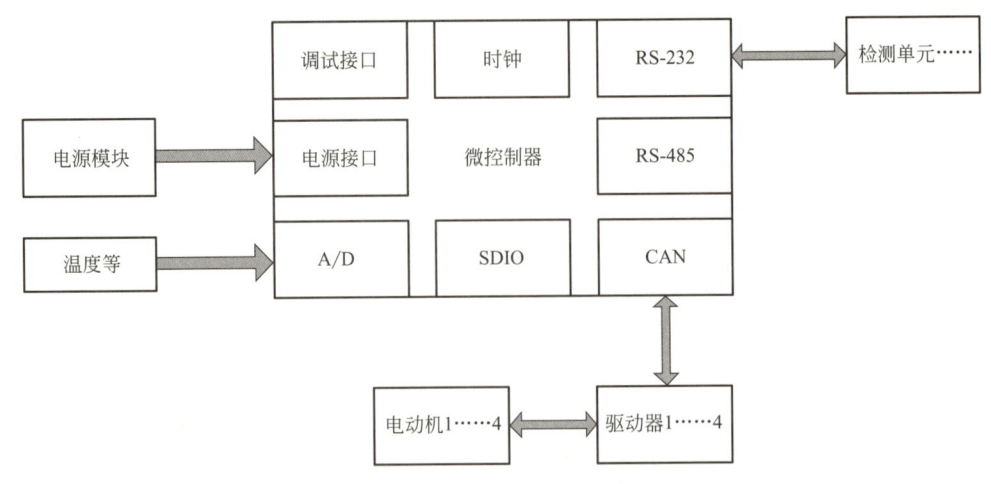

图 5-78 控制系统结构示意图

3. 几何变形检测单元

几何变形检测单元采用激光检测原理，将激光打在管壁上形成360°封闭圆环，则此激光的形状就是管道截面的形状，利用图像处理技术分析激光的形状，可以计算出管道截面的几何尺寸，进而得出几何变形量等信息。

内检测器在管道中实际工作场景如图 5-79 所示，图中管壁上的红色圆环光线即激光器发射出的激光。根据实际检测结果，对于OD1422mm 口径的管道，几何变形检测的精度为 1%OD。

图 5-79 几何检测应用效果

4. 中心线测绘单元

管道惯性测量装置由两个独立部分组成，一部分是惯性测量装置主体，一部分是数据处理单元。管道惯性测量装置主体主要完成惯性器件数据实时采集、误差补偿、记录等工作，数据处理单元主要完成数据下载、导航解算和组合导航等工作。管道惯性测量装置的系统组成如图 5-80 所示。

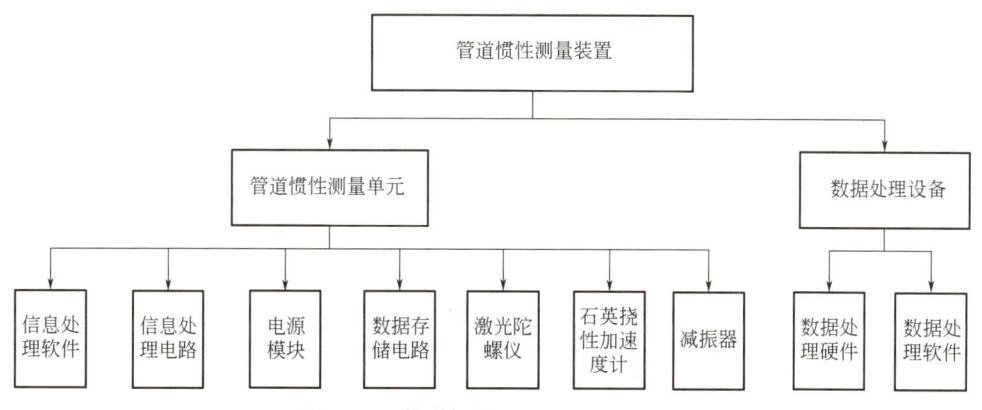

图 5-80 管道惯性测量装置组成框图

管道惯性测量系统的工作原理是，激光陀螺仪测量轴向角速度，将角速度信号以脉冲信号形式发送信息处理电路，信息处理电路将加速度计模拟信号转换为数字脉冲信号后进行计数采集，同时直接采集陀螺仪、里程轮的脉冲信号，并对惯性信息进行误差补偿，形成导航原始信息发送至数据存储电路存储，通过数据处理设备将数据存储电路中数据进行下载，数据处理软件根据导航原始信息进行初始对准、导航计算并通过滤波和迭代计算估计出导航误差并修正，从而得到高精度的位置、姿态角、里程和速度等信息，如图 5-81 和图 5-82 所示。

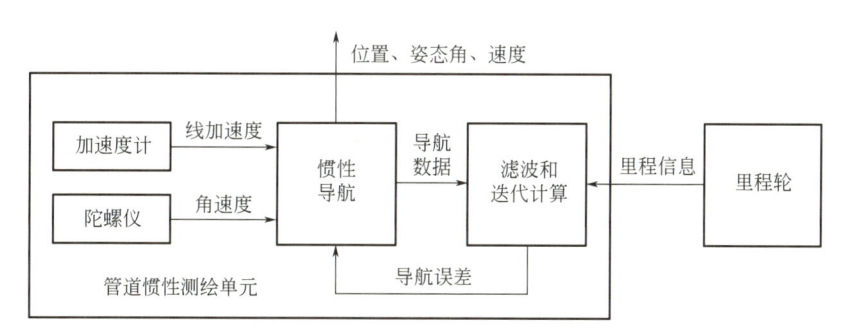

图 5-81 管道惯性测量系统工作原理图

图 5-82 管道惯性测量装置实物图

5. 前置摄像单元

前置摄像单元的主要作用是沿内检测器行进方向拍摄视频并实时存储，待检测作业完成后，能够在计算机上播放所拍摄的视频，查看管道内部是否存在较明显的缺陷、异物等，可以直观看到检测器在管道内的实际运行情况，便于分析检测器运行性能，如图 5-83 所示。

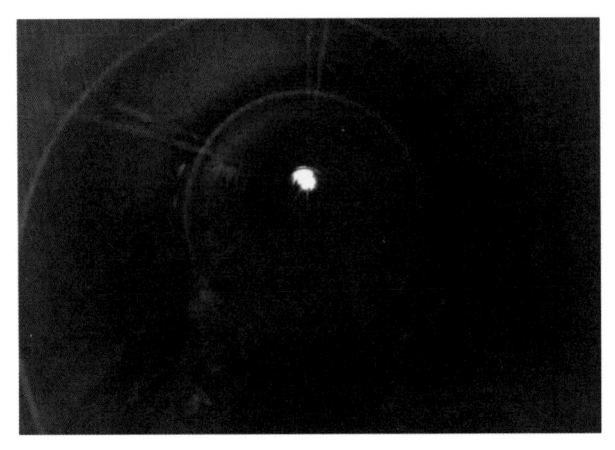

图 5-83 前置摄像单元拍摄的图像

6. 管道内壁高清摄像单元

管道内壁高清摄像单元的主要功能是正对管道内壁连续拍摄高清图片，以查看管道内壁表面、焊缝等部位是否存在缺陷，能够准确识别环焊缝等信息。如图 5-84 所示，在图中可以清晰地看到管道的环焊缝、螺旋焊缝等特征，并且管壁上的管号等文字信息能够很好辨识。

图 5-84 高清摄像单元拍摄的管道内壁图像

（三）现场试验及应用情况

1. 现场试验

在中俄东线工程现场，对管道自动力智能内检测器的稳定性、续航能力、爬坡能力、越障能力、高清摄像性能等进行了全面性能测试，测试在两段管道中进行，测试管段长度分别为 3.2km、1.5km，如图 5-85 所示。

图 5-85 中俄东线现场试验

通过试验验证，在-10℃至15℃的室外环境温度下，内检测器在管道水平段、水平弯曲段、竖直弯曲爬坡段、管内含冰缓坡段等进行多次实验，设备均能正常运行。

1）爬坡试验

通过电动机电流输出和陀螺仪姿态传感器数据分析，内检测器运行良好，各项指标正常，速度恒定。图5-86为内检测器在3.2km管道中行进时的电流曲线，此段管道有两个较大的爬坡段（角度分别为14°与17°，图5-87），由曲线可以看出，内检测器在上坡或下坡过程中可通过自主调节电流输出实现匀速运动。

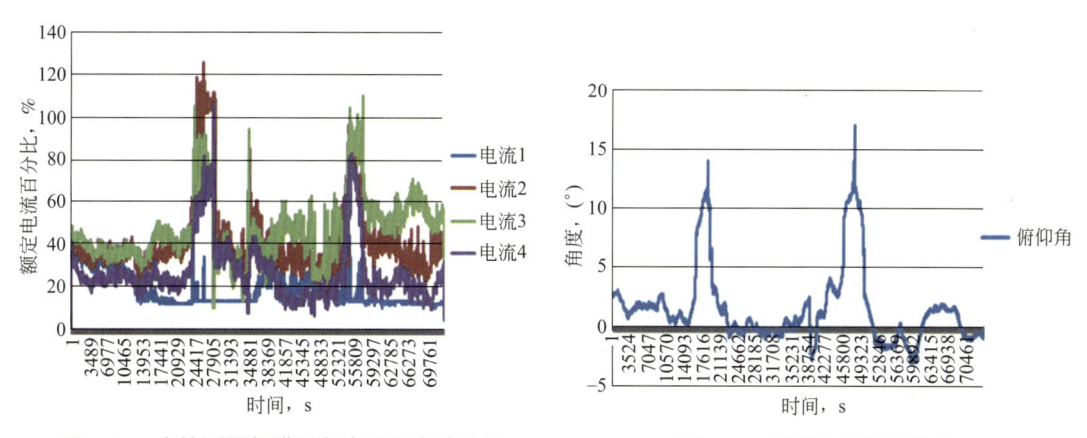

图 5-86 内检测器行进过程电动机电流曲线

图 5-87 陀螺仪记录的坡度

2）续航试验

内检测器在-15～-10℃的环境下，使用125A·h锂电池提供动力可连续运行14～16km；使用全部锂电池供电时，续航里程可超过50km。

3）越障试验

内检测器在管道内壁大面积结冰的情况下可顺利通过，如图5-88所示。

4）内壁高清摄像试验

内检测器可清晰拍摄到旋焊缝、环焊缝、管内残留物等高清图像，如图5-89所示。

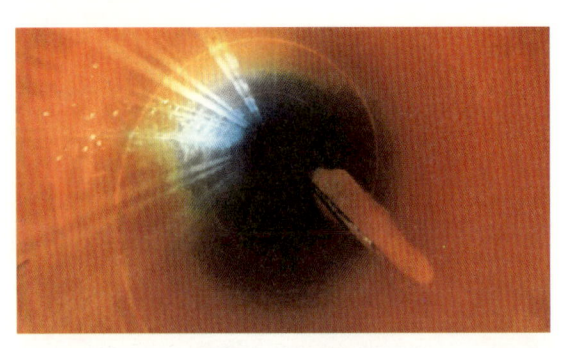

图 5-88　管壁结冰

图 5-89　管道内壁高清图像

2. 现场应用情况

管道自动力智能内检测器在中俄东线在建管道进行了 8 次现场检测，检测内容包括管道智能测径、干燥效果验证、管壁内表面状态等。

1）管道智能测径

累计检测里程逾 200km，发现若干疑似管道几何变形、椭圆变形情况（图 5-90 至图 5-92）；根据检测结果进行了管道环焊缝数据对齐。

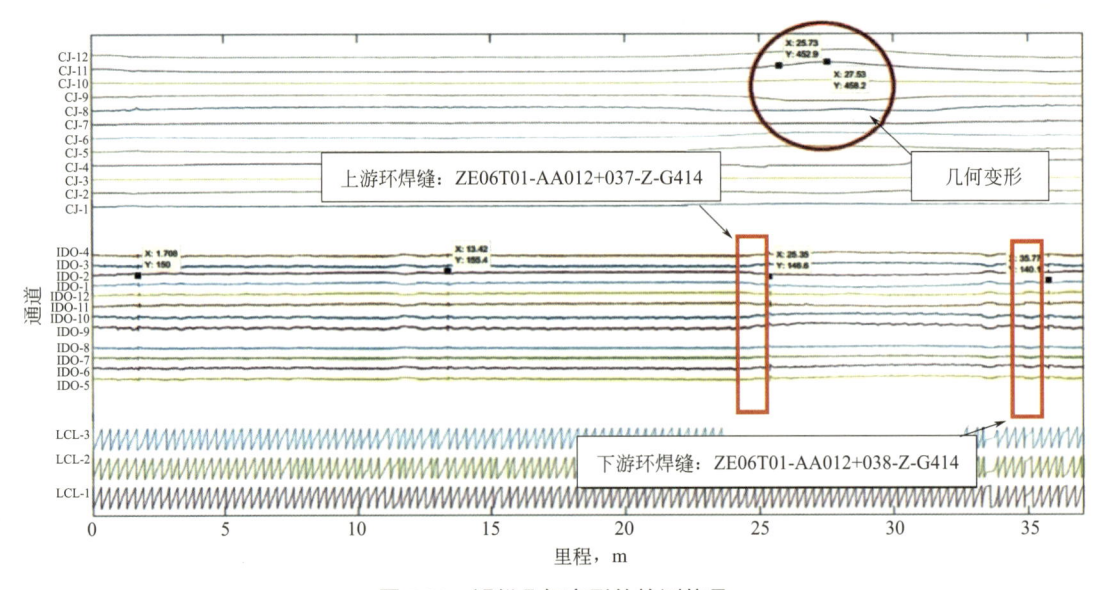

图 5-90　疑似几何变形的检测信号

图 5-91 疑似几何变形开挖情况

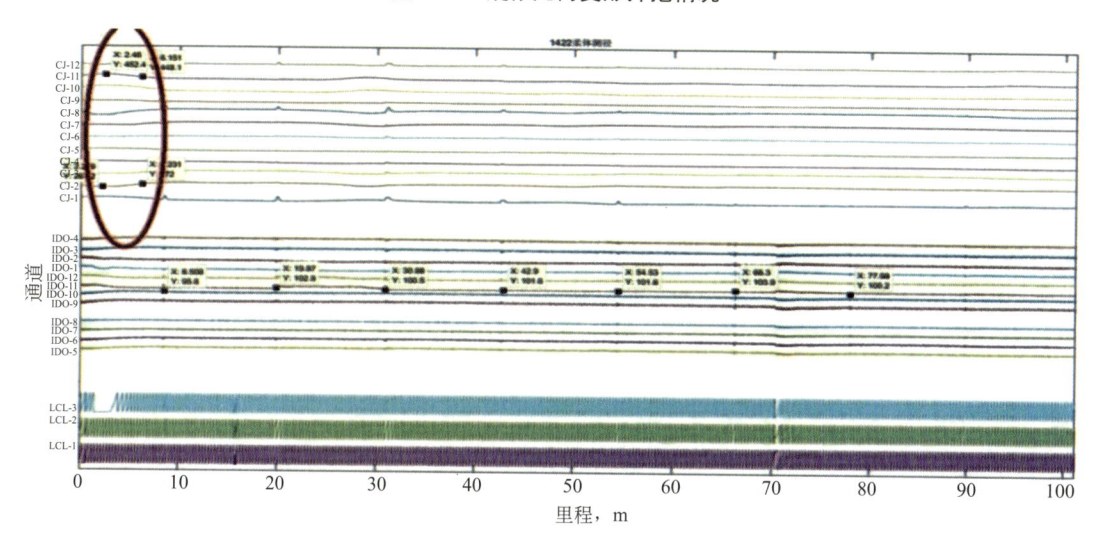

图 5-92 疑似椭圆变形的检测信号

（1）疑似管道几何变形。

此处几何变形量为 3.2%OD，现场开挖后发现缺陷发生较大回弹，达到施工验收标准。进行回填后再次运行测径清管器，未发现超标变形。

（2）椭圆变形。

此处为疑似椭圆变形，最大变形量 1.37%OD，检测里程为 22785m，位于 ZE06T01-AB017+033-Z-G414 环焊缝与 ZE06T01-AB017+034-Z-G414 环焊缝之间。

（3）环焊缝数据对齐。

对检测结果进行环焊缝数据对齐，将检测数据与施工安装记录一一核对，可以帮助发现施工安装记录中的错误，包括管道制管类型错误、管道环焊缝记录错误等。

2）干燥效果验证

检测管段于 2018 年 12 月完成干燥作业并封存，2019 年 5 月，应用管道自动力智能内检测器对管道进行检测，可以清晰看到管道内部没有明显水合物，验证了管道干燥与封存效果，如图 5-93 所示。

图 5-93　现场拍摄的管内壁高清影像

二、运营期管道内检测

（一）需求分析

中俄东线是我国第一条 OD1422mm、X80 高钢级天然气管道，壁厚最高达 30.8mm，高钢级、大口径管道内检测目前面临较大的挑战，内检测器尺寸越大，自重对运行稳定性的影响越明显，可能出现局部速度波动，上下半部分探头提离值不均，影响缺陷检出率及尺寸判定精度等。目前尚无完全适用的内检测器，需要针对中俄东线研制一套内检测器，满足管道投产后的在线检测，具体需求见表 5-14。

表 5-14　中俄东线内检测需求表

类型	项目内容	备注
设备要求	适应大口径 OD 1422mm、大壁厚（25.7mm/30.8mm）及高流速（最大 10m/s）检测条件及管道特征	目前针对 OD 1422mm 管道高流速检测运行稳定性有待验证，经调研大多适用壁厚在 22mm 以下，需要针对东线的大壁厚特点进行研究改进，预期目标： （1）具备调速能力，使检测器在可接受的范围运行； （2）厚壁管道应达到同等的检测规格
基础检测	验证清管	
	几何变形、弯曲应变检测及评价	几何变形检测、管道中心线 IMU 检测
	几何检测报告及应变评价报告	
	管道本体缺陷检测，金属损失、管材缺陷等	三轴高清漏磁检测
	开挖验证	每个检测段不少于 5 处
特殊检测	环焊缝（类）裂纹检测	目前裂纹检测主要针对轴向裂纹，对于环向裂纹检测技术尚待研究改进，可能实现的技术包括超高清漏磁检测、EMAT 等
	附加应力（除管道弯曲变形之外的轴向附加应力）	局部应力，单独的应力探头；目前针对管道整体的弯曲应变，可通过 IMU 检测，但对于管道受拉伸或者压缩载荷产生的轴向附加应力检测，部分检测公司进行了研究和试验性检测

（二）技术规格基本要求

1. 几何检测

（1）环向通道间隔小于 25.4mm（1in），轴向采样间隔不大于 3.3mm；

（2）管道局部变形的通过能力：不低于 15% 管道外径的变形；

（3）可通过弯头最小曲率半径 3D（3 倍管道外径）；

（4）几何检测数据可以满足基于应变的凹陷评价需求，输出任意距离区间上每一个检测通道的数据。

几何变形检测技术指标见表 5-15。

表 5-15　几何变形检测技术指标一览表

类型	名称	指标名称	要求
几何变形	凹陷点	量化精度	±0.6%OD
		检测阈值	2%OD
	椭圆变形	量化精度	0.6%OD
		检测阈值	1%OD
		可信度	90%
		周向定位精度	±15°
		特征与参考环焊缝之间的距离精度	±0.1m
		里程定位精度	1%L（L 为检测里程）

2. 管道附加应变（力）检测

弯曲应变（管道由于位移或弯曲变形产生）检测技术要求见表 5-16。

表 5-16　管道弯曲应变检测技术指标一览表

指标名称	要求
单次检测可识别的弯曲曲率半径	400D
重复检测可识别的弯曲曲率半径变化	2500D
特征的定位精度	±1m 或 L/2000（L 为相邻定标点距离）

3. 金属损失检测

管体金属损失缺陷的一般检测技术要求见表 5-17 和表 5-18。

表 5-17 管体金属损失缺陷检测技术指标一览表

项目	一般金属损失		坑状腐蚀		轴向凹沟		周向凹沟	
位置	管体	焊缝附近	管体	焊缝附近	管体	焊缝附近	管体	焊缝附近
检测阈值	5%t	9%t	8%t	13%t	8%t	15%t	5%t	9%t
深度精度	±10%t	±15%t	±10%t	±15%t	−15%t/+10%t	−20%t/+15%t	−10%t/+15%t	−15%t/+20%t
宽度精度	±20mm	±25mm	±20mm	±25mm	±20mm	±25mm	±20mm	±25mm
长度精度	±15mm	±20mm	±10mm	±15mm	±20mm	±25mm	±20mm	±25mm

注：t 为壁厚。

表 5-18 特征定位精度技术指标一览表

项目	要求
周向定位精度	±5.0°
特征与参考环焊缝之间距离精度	±0.1m
里程定位精度	±1m 或 $L/2000$（L 为相邻两个地面跟踪点的距离）

4. 焊缝异常检测

检测并报告环焊缝异常信息，包括尺寸、相对于环焊缝位置（焊缝上、热影响区）、异常类型（体积型、裂纹及类裂纹）；

检测并报告制管焊缝异常信息，包括缺陷尺寸、相对于焊缝位置（焊缝、热影响区）、异常类型（平面型、体积型）。

根据技术要求，模拟中俄东线运行工况，设计自动速度控制单元，满足管道在最大输量条件下不影响管道正常运行时，仍然可以控制内检测器在最佳速度范围内开展检测；改进检测器支撑结构，提供更稳定的支撑，以便防止由于自重过大检测器向下偏心，导致上下部分磁化不均；集成管道惯性测量单元和轴向应变检测模块，综合测量管道附加载荷状况，如图 5-94 和图 5-95 所示。

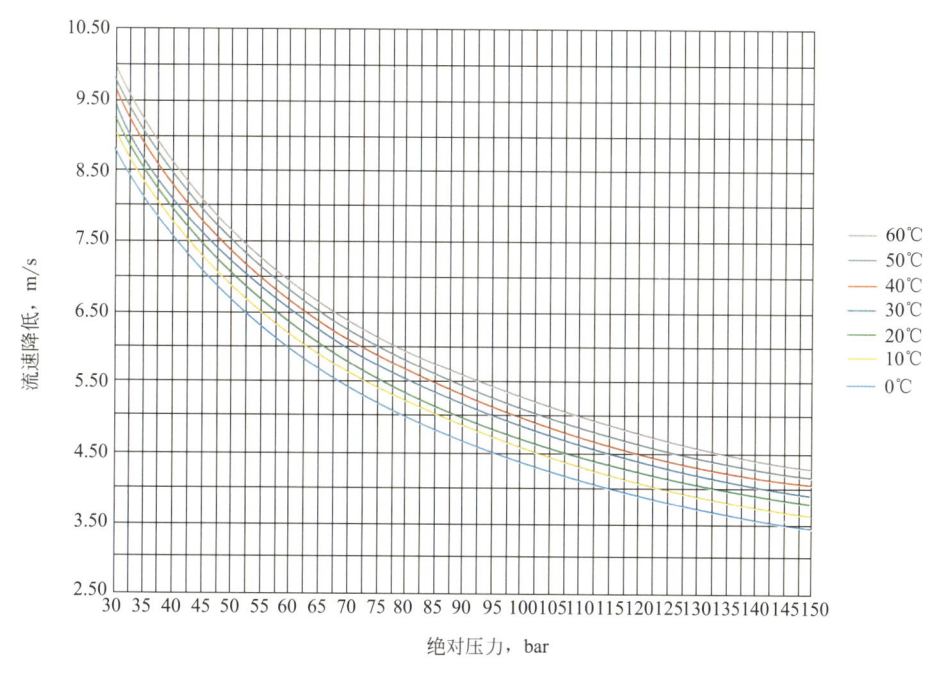

图 5-94　调速能力模拟

图 5-95　OD1422mm 内检测器样机

三、完整性评价

中俄东线全面采用 X80 管线钢建造，与传统的中低等级管线钢相比，具有明显不同的综合性能、力学行为和失效模式。随着钢级提高，材料的屈服强度和抗拉强度均有提高，但屈服强度增长较快，导致屈强比明显提高，也意味着材料的形变强化幅度减小。X65 等中低强度管线钢主要通过较大的塑性应变实现材料强化承受载荷，而 X80 等高强度管线钢主要通过高应力水平来承受外载，如图 5-96 和图 5-97 所示。

现有管道腐蚀和环焊缝缺陷评价方法大多针对 X65 以下管道，对于 X80 管道缺陷评价是否适用尚无广泛接受的明确结论。针对中俄东线 X80 管线钢特点，梳理了当前在用的国内外腐蚀及环焊缝缺陷完整性评价方法，分析了不同方法的特点和适用性，结合 X80

管道失效验证试验结果，形成适用于中俄东线管道的缺陷完整性评价技术。

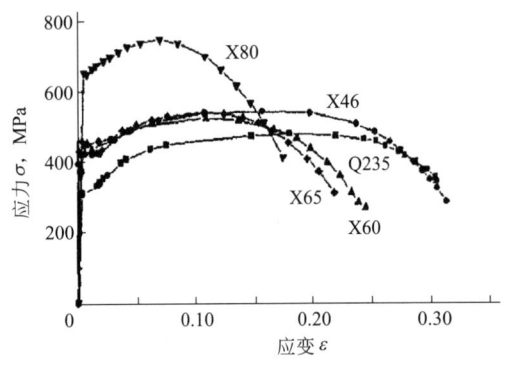

图 5-96　几种管线钢应力应变曲线比较

图 5-97　几种管线钢硬化指数比较

（一）X80 管道腐蚀缺陷评价

含人工金属损失缺陷的 X80 管道全尺寸压力爆破试验，国内外已经开展了一些研究。基于收集 30 组 X80 管道全尺寸压力爆破试验数据，对已有的管道腐蚀缺陷适用性评价方法进行了验证和回归分析，如图 5-98 和图 5-99 所示。

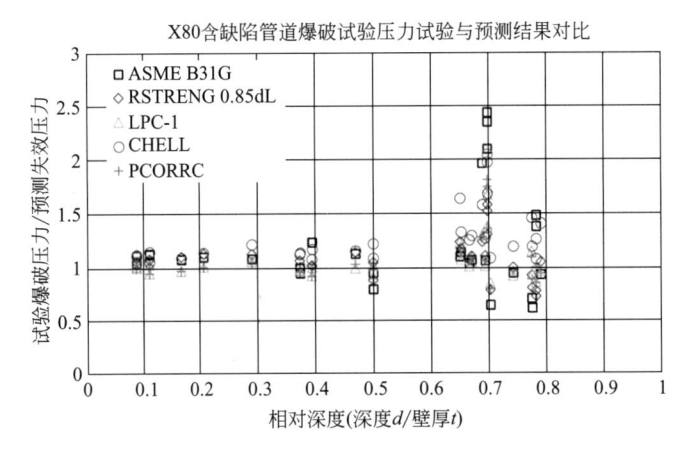

图 5-98　失效压力预测结果与试验结果比较

(a) ASME B31G

(b) RSTRENG 0.85DL

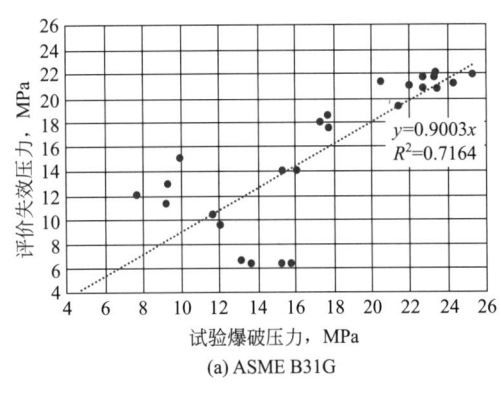

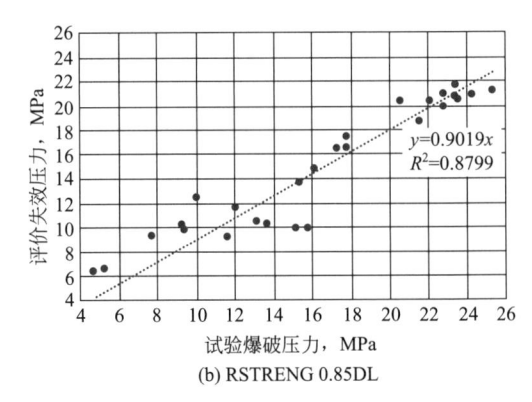

图 5-99

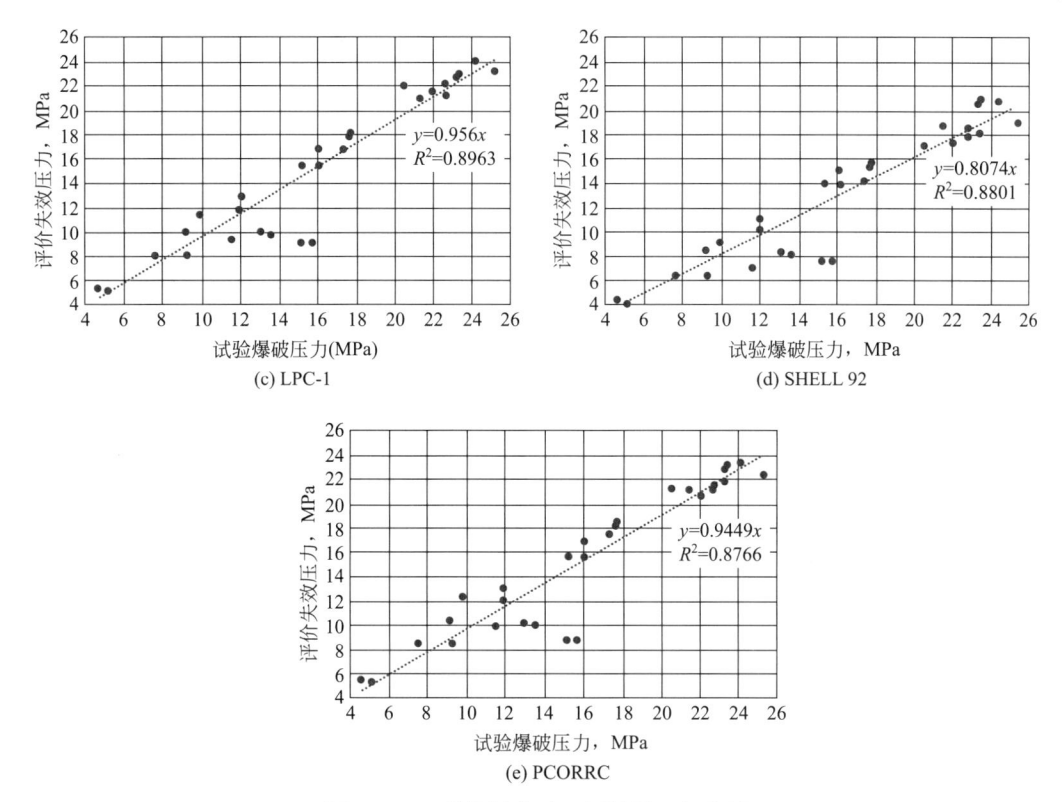

图 5-99　五种评价方法预测结果回归分析

基于全尺寸压力爆破试验结果回归分析显示，ASME B31G（美国机械工程协会标准）、RSTRENG 0.85DL（改进的 B31G）、LPC-1（英国燃气和挪威船级社开发）、Shell 92（壳牌开发）、PRORRC（管道腐蚀准则）等五种常用的腐蚀缺陷评价方法中，LPC-1 方法预测的准确度最高，最适合 X80 管道腐蚀缺陷完整性评价。

随着有限元仿真技术的飞速发展，数值模拟已经成为与理论分析、实验研究并重的三大基本研究手段之一。在管道完整性评价领域，有限元仿真技术因其独特的优点（应用范围广、成本低、周期短、参数易调节、结果易提取等）有着重要的应用价值和前景。

从收集的全尺寸压力爆破试验数据中选取了 16 组，建立了 X80 管道含腐蚀缺陷的剩余强度有限元仿真模型，对两种管径/壁厚、不同形状、不同长度、不同深度的腐蚀缺陷进行了失效压力仿真计算，如图 5-100 和图 5-101 所示。

仿真结果与试验结果较为接近，验证了有限元仿真结果的有效性。通过进一步修正、优化有限元仿真模型，可用于 X80 管道腐蚀缺陷剩余强度评价。

（二）X80 管道环焊缝缺陷评价

环焊缝缺陷的主要类型包括裂纹、未熔合、未焊透、咬边、夹渣、气孔、焊缝内凹等。在评价上述缺陷时，主要将其划分为两大类：体积型缺陷和平面型缺陷，体积型缺陷包括焊缝内凹、气孔、夹渣（气孔和夹渣有时作为平面型缺陷处理）；平面型缺陷包括裂纹、未熔合、未焊透、咬边等。

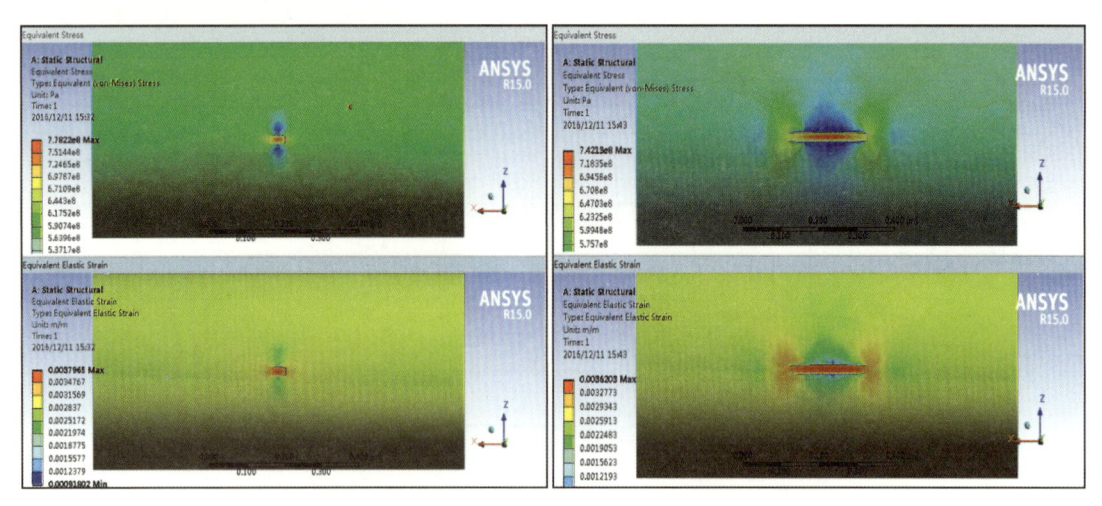

图 5-100　坑状、槽状腐蚀应力应变分布有限元仿真结果

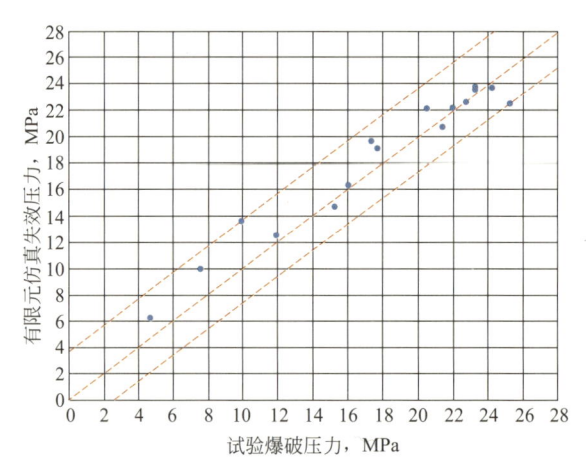

图 5-101　实验及有限元仿真分析爆破压力比较

体积型缺陷危害相对较低，因此仅考虑塑性失效模式，适用性评价方法包括 Kastner、Miller、修正 Miller、NSC 等；平面型缺陷危害相对较大，评价时应同时考虑塑性失效和断裂失效模式，国内外通常采用失效评估图（FAD）进行评价。

BS 7910：2013 采用 FAD 对平面型缺陷进行评价时，根据获取信息的详细程度将评价分为 3 级：1 级采用通用形式的失效评估曲线（FAC），不需要材料的应力—应变曲线，因此较为保守；2 级采用评价对象材料的特定 FAC，需要材料的应力—应变曲线；3 级可进行撕裂分析，还需要 J 积分的数据，通常并不使用，仅作为 1、2 级的代替选项。

当塑性载荷较小时，通用 FAC 和特定 FAC 差别很小；而塑性载荷较大时，两者存在一定差别。管道环焊缝缺陷的失效往往和附加应力相关，存在较大的塑性变形，因此建立 X80 管材的特定 FAC，可以提高环焊缝缺陷评价过程中的准确性。

对于管线钢，通常采用 Ramberg-Osgood 本构描述工程应力—工程应变关系，再将工程应力—工程应变关系曲线转换为真应力—真应变关系曲线，通过 BS 7910 推荐的方法得到 X80 管材的特定 FAC，如图 5-102 所示。

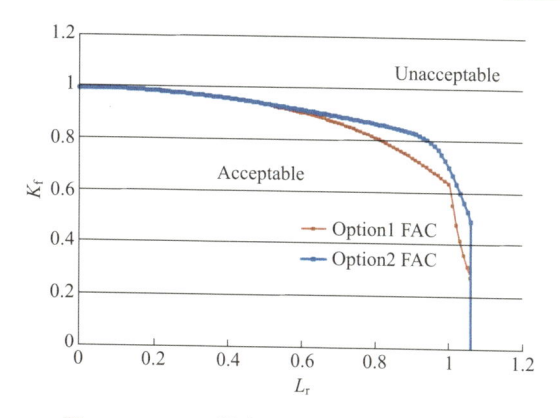

图 5-102　X80 特定 FAC 和通用 FAC 对比

为验证评价方法的有效性，设计了含不同深度、长度、位置的环焊缝缺陷 OD1422mm X80 曲面宽板拉伸试验，测量载荷、总伸长、远端伸长、张开位移等参数曲线，并对断口宏观、微观形貌进行了观察，如图 5-103 所示。

图 5-103　含环焊缝缺陷 OD1422mm X80 曲面宽板拉伸试验

建立特定 FAC 后，可以进行平面型（裂纹、未熔合、未焊透、咬边）环焊缝缺陷极限容许缺陷尺寸的计算和评价。

第四节　管道风险动态智能评价技术

风险是事故的潜在性原因，所有的事件、事故、灾害都是以风险的形式存在于先的。管道完整性管理是基于风险的管理模式，管道风险评价是管道完整性管理的关键环节。通过开展管道风险评价可有效识别出影响管道安全运行的危害因素，评价事故发生的可能性和后果大小，综合得到管道风险高低级别，并针对性地提出风险控制措施。

近些年来，管道风险评价技术不断发展，在世界范围内得到了普遍应用。然而随着应用的深入，以半定量风险评价技术为代表的传统管道风险评价方法录入数据准确性不足，评价结果过于主观等缺点不断暴露，不能满足管道风险管控精细化的需求。

为此，需要改进传统的管道风险评价方法，以适应管道管理的需要。以中俄东线为试点建设智能管道，物联网、移动端、云计算、大数据等新一代技术改变着管道各业务领域，管道风险评价也朝着实时、动态评价、结果可视化、风险预测预警等方向发展，基于面向本质安全的实时泛在感知能力和大数据的综合应用，开发实时风险动态智能评价。

一、计算模型

该方法将所有影响管道安全运行的各种因素分为第三方损坏、外腐蚀、内腐蚀、制造与施工缺陷、地质灾害以及泄漏后果影响等六个方面的指标，并分析各个指标之间的逻辑关系，对每个指标进行赋值评分，综合分析其引起管道泄漏的可能性及泄漏后的事故严重程度，最终得到管道沿线的风险大小（图5-104）。主要有以下改变：

（1）基于"树生"理论，结合中俄东线管道实际风险特点，分析影响中俄东线事故致因的因素，对风险评价指标进行改进、提升。

（2）重点考虑到高强度钢的环焊缝失效风险，在近年来环焊缝检测、评价以及事故经验的基础上，分析材料性能、施工管理、附加载荷、射线底片复查结果等因素对环焊缝失效的影响，完善环焊缝失效可能性评价模型。

（3）对中俄东线实时监测数据及系统进行分析，完成PIS系统、智能阴极保护系统、视频智能识别系统等系统数据与风险评价系统集成。同时对中俄东线本体和环境数据进行分析，采取保守估计的原则，相对固化部分评价指标。

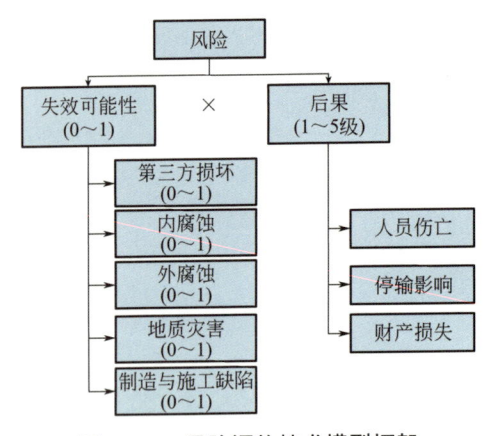

图 5-104　风险评价技术模型框架

风险计算主要分为以下三个步骤，包括失效可能性计算、失效后果计算、管段风险计算。

（一）失效可能性计算

根据不同风险因素，计算得到每个管段的失效可能性值，结果以图形和数据表的形式给出。以第三方损坏损坏为例，第三方损坏失效可能性分为第三方损坏活动发生可能性、第三方损坏导致泄漏的可能性及防护措施的有效性，防护措施有效性主要包括管理措施和工程措施。

评价流程为：

（1）评价发生第三方损坏威胁的可能性；

（2）根据第三方损坏的形式评价威胁活动导致泄漏的可能性；

（3）评价管理措施及工程措施防护的有效性；

（4）综合判断管道失效的可能性。

计算方法如下：

$$P_{第三方损坏}=TF(1-P_{防护}) \quad (5-1)$$

式中 $P_{第三方损坏}$——第三方损坏失效可能性；

T——威胁发生的可能性；

F——导致泄漏的可能性；

$P_{防护}$——防护措施有效性。

管段总失效可能性计算公式如下：

$$P=1-(1-P_{第三方损坏})(1-P_{地灾})(1-P_{外腐蚀})(1-P_{内腐蚀})(1-P_{制造与施工缺陷}) \quad (5-2)$$

（二）失效后果计算

计算管道发生泄漏、火灾爆炸事故时可能造成的人员伤亡、财产损失和停输影响等情况，并结合管径、压力、维抢修等具体情况进行修正，确定最终失效后果值。

$$C=\text{MAX}(C_{人口},C_{停输},C_{财产损失}) \cdot X_{修正因子} \quad (5-3)$$

（三）管段风险计算

根据各个管段的失效可能性计算结果与失效后果计算结果，得到各个管段的风险值，管道风险计算公式如下：

$$R=P \cdot C \quad (5-4)$$

失效可能性分值在 0～1 之间，分值越大表示越可能发生。失效后果分为 5 级，等级越高表示后果越严重。风险值为两者的乘积，风险分为四级，值越大表示风险越大。

二、风险评价主要指标

动态风险评价通过收集大量的管道数据信息，进行综合运算，得到管道风险水平，评价的结果直接指导管道风险管控。主要风险评价指标见表 5-19 至表 5-23。

表 5-19 内/外腐蚀

编号	属性名称	类型	状态	数据来源
A.1	管道直径	数值	静态	软件录入
A.2	投产时间	数值	静态	软件录入

续表

编号	属性名称	类型	状态	数据来源
A.3	土壤腐蚀性	选项	静态	软件录入
A.4	阴极保护电位	选项	动态	智能阴极保护系统
A.5	阴极保护电位检测	选项	动态	智能阴极保护系统
A.6	运行压力	数值	动态	中间数据库
A.7	杂散电流干扰	选项	动态	智能阴极保护系统
A.8	介质腐蚀性	选项	相对静态	软件录入
A.9	外检测情况	选项	动态	软件录入
A.10	外检测时间	数值	动态	软件录入
A.11	防腐层质量	数值	动态	软件录入
A.12	设计压力	数值	静态	软件录入
A.13	内检测情况	选项	动态	软件录入
A.14	内检测年份	数值	动态	软件录入
A.15	外部金属损失	数值	动态	软件录入
A.16	内部金属损失	数值	动态	软件录入
A.17	管道壁厚	数值	静态	软件录入
A.18	管材屈服强度	数值	静态	软件录入
A.19	设计系数	数值	静态	软件录入
A.20	大气腐蚀	选项	静态	软件录入
A.21	内腐蚀防护有效性	选项	静态	软件录入

表 5-20　第三方损坏

编号	属性名称	类型	状态	数据来源
B.1	地表开挖	选项	动态	软件录入、视频智能识别、光纤预警系统、光纤测温系统
B.2	警示带	选项	静态	软件录入
B.3	巡线频率	选项	动态	软件录入
B.4	巡线效果	选项	相对静态	软件录入
B.5	埋深	数值	动态	软件录入
B.6	地面标识	选项	相对静态	软件录入
B.7	政府态度	选项	静态	软件录入
B.8	民众态度	选项	静态	软件录入

续表

编号	属性名称	类型	状态	数据来源
B.9	管道保护宣传	选项	相对静态	软件录入
B.10	挖砂清淤取土	选项	动态	软件录入、视频智能识别、光纤预警系统
B.11	管道地面设施	选项	动态	软件录入
B.12	地下施工工程	选项	动态	软件录入、光纤预警系统
B.13	钻探	选项	动态	软件录入、光纤预警系统
B.14	交叉施工看护情况	选项	动态	软件录入、视频智能识别
B.15	其他第三方损坏活动	选项	动态	软件录入、视频智能识别、光纤预警系统、光纤测温系统
B.16	碾压	选项	动态	软件录入、视频智能识别、光纤预警系统
B.17	打孔盗油（气）	选项	动态	软件录入
B.18	预警系统	选项	动态	光纤预警系统

表 5-21　地质灾害

编号	属性名称	类型	状态	数据来源
C.1	土体类型	选项	静态	软件录入
C.2	管道敷设方式	选项	静态	软件录入
C.3	地形地貌	选项	动态	软件录入
C.4	泥石流	选项	动态	软件录入
C.5	河沟道水毁	选项	动态	软件录入
C.6	崩塌	选项	动态	软件录入
C.7	采空区塌陷	选项	动态	软件录入
C.8	坡面水毁	选项	动态	软件录入
C.9	台田地水毁	选项	动态	软件录入
C.10	滑坡	选项	动态	软件录入
C.11	其他地质灾害	选项	动态	软件录入

表 5-22　制造与施工缺陷

编号	属性名称	类型	状态	数据来源
D.1	运行压力/设计	数值	动态	中间数据库
D.2	疲劳	选项	动态	软件录入

续表

编号	属性名称	类型	状态	数据来源
D.3	水击与超压	选项	静态	软件录入
D.4	压力试验压力系数	数值	静态	软件录入
D.5	输送工艺变化	选项	动态	软件录入
D.6	附加应力	选项	动态	软件录入
D.7	轴向焊缝缺陷	选项	动态	软件录入
D.8	环向焊缝缺陷	选项	动态	软件录入
D.9	直焊缝缺陷	选项	动态	软件录入
D.10	板材缺陷	选项	动态	软件录入
D.11	凹坑	选项	动态	软件录入
D.12	环焊缝缺陷严重程度	选项	动态	软件录入
D.13	射线底片复核结果	选项	动态	软件录入
D.14	材料性能	选项	动态	软件录入
D.15	施工管理	选项	动态	软件录入
D.16	应力集中	选项	动态	软件录入

表 5-23 后果

编号	属性名称	类型	状态	数据来源
E.1	人员分布	选项	静态	软件录入
E.2	公路铁路	选项	静态	软件录入
E.3	泄漏监测	选项	动态	光纤测温系统
E.4	应急预案	选项	静态	软件录入
E.5	抢修力量	选项	静态	软件录入
E.6	人员聚集点与管道垂直距离	数值	静态	软件录入

三、实时监测数据接入

动态风险评价软件通过 GET/POST 请求方式，接入不同数据格式的实时动态数据。接入数据包括 PIS 系统、光纤测温系统、光纤预警系统、视频智能识别系统、无人机视频智能识别系统、智能阴保系统、SCADA 中间数据库等数据。

根据中俄东线风险认知和评价指标，开发 Realrisk 风险动态智能评价软件，该软件能够实时地获取、整合风险评价数据，自动计算风险评价结果，根据需求自动出具风险评价报告，成为管道管理最直接的依据，降低管理者劳动强度，提高工作效率，如图 5-105 至

图 5-107 所示。

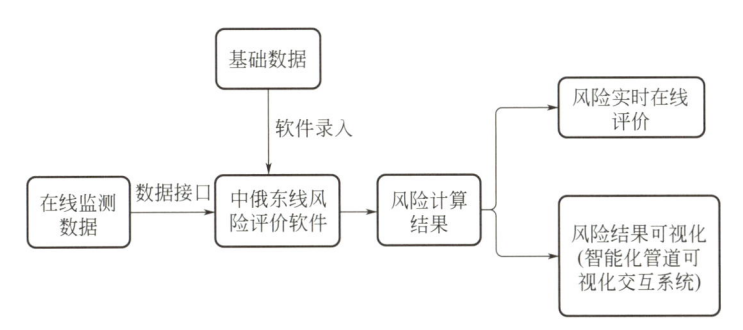

图 5-105 动态风险评价框架

图 5-106 动态风险评价系统界面

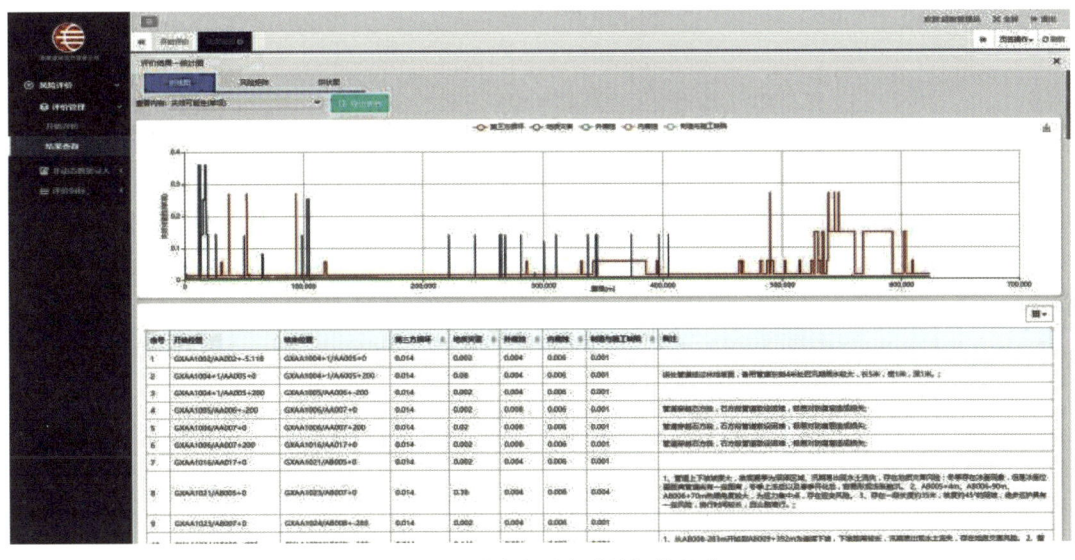

图 5-107 系统自动生成的评价报告

第五节　多源数据综合应用与可视化

为全面展示中俄东线智能管道建设成果，基于数据实时渲染技术，集成建设期、运营期等多源数据，开发建设了中俄东线智能管道可视化交互系统（以下简称交互系统），通过多源数据的综合应用，实现数据实时图形可视化、场景化以及实时交互功能。通过交互系统全面集中动态地展示线路、站场、工艺运行与设备等管道智能化技术。

一、数据的 ETL（Extract-Transform-Load）

管道全生命周期管理应用到建设期、运营期这些内部的静态数据和动态数据，也应用到气象、水文等外部数据，是多源数据的综合应用，如图 5-108 所示。

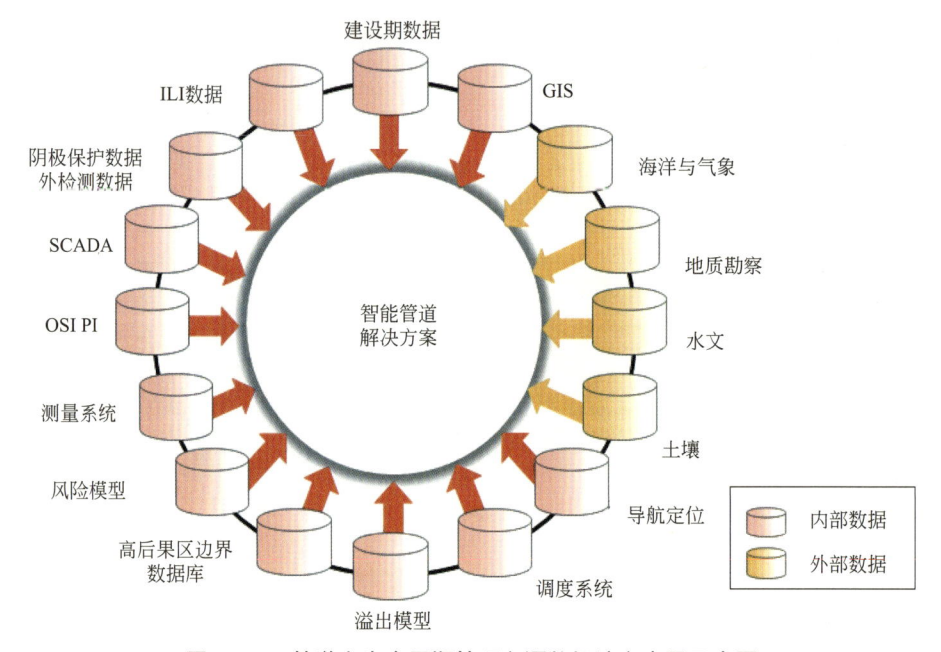

图 5-108　管道全生命周期管理多源数据综合应用示意图

中俄东线在数据融合应用方面做了积极的探索和实践，对数据结构复杂、数据种类繁多的多源数据进行了抽取、转换及加载，如图 5-109 所示。

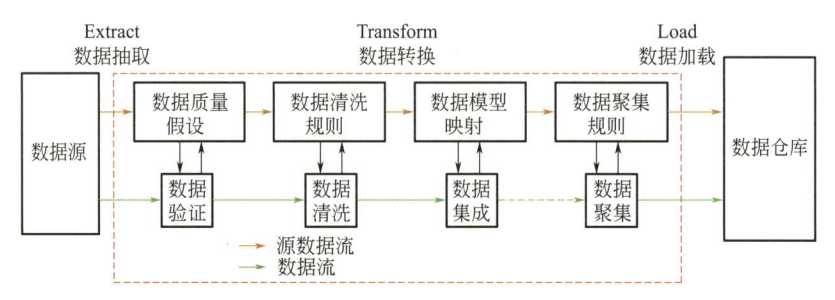

图 5-109　数据 ETL（Extract-Transform-Load）示意图

（一）数据抽取

中俄东线智能管道可视化交互系统（一期）抽取了设备设施、线路路由、阴极保护、视频监控、光纤预警、工艺运行、周界安防等 11 类 780 项动静态数据，对数据质量进行检查和清洗，并对数据展示指标进行规定。

（二）数据转换

综合运用 AUTO CAD、3D MAX、Arcgis、R6、RayData pro 等软件对数字化移交的站场、工艺管道、压缩机、阀门等静态数据进行三维建模，实现建设期的数字孪生体；对工艺运行参数、压缩机运行参数、阴极保护数据、视频监控等动态数据进行数据接口、数据接入、数据兼容性测试，编写数据包，通过 GET/POST 请求方式，接入不同数据格式的实时动态数据。

（三）数据加载

在建设期静态数字孪生体的基础上，可视化交互系统加载运营期实时动态数据，实现了运营期的数字孪生体，做到建设期数字孪生体在运营期的同生共长。

二、交互系统

中俄东线智能管道可视化交互系统基于 RayData 技术开发，具有原生超高分辨率、端到端软硬一体机、超大系统容量、丰富的大数据展现形式、内容模块个性化、数据实时交互、兼容扩展能力强、安全可靠性高等特点。

（一）展示维度

1. 场景维度

交互系统分 A、B、C 三个层级，A 层级展示全国管网、中俄东线管道、黑河站和工艺流程图数据；B 层级展示站场巡检、可燃气体报警、周界安防报警、视频巡检、工艺管线、压缩机等数据；C 层级展示重点地段视频监控、智能阴极保护、无人机巡线、站场巡检、可燃气体报警等线路感知数据。

可通过键盘、鼠标和 Ipad 点击不同层级里的相关内容模块进行数据的浏览和查阅，无人操作时，系统界面为大数据综合显示，界面左侧是运行关键参数，如进出站压力、温度、流量、压缩机运行参数、阴极保护参数等，中间是工艺流程图、压缩机工艺流程图及相关运行参数，右侧是各类报警信息数据，如阴极保护、周界安防、智能视频监控、光纤监测、可燃气体等报警信息。

2. 数据维度

以线路、站场、工艺与关键设备为逻辑主题呈现整体智能化管道技术，图 5-110 为各层级展示数据内容示意图。

```
                            ┌─ 全国管网情况 ──┬─▶ 全国管网主干线信息
                            │                 └─▶ 四大能源战略通道布局
              A层级 ────────┤
                            │                   ┌─▶ 全线里程
                            │                   ├─▶ 站场阀室分布
                            └─ 中俄东线管道 ────┼─▶ 管径
                                整体情况        ├─▶ 气体流量
                                                └─▶ 运行压力、温度
                                                     ……
```

(a) A层级展示数据内容示意图

```
                         ┌─ 可燃气体报警 ───┬─▶ 气体浓度实时值
                         │                  ├─▶ 气体浓度超过报警值时视频记录
                         │                  └─▶ 报警信息
                         │
                         ├─ 站场周界安防报警┬─▶ 工业电视、周界报警与火灾系统联动
                         │                  └─▶ 周界入侵报警定位信息
                         │
         B层级：站场 ────┼─ 站场视频巡检 ───┬─▶ 巡检路线实时视频
                         │                  └─▶ 历史视频回放
                         │
                         │                   ┌─▶ 压缩机运行参数(温度、压力、转速、流量等)
                         │                   ├─▶ 压缩机振动曲线
                         ├─ 工艺运行参数 ────┼─▶ 可燃气体等报警信息
                         │                   ├─▶ 阀门等设备开关状态
                         │                   ├─▶ 进出站压力、温度、流量等参数
                         │                   └─▶ 工艺流程动画、压缩机拆解动画
                         │
                         └─ 设备静态参数 ───┬─▶ 工艺管线静态参数
                                            └─▶ 阀门、空压机等设备静态参数
```

(b) B层级展示数据内容示意图

```
                         │                   ┌─▶ 智能测试桩安装位置及状态
                         │                   ├─▶ 电位(交流电压)—里程曲线
                         ├─ 智能阴极保护 ────┼─▶ 电位(交流电压)—时间曲线
                         │                   └─▶ 管线阴极保护状态
                         │
                         │                   ┌─▶ 摄像头位置
                         │   高后果区视频    ├─▶ 报警信息
                         ├─  智能识别     ───┼─▶ 报警统计信息
                         │                   └─▶ 报警画面
         C层级：线路 ────┤
                         │                   ┌─▶ 巡检路线
                         │                   ├─▶ 报警信息
                         ├─ 无人机巡线 ──────┼─▶ 报警统计信息
                         │                   └─▶ 报警画面
                         │
                         ├─ 光纤预警 ────────┬─▶ 报警信息
                         │                   └─▶ 报警统计信息
                         │
                         └─ 泄漏监测 ────────┬─▶ 报警信息
                                             └─▶ 报警统计信息
```

(c) C层级展示数据内容示意图

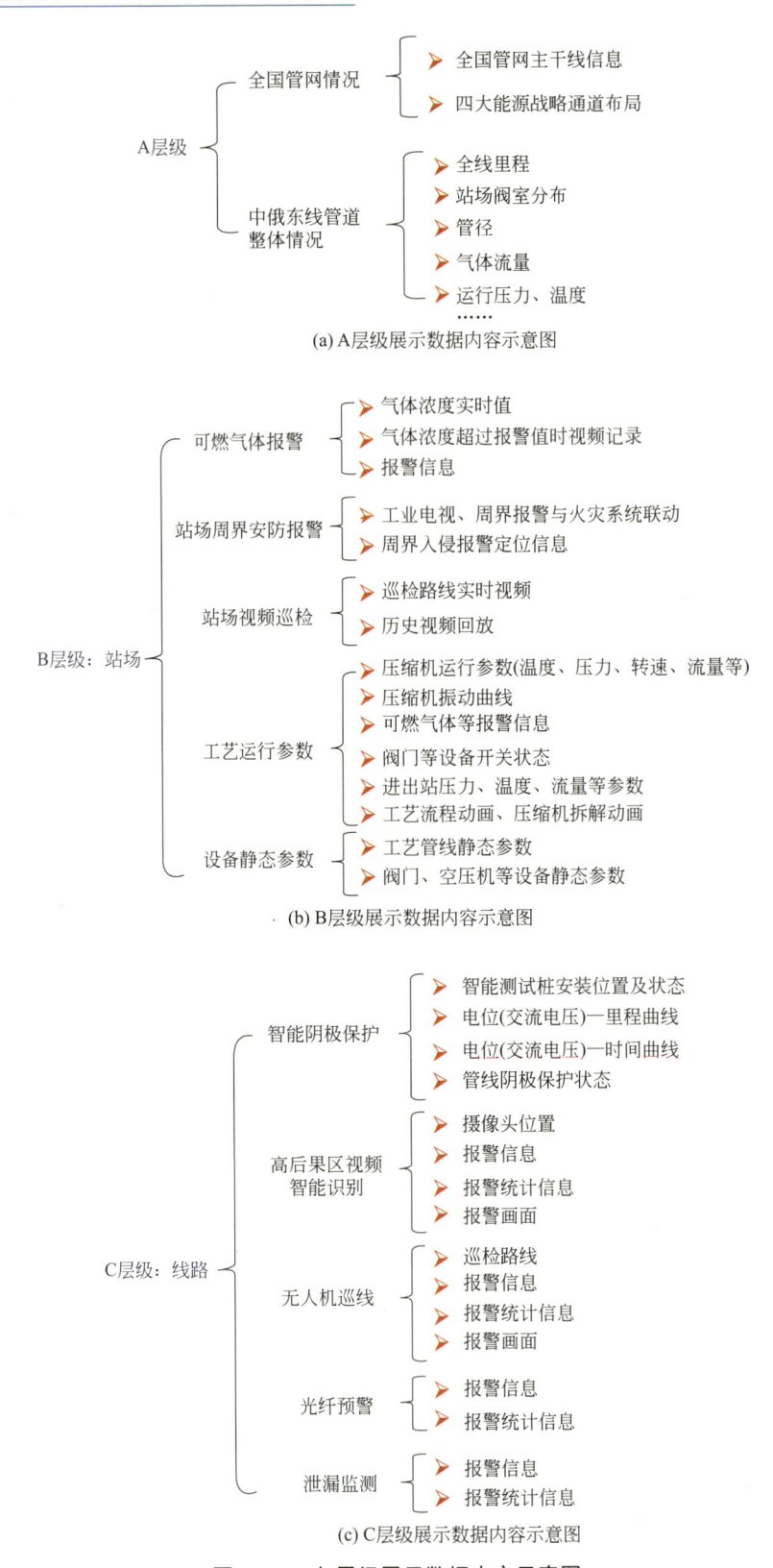

图 5-110　各层级展示数据内容示意图

（二）交互系统应用

1. A 层级应用

通过地球、中国版图、东北地图的精细建模，集中展示中国四大能源通道、全国管网主干线信息及东北能源通道，展示中俄东线管道概况，如全线里程、站场阀室分布、管径、设计压力、流量、温度等，如图 5-111 所示。

图 5-111　中俄东线管道概况界面

2. B 层级应用

在数字化设计、智能工地及数据自动回流校验基础上，通过构建站场、设备与线路三维数字模型，完成了黑河首站站场建设期数字孪生体的构建。交互系统加载工艺运行、关键设备、站场智能监控等实时数据，实现了数字孪生体随着运营期数据逐渐丰富而同生共长。展示内容包括可燃气体报警、周界报警、站场视频巡检、工艺参数、压缩机运行状态、工艺流程动画等信息，如图 5-112 至图 5-114 所示。

图 5-112　站场三维模型和巡检界面

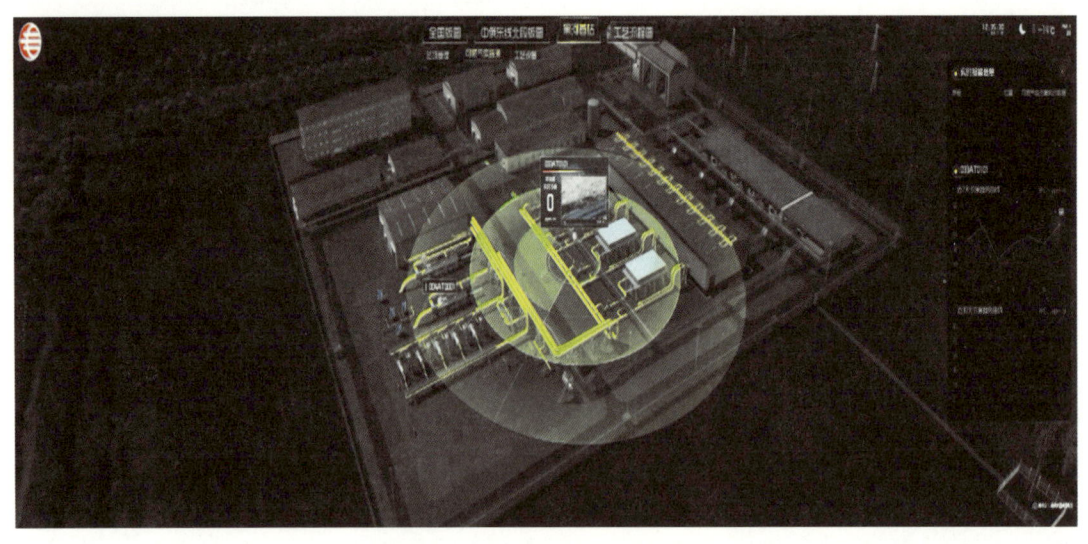

图 5-113　激光可燃气体检测界面

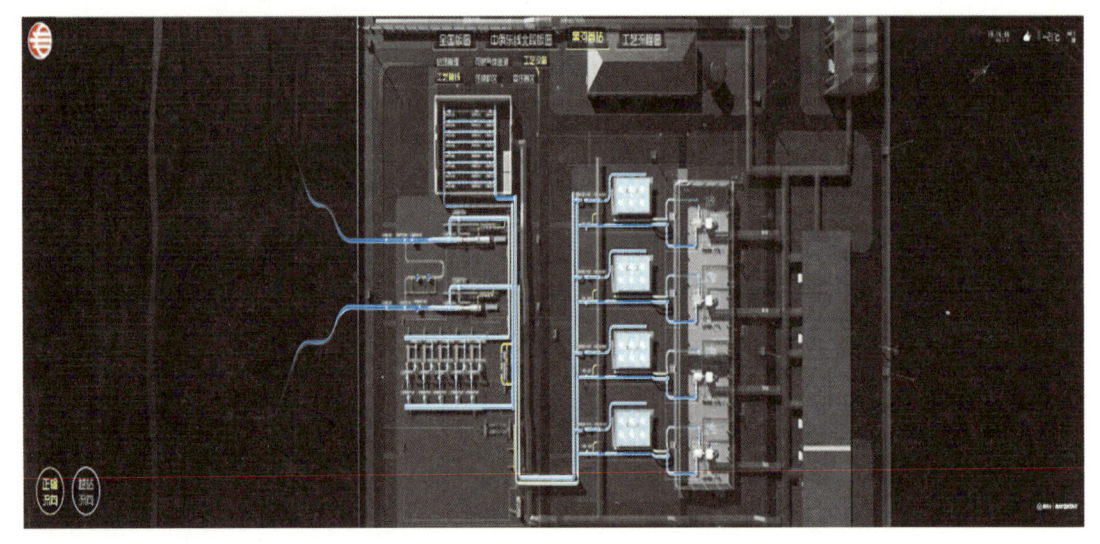

图 5-114　气体流向和设备界面

3. C 层级应用

交互系统通过重点线路实时态势的可视化、场景化，集中展示各子系统分散数据，多维度展现管道天、空、地一体化的泛在感知能力，综合体现中俄东线首条智能化管道管控水平。展示内容包括全线智能阴极保护整体状态、各高后果区视频智能监控、各区域无人机巡线、光纤预警等，如图 5-115 所示。

4. 大数据综合展示

交互系统具有大数据综合分析展示功能，当无人操作系统时，系统自动切换到大数据综合展示界面，界面中间为工艺流程图，左侧为工艺运行参数，右侧为预测预警信息。通过柱状图、饼状图、曲线图等直观方式综合分析和展示生产经营、预测预警信息，达到对站场、线路综合感知和预警的目的，如图 5-116 所示。

图 5-115　智能阴极保护远程监控界面

图 5-116　大数据综合展示和应用界面

参考文献

[1] Cheng Jack Chin Pang，Wang Mingzhu.Automated detection of sewer pipe defects in closed-circuit television images using deep learning techniques[J].Automation in Construction，2018，95，155-171.

[2] 冯庆善.在役管道三轴高清漏磁内检测技术[J].油气储运，2009，28（10）：72-75.

[3] Shao Lei，Wang Yi，Guo Baozhu，et al.A review over state of the art of in-pipe robot[C]// IEEE International Conference on Mechatronics and Automation.IEEE，2015：2180-2185.

[4] 杨彩霞，黎建军，孙卫红，等.支撑式油气管道机器人变径机构优化设计与仿真[J].机械传动，2018，42（3）：38-44.

[5] 段颖妮，韩佐军，杨振钢，等.一种在役管道检测机器人蠕动式柔性牵引机构[J].机械制造与自动化，2018，47（5）：172-175.

[6] 陈潇，吴志鹏，何思宇，等.自适应支撑式管道检测机器人的通过性设计[J].中南大学学报（自然科学版），2018，49（12）：2953-2962.

[7] 魏广锋，陈子鑫，刘雪亮，等.中乌输气管道超声流量计远程诊断技术应用实践[J].油气储运，2014，33（7）：794-798.

[8] 张海峰，蔡永军，李柏松，等.智慧管道站场设备状态监测关键技术[J].油气储运，2018，37（6）：1-9.

[9] 高宝元.输气管线阴极保护在线监控系统研究与应用[J].石油化工腐蚀与防护，2018，35（1）：35-37.

[10] 陈慧萍，马启强，张昆，等.低功耗阴极保护智能电位采集在油气管道中的应用[J].仪器仪表用户，2019，26（6）：45-48.

[11] 王爱玲，刘玉展，余东亮，等.山区管道阴极保护智能采集监控管理系统应用[J].油气田地面工程，2019，38（增刊1）：149-153.

[12] 王星.基于光纤传感器的输气管线检测技术研究[D].西安：西安石油大学，2019.

[13] 余辉，靳宝全，王云才，等.用于煤层气管道泄漏检测的R-OTDR技术[J].煤炭技术，2016，35（8）：181-183.

[14] Tong J K，Jin B Q，Wang D，et al.Distributed Optical Fiber Temperature Measurement System for Pipeline Safety Monitoring Based on R-OTDR[J].Chinese Journal of Sensors and Actuators，2018，31（1）：158-162.

[15] 白亮，张红娟，高妍，等.基于时分复用的长距离R-OTDR分布式光纤测温系统[J].仪表技术与传感器，2019（10）：61-65.

[16] 吴海颖，朱鸿鹄，朱宝，等.基于分布式光纤传感的地下管线监测研究综述[J].浙江大学学报（工学版），2019，53（6）：1057-1070.

[17] 许滨华，何宁，何斌，等.基于分布式光纤传感器的管道受弯变形监测试验研究[J].仪器仪表学报，2019，40（8）：20-30.

[18] 周兆明，张佳，杨克龙，等.输气管道泄漏检测技术发展及适应性[J].油气田地面工程，2019，38（1）：7-12.

[19] 王巨洪，张世斌，王新，等.中俄东线智能管道数据可视化探索与实践[J].油气储运，2020，39（2）：169-175.

第六章 技术与管理创新

中俄东线北段环境冬季历史最低气温 -40℃，夏季沼泽湿地密布，施工条件异常艰苦，大型机械装备寸步难行，沿线社会依托差，有效工期紧，在中俄东线建设过程中，大力推进技术和管理创新。从 2015 年 6 月试验段开工、2017 年 12 月全面建设以来，取得创新工法 48 项，形成 13 项运行保障关键技术，发布技术标准和管理规范 39 项，一系列新技术、新材料、新工艺、新设备得以应用，施工技术有了质的飞跃，接近并赶超国际先进水平，对带动我国钢铁冶炼、制管、装备制造等基础工业的发展产生了积极的推动作用，有力促进了国内气田、管道、储气库、天然气利用项目等上、中、下游产业链的协同发展。

第一节 中俄东线技术创新成果与相关标准

一、中俄东线设计创新成果

（一）材料创新

2012 年开始，开展了 X80 钢级 OD1422mm 管线钢管应用技术研发，取得了显著成效，相关成果首次应用于中俄东线建设中，刷新了国内高压大口径天然气管道建设纪录。主要技术进展包括：形成了 X80 钢级、OD1422mm、12MPa 管道断裂控制技术，建成了国内第一个全尺寸管道爆破试验场，在国际上首次开展 X80 钢级、OD1422mm、12MPa、使用天然气介质的全尺寸管道爆破试验；制定了 X80 钢级 OD1422mm 管材系列技术条件，完成了直缝埋弧焊管、螺旋缝埋弧焊管、热煨弯管和三通的试制；建立了 X80 钢级 OD1422mm 焊管现场焊接工艺，管道吊装工艺及技术规范，以及现场冷弯工艺。

1. 站场低温环境（-45℃）用 OD1422mm X80 钢管、感应加热弯管研制及现场焊接技术研究

确定站场低温环境（-45℃）用钢管、感应加热弯管低温断裂控制指标，通过深入分析钢管、感应加热弯管低温脆性断裂失效机理，制定了中俄东线站场钢管、感应加热弯管低温脆断控制指标，成功研制了中俄东线站场低温环境（-45℃）OD1422mm X80 钢管、弯管产品，并开发了现场环焊工艺。

2. 中俄东线站场低温环境（-45℃）用 OD1422mm×1219mm X80 三通研制

研究站场低温环境（-45℃）OD1422mm×1219mm X80 三通母材成分、焊接及热加工工艺设计，成功研制了中俄东线站场低温环境（-45℃）OD1422mm×1219mm X80 三通产品。

（二）技术革新

1. OD1422mm 设计、施工及运行技术

调研国外 DN1400mm 管道的设计理念、设计经验、施工装备（对口器、坡口机、内外焊机）、施工方法（运输、吊装、冷弯、焊接等）和运行管理等方面内容，形成相关技术报告，指导中俄东线 OD1422mm 管道的设计、施工及运行。

2. OD1422mm 管道线路优化及敷设方式设计技术研究

结合 OD1422mm 管道工程的设计施工需求，开展"OD1422mm 管道线路优化及敷设方式设计技术研究"，通过分析 OD1422mm 管道特点，针对线路选线原则、施工作业带宽度、管道敷设、管道外防腐等问题给出了相关技术要求。完成了 OD1422mm 管道线路优化、管道敷设、隧道内安装等方面的研究内容，在传统设计的基础上增加了作业带扫线平面、纵断和横断面设计，规范和指导施工扫线。

3. 无人站压缩机远程控制技术

本技术通过优化压缩机组自动控制逻辑，实现调控中心对压缩机组及相关所有辅助系统的远程自动控制功能，压缩机组的远程控制功能包括：多台压缩机组预选及启动、多台压缩机组正常停机、多台压缩机组不带压紧急停机、机组自动切换、单台机组启动、单台机组正常停车、单台机组带压紧急停车、单台机组不带压紧急停车、单台机组负荷调节。

本技术实现了压缩机组、压气站远程一键启停，无需现场人员值守及操作，节省了人力资源，降低了运行成本，提高了管道智能化水平，为无人站运行模式奠定了技术基础。

4. 高寒无外电地区智能化橇装小屋技术

高寒无外电地区智能化橇装小屋技术通过对耐低温监控系统设备、热负荷模拟计算、绝热结构模型、新能源电池、风光互补发电技术、光伏板防积雪技术、整体橇装化、橇装小屋智能控制等方面的研究，提出了一套适应高寒无外电环境的智能化、低功耗控制系统及供电技术的橇装集成技术，解决了高寒无外电地区线路阀室运行参数监控的难题。

二、中俄东线施工技术创新成果

中俄东线在中国首次全面推广连续机械化作业,应用自主研发的新型八焊炬内焊机、双焊炬外焊机、自调式对口器等系列施工装备,实现了线路100%全自动化焊接、100%全自动超声检测、100%全机械化防腐补口,提升了施工质量、安全与效率。

(一)全自动化焊接技术

中俄东线每根钢管重量约10t,管径大、管壁厚、钢级高,每层焊道长4.5m,一道焊口需焊8~12层,焊道累计长度36~55m,焊接工作量大,若采用传统焊接方式工期长,焊接质量和进度难以保障。中俄东线全线采用全自动焊焊接技术,全自动焊焊接工效比手工焊焊接工效提高约20倍,比半自动焊焊接工效提高约8倍,在保证质量、安全的前提下,大幅度提高了建设速度。

通常,全自动化焊接包括以下三道工序。

1. 坡口加工工序

全自动化焊接对坡口精度要求高,需要在现场完成坡口精加工。现场应用的CPP900-FM型管道坡口机,可加工V形、U形、X形及各种复合型坡口,切削转速可达35~45r/min,2min内可以完成单边复合坡口加工,加工速度快、坡口平面度和尺寸精度高。坡口机主机关键零部件选用耐低温材料,液压站采用整体隔热保温、智能温控以及低温燃油加热预启动设计,可随外界环境温度变化自动调节散热,保证在极寒环境条件下(-60~-40℃)设备正常启动和运转,如图6-1所示。

(a) 坡口机    (b) 加工后的管口

图6-1 坡口机及加工后的管口

2. 根焊工序

根焊采用我国自主研发的带对口器功能的CPP900-IW型内焊机,内焊机采用全密封焊接单元和专用气电缆设计,一周均匀分布8个焊枪,可实现5s内实现一次准确定位,4个焊枪同时作业,完成一道根焊的纯焊接时间仅需90s,如图6-2所示。

图 6-2　中俄东线全自动化焊接（内焊机根焊）

3. 热焊、填充、盖面工序

热焊、填充、盖面焊接实现流水作业，每道焊口都安装焊接棚，保证极寒环境条件下焊接棚内温度在 5° 左右，每个焊接棚有 1 台双焊炬全自动外焊机，焊机主要由焊接小车、钢质柔性导向轨道、可视化智能控制系统、焊缝自动跟踪系统、专用焊接电源、数据采集系统等部分组成。焊接过程中，焊缝自动跟踪技术可实现坡口宽度范围内焊枪姿态的全过程检测与精准调节；数据采集系统自动采集焊接电流、焊接电压、送丝速度等关键参数并上传；可视化控制系统配备焊接专家数据库，针对不同管材环焊缝预置焊接参数，焊接参数的修改和存储更为方便。在极寒工况条件下对设备进行保温加热设计，如图6-3和图6-4所示。

图 6-3　全自动化焊接（外焊）焊接棚内场景　　图 6-4　全自动化焊接数据

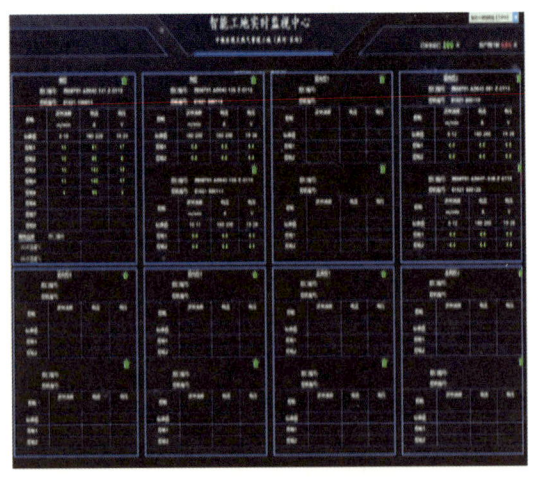

（二）全自动超声检测技术

中俄东线全面采用全自动化焊接技术对无损检测提出了更高要求，全自动焊环焊缝缺陷主要为边缘未熔合、层间未熔合等线型缺陷。传统的射线（RT）检测方式对体积型缺陷比较敏感，对未熔合等线性缺陷检出率低、容易漏检；全自动相控阵超声检测（AUT）对线形缺陷尤其是未熔合缺陷的检出率高，同时具有环保无污染、实时显示等特性，更适合全自动焊环焊缝检测，如图 6-5 和图 6-6 所示。

图 6-5　全自动超声检测设备　　　图 6-6　全自动超声检测数据

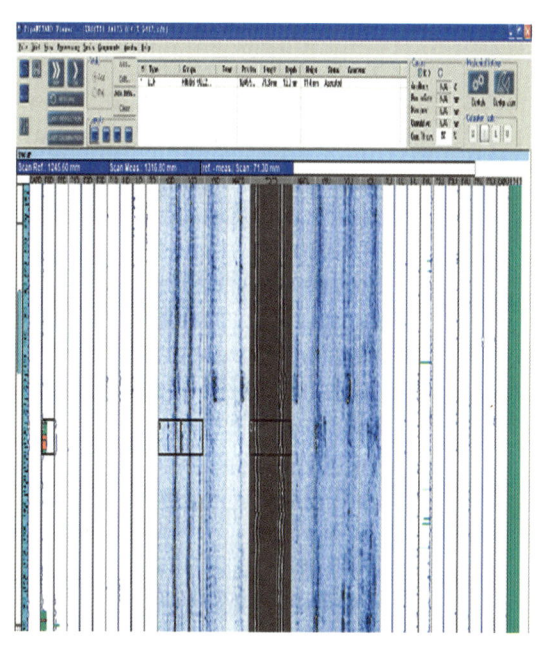

AUT（全自动相控阵超声检测）是利用超声阵元的电控偏转特性和电控聚焦特性，通过硬件电路和软件的协调控制，动态改变相控探头所发出超声波束的偏角以及聚焦深度，可以用一对相控阵探头来实现不同壁厚、不同管径、不同坡口形式管道焊缝的检测任务。当被检测的管径和壁厚发生改变时，只需要调整探头架曲率，聚焦法则和探头步进值即可满足检测要求，代表了管道环焊缝无损检测的发展方向。

为保证 AUT 检测质量，中俄东线在国内首次建立了长输管道 AUT 检测质量体系，并在国际上首次开展了 OD1422 大口径管道 AUT 工艺评定，为管道环焊缝 AUT 检测能力提供了定量的评估措施。为了避免低温环境下耦合剂结冰，通过室内试验及中俄东线试验段（一期）工程验证，筛选了满足 -40℃的耦合剂，确保了冬季 AUT 检测的正常作业。

（三）全机械化防腐补口技术

管道防腐补口是防止管线腐蚀、保障管线安全运行的重要工序和关键环节。传统的人工防腐补口作业，存在除锈不彻底、加热温度不精准、烘烤不均匀、不能保证热熔胶充分熔融等问题，施工质量难以保证（尤其在 6 点钟位置），易导致管体腐蚀。

中俄东线全面采用热收缩套机械化补口，是管道现场防腐补口技术的一次重大变革，解决了人工作业喷砂除锈质量难保证、效率低、污染严重、火焰烘烤加热不均匀、热缩带收缩不均匀且熔胶不彻底等诸多问题，保障了管道防腐质量及后期运营安全，提高了施工效率。

热收缩套机械化防腐补口装备由自动除锈设备、中频加热设备及红外加热设备三部分组成。自动除锈设备由自动除锈执行装置、自动控制系统、喷砂系统、空压机、电源等构成，自动除锈执行装置采用三瓣式液压开合结构设计，喷砂系统为双罐独立循环回收结构，在"PLC脉冲+行程限位"自动控制程序的精确控制下实现待补口管段外表面的全位置处理，除锈均匀无遗漏、节约砂料、清洁环保；中频加热设备由中频电源、加热线圈等构成，用于待补口管段的预热，中频电源采用"温度+时间"的单通道/双通道控制模式设计，预热效果可得到精准控制；红外加热设备由控制柜、加热线圈、电源等构成，用于热收缩带的收缩与回火，"由中间至两边"梯度加热程控设计可保证热收缩带收缩均匀及气泡的顺利排出，以"温度+时间"控制回火过程，保证了热熔胶充分熔融。中俄东线全机械化防腐补口施工现场如图6-7所示。

图6-7 中俄东线全机械化防腐补口施工现场

（四）创新工法

针对OD1422mm、X80管道在我国首次应用，依托中俄东线试验段一期和二期建设，充分考虑东北地区冬季低温、夏季地下水位高、土壤承载力低等施工特点，按照施工工序，从运管、布管到焊接、检测、防腐，再到清管、测径、试压，全面进行试验，形成OD1422mm管道施工创新工法48项，对前期第三代大输量课题成果进行了现场验证，为工程建设积累了经验、奠定了基础。

例一、极寒地区工况下自动焊流水作业施工工法，按照自动焊流水作业施工方案要求，对作业工序所投入的专用工器具、管墩的支撑方式（土墩、木墩）、资源配置、施工工效以及低温环境下的应用效果等进行验证，从而保证自动焊流水作业施工方案的可行性。

例二、管道沉管下沟施工工法，布管时将管道直接布在管沟中心线上，在地面上进行组对、焊接、检测、防腐，管道下沟时挖掘机成对摆放在管道两侧，开挖管沟至设计深度，利用管道自重使管道下沉到设计深度要求，如图6-8所示。

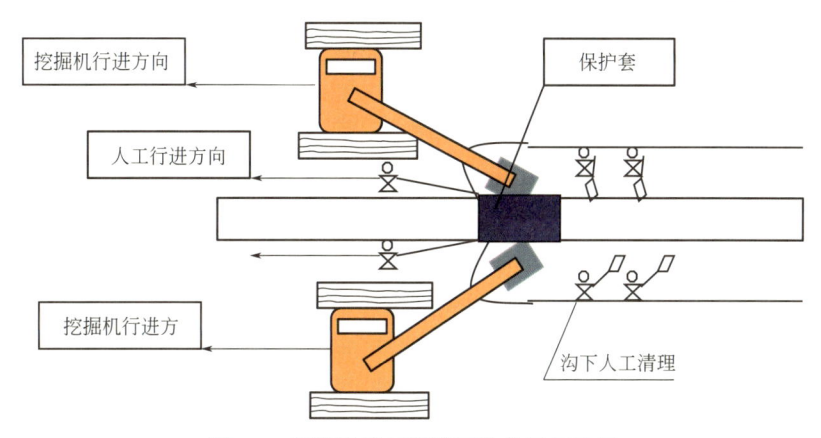

图 6-8　沉管法进行管道下沟施工示意图

三、关键设备国产化研发应用

在原有输气管道关键设备国产化基础上，中俄东线对关键设备性能进一步提升完善，从主要材料（如 OD1422mm、X80 钢级钢管和管件）到关键核心设备（如具备一键启停功能的压缩机组、56in CLASS900 全焊接球阀及执行机构、干线调压装置关键阀门、快开盲板、绝缘接头等，表 6-1），全面实现中国制造，整条管道国产化率达到 100%，是二十年来坚持走自主技术创新之路、推动主要装备国产化的结果，彰显了中国在油气储运领域的技术创新能力和装备制造水平。

表 6-1　中俄东线北段关键核心设备应用一览表

序号	设备名称	主要规格	应用数量，套（台）
1	压缩机组	20MW 级	14
2	全焊接球阀	56in CLASS900	50
3	电动执行机构	56in 全焊接球阀配套	10
4	气液执行机构	56in 全焊接球阀配套	40
5	干线调压装置用安全切断阀	DN600mm CLASS900	8
6	干线调压装置用工作调压阀	DN600mm CLASS900	4
7	快开盲板	DN1550mm 12MPa	10
8	绝缘接头	DN1400mm 12MPa	10

（一）X80 钢级 OD1422mm 钢管及配套

研发了适应于 X80 钢级 OD1422mm 管道施工的配套对口器、坡口机、内焊机、外焊机、机械化补口等装备，形成了 OD1422mm X80 钢管应用成套技术；制定了《OD1422 管道线路工程设计及施工技术规定》等 13 项标准规范。为中俄东线以及未来高钢级大口径天然气管道建设提供了技术保障，不但能够推动我国油气管道建设技术水平持续保持国际领跑地位，而且将带动国内冶金、制管、机电等相关行业的技术进步。

（二）具备一键启停功能的压缩机组

中俄东线全线设计20MW级压缩机组29套，全部采用国产化电驱离心式压缩机组。压缩机制造参考标准为API 617，型号为PCL803，电动机功率20MW等级，额定工作转速4800r/min，工作点效率达到87%；采用将压缩机机壳与底座合成为一体的典型的管线压缩机单层布置结构；干气密封系统特有的加热功能，能更好地适应恶劣现场环境；转子与电动机采用了膜盘式联轴器进行连接，确保机器安全运转，如图6-9所示。

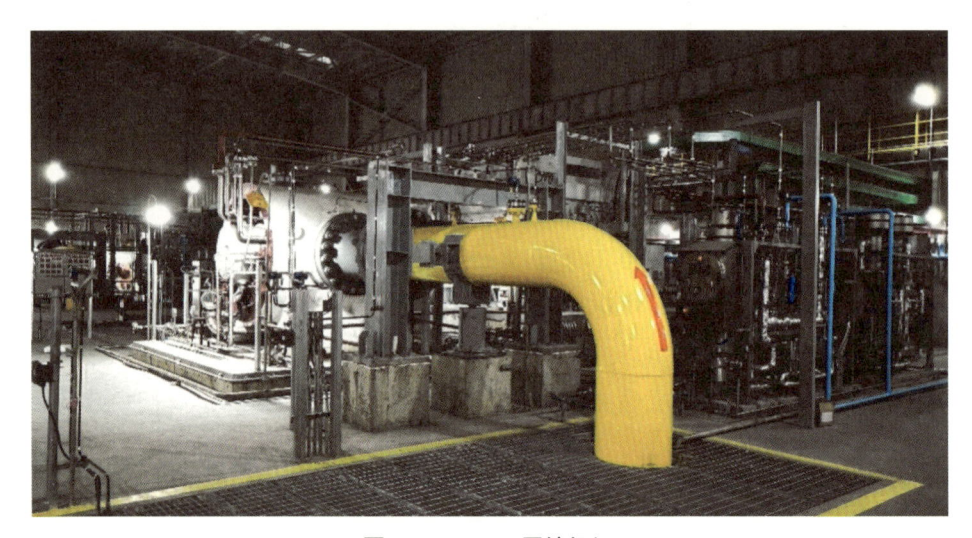

图6-9 20MW压缩机组

中俄东线对压缩机组与相应辅助系统控制进行了整合，与压缩机组控制直接相关的辅助设备如润滑油系统、空冷器等控制纳入压缩机组控制系统UCS，由压缩机控制系统直接控制；将变频控制系统、压缩机组供电系统（UMDS，Uninterrupted Motor Drives）、水冷系统等与启停机组相关的关键参数，通过硬线整合到压缩机控制系统；其他各辅助系统的参数分别由其厂家独立的控制器进行采集，并通信到每台压缩机控制系统。从调控中心SCADA系统、站控系统，均可实现机组一键启停和运行调整，包括压缩机组本体、辅助系统，同时具备预选驱动和多机联锁启动功能。实现了压缩机组和辅助系统按照预设的控制逻辑顺序自动启停，只需一个指令，即可由控制程序自动完成压缩机组启停机、压缩机站启停站的所有过程，无需人为操作和干预。"一键启停"控制逻辑是实现天然气长输管道压气站无人操作的重要基础。

（三）56in CLASS900全焊接球阀及执行机构

56in CLASS900全焊接球阀超出了世界上所有现役输气管道阀门的参数，其尺寸和压力也超出了API 6D标准的定义范围，阀门质量达到37880kg（含袖管和电动执行机构）。经科研攻关，中俄东线实现了国产56in CLASS900全焊接球阀（含配套电动执行机构和气液执行机构）首次在长输管道中使用，共用56in全焊接球阀50台套，其中配套电动执行机构10台套、气液执行机构40台套。

56in CLASS900全焊接球阀按照30年使用寿命设计，采用全通径球形壳体、固定球结构，结构紧凑、节省空间、满足清管操作需要。阀座结构设计两端为双活塞效应功能阀座，具有DBB（Double Block and Bleed）和DIB（Double Isolation and Bleed）功能，全开或全关时可对球阀中腔进行放空和排污；阀座密封结构设计符合API 607/6FA防火结构设计要求，采用防擦伤结构设计，具有金属+VITON橡胶双重密封结构；阀座密封圈选用三角形防爆橡胶密封圈，固定于支撑环内；全焊接球阀的球体支承采用新型轴承座定位技术，解决大口径球阀因球阀定位销失效引起的球体位移难题；阀杆设计为轴肩式防飞出结构。阀杆只承受扭转载荷，不承受横向剪切和弯曲载荷；阀门设计有注脂、放空、排污功能。

根据应用场合不同，56in CLASS900全焊接球阀配套电动执行机构或气液执行机构。电动执行机构为智能型电动执行机构，机械整机结构采用非侵入式双密封结构设计，达到最高IP68防护等级，电动执行机构内部控制器精度≤1%，输出最大力矩300kN·m，开关时间210～260s，机械传动效率不低于35%；气液执行机构以管道内的高压天然气作为动力推动拨叉机构，实现开阀、关阀功能，具有在线测试、数据记录、自诊断和输出状态可组态等功能，气液执行机构输出最大力矩300 kN·m，全行程时间40～90 s，全行程精度≤0.3%，电子单元功耗≤0.3 W，储气罐容量满足2次全行程，工作温度范围为-40～80 ℃。

为确保现场运行安全，依托西气东输三线烟墩压气站建设的国产大口径阀门试验场，进行了56in CLASS900全焊接球阀及配套执行机构现场工况实流试验，进行了阀门全压差（≥10.5MPa）开关测试、双截断—泄放功能DBB试验、阀座双向双密封DIB试验等现场试验，为中俄东线现场应用奠定了良好基础和充分验证。中俄东线现场安装的56in全焊接球阀如图6-10所示。

图6-10 中俄东线现场安装的56in全焊接球阀

（四）干线调压装置关键阀门

长岭分输站是中俄东线管道压力分界站，调压装置上游设计压力为 12MPa，调压装置下游设计压力为 10MPa。长岭分输站设置干线调压装置，实现对下游管道的安全保护及压力控制功能，每路调压装置由两台 DN600mm CLASS900 安全切断阀和一台 DN600mm CLASS900 电动调压阀串联组成。经科研攻关，中俄东线实现了 DN600mm CLASS900 的安全切断阀 8 台和 4 台工作调压阀在长岭分输站应用，如图 6-11 所示。

图 6-11　长岭站调压装置

安全切断阀为套筒活塞式结构，斜齿条传动，气动弹簧式执行机构驱动。窗口式开孔设计的单层套筒，可有效防止阀杆的弯曲变形，运行流畅；气动活塞执行机构动作快，斜齿条传动效率高，直行程结构，响应时间短；双级密封的阀座结构，以及双级密封的中腔阀杆密封圈不易内漏和外漏，有效保护推杆和阀杆的斜齿条，可延长使用寿命；安全切断阀气动执行机构安装有缓冲装置，可有效降低快速关阀的冲击力，采用多弹簧互补蓄能式，依靠弹簧的蓄能功能，可使阀门快速打开，可靠性高；控制系统采用相互独立的电磁阀和指挥器，实现就地超压切断和远程 ESD 切断控制，控制快排阀动作、气缸快速排气，紧急切断快速关闭阀门功能；切断压力精度（非远程控制）±1%，超压切断响应时间 ≤ 2.0s，远程切断响应时间 ≤ 2.0s，压力试验泄漏等级 FCI 70-2 Ⅵ级。

工作调压阀为整体轴流式铸造阀体，调节单元结构形式为活塞式阀芯配合多层套筒式结构，阀杆和推杆为斜齿条传动结构。斜齿条传动效率高，基本误差小；多级近似等百分比打孔的多层套筒降噪效果和调节精度高；双级密封的中腔阀杆密封圈不易内漏，有效保护推杆和阀杆的斜齿条，延长使用寿命；管道气从套筒外进气，拦截管道气中的杂质，有效地保护了阀芯和套筒，延长使用寿命，降低维修成本。工作调压阀阀芯采用双层式线性打孔设计的双级套筒，通过控制介质与套筒间的截面积，精准控制介质的流量和下游的压力，并降低了噪声，降低了流体局部的高速流、喷射流等冲击。工作调压阀调节精度优于 ±1.0%，回差小于 1.0%，噪声小于 85dB。

（五）快开盲板

快开盲板是用于压力容器或压力管道的圆形开口上，具有安全联锁与报警功能，并能实现快速开启和关闭的一种机械装置，是油气管道工程关键设备的一部分，广泛应用于过滤分离器、聚结器、过滤器和收发球筒等端部。中俄东线收发球筒配套 DN1550mm 安全自锁型快开盲板 10 套，全部为国产化产品，设计温度 -45～70℃，设计压力 12MPa，开关灵活、操作便捷，每次开关时间在 1min 之内，户外全天候运行。这是目前国内压力最高、直径最大、温度最低和可承受冲击载荷最大的快开盲板，为国内首次应用。

（六）绝缘接头

绝缘接头被广泛应用于油气管道阴极保护系统，是长输油气管道的必备组件。中俄东线在国内首次应用 DN1400mm 绝缘接头 10 套，全部为国产化产品，埋地安装，设计温度 -10～70℃，设计压力 12MPa，绝缘接头为焊接整体结构，绝缘接头能承受设计压力、温度变化引起的载荷；绝缘接头采用自紧式密封圈，具有充分弹性并运行可靠；绝缘接头采用封闭型式，即绝缘材料和密封材料固定于整体结构内。

（七）基于国产自主可控 PLC 控制

油气长输管道控制系统相关产品长期由国外厂商垄断，一旦遇到外交矛盾、战争或其他不可抗力因素时，我国油气管道行业将面临瘫痪的巨大风险。近年来，工业控制系统安全受到社会各界乃至国家的高度关注，随着 2017 年 6 月《中华人民共和国网络安全法》的正式颁布实施，提高工业控制系统安全已然成为企业不可推卸的社会责任。油气管道作为国家能源基础设施，提升管道控制系统安全性迫在眉睫。

实现管道控制系统国产化，对于油气管道行业来说，可以大幅降低投资成本，缩短供货周期和服务响应时间，提高售后服务质量，打破国外产品的垄断地位；从国家和民族层面上来说，可以保障国家能源安全，在复杂的国际形势下，给国家发展建设提供有力保障，为民族复兴提振士气，为民族工业发展提供机遇。

以盖州压气站试点为中俄东线做技术储备，稳步推进控制系统 SCADA 软硬件成套国产化工作。中俄东线 SCADA 控制系统设计在盖州压气站建设经验的基础上，对国产化设计方案进行总结提升，站场 SCS 系统控制 PLC 选用浙江中控 GCS-G5 系列产品，用于工艺数据采集和过程控制；站场安全仪表（SIS）系统控制 PLC 选用浙江中控 TCS-900 系列产品；压缩机组控制系统（UCS）采用与 SCS、SIS 同品牌同型号的 PLC 设计，如图 6-12 所示。

通过测试验证，控制系统调控中心、站控、就地三级控制功能由国产 PLC 均可实现，并运行稳定。在设备调试过程中提出应用需求，参与解决问题，促进了国产化 SCADA 系统软硬件的进一步完善，缩短了国内外产品差距。

经过性能测试和中俄东线的实际应用，国产 PLC 在质量、性能、稳定性上已可以满足油气长输管道行业的应用需求，有力推动了自动化行业的技术改造和提升，加快了管道的智能化进程。

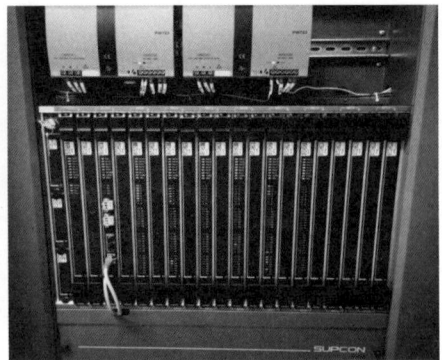

图 6-12　长岭站 PLC 设备

四、中俄东线标准成果

通过中俄东线试点建设智能管道，目前已发布 13 项中俄东线工程技术规范（表 6-2）、6 项中俄东线站场低温环境用管材管件技术条件（表 6-3）和 20 项中俄东线运行期技术规范（表 6-4）。同时开展了中俄东线运行维护技术标准研究，为中俄东线工艺运行、检测与评价、维抢修等方面提供了技术与标准支持。

表 6-2　中俄东线天然气管道工程技术规范

序号	标准号	标准名称
1	Q/GGW BF 0403.1—2021	中俄东线天然气管道工程技术规范 第 1 部分：X80 级螺旋缝埋弧焊管用热轧板卷技术条件
2	Q/GGW BF 0403.2—2021	中俄东线天然气管道工程技术规范 第 2 部分：X80 级螺缝旋埋弧焊管技术条件
3	Q/GGW BF 0403.3—2021	中俄东线天然气管道工程技术规范 第 3 部分：X80 级直缝埋弧焊管用热轧钢板技术条件
4	Q/GGW BF 0403.4—2021	中俄东线天然气管道工程技术规范 第 4 部分：X80 级直缝埋弧焊管技术条件
5	Q/GGW BF 0403.5—2021	中俄东线天然气管道工程技术规范 第 5 部分：IB555X80 感应加热弯管技术条件
6	Q/GGW BF 0403.6—2021	中俄东线天然气管道工程技术规范 第 6 部分：X80 感应加热弯管母管技术条件
7	Q/GGW BF 0403.7—2021	中俄东线天然气管道工程技术规范 第 7 部分：DN1200 以上管件技术条件
8	Q/GGW BF 0403.8—2021	中俄东线天然气管道工程技术规范 第 8 部分：DN1400 绝缘接头技术条件
9	Q/GGW BF 0403.9—2021	中俄东线天然气管道工程技术规范 第 9 部分：配套快开盲板技术条件

续表

序号	标准号	标准名称
10	Q/GGW BF 0403.10—2021	中俄东线天然气管道工程技术规范 第10部分：56in CLASS900全焊接球阀技术条件
11	Q/GGW BF 0403.11—2021	中俄东线天然气管道工程技术规范 第11部分：线路工程
12	Q/GGW BF 0403.12—2021	中俄东线天然气管道工程技术规范 第12部分：线路焊接
13	Q/GGW BF 0403.13—2021	中俄东线天然气管道工程技术规范 第13部分：冷弯管制作技术条件

表6-3 中俄东线天然气管道工程站场低温环境用管材管件技术条件

序号	标准编号	标准名称
1	Q/GGW BF 0407.1—2021	中俄东线天然气管道工程站场低温环境用管材管件技术条件 第1部分：钢制对焊管件
2	Q/GGW BF 0407.2—2021	中俄东线天然气管道工程站场低温环境用管材管件技术条件 第2部分：管件专用钢板
3	Q/GGW BF 0407.3—2021	中俄东线天然气管道工程站场低温环境用管材管件技术条件 第3部分：感应加热弯管
4	Q/GGW BF 0407.4—2021	中俄东线天然气管道工程站场低温环境用管材管件技术条件 第4部分：感应加热弯管母管
5	Q/GGW BF 0407.5—2021	中俄东线天然气管道工程站场低温环境用管材管件技术条件 第5部分：站内钢管
6	Q/GGW BF 0407.6—2021	中俄东线天然气管道工程站场低温环境用管材管件技术条件 第6部分：直缝埋弧焊管用钢板

表6-4 中俄东线天然气管道工程运行期技术规范

序号	标准编号	标准名称
1	Q/GGW BF 0416—2022	智能管道建设运营导则
2	Q/GGW BF 0152—2022	基于分布式光纤测温管道监测技术规范
3	Q/GGW BF 0606—2022	管道数据融合与应用技术规范
4	Q/GGW BF0506—2021	油气管道安全风险视频智能识别技术规范
5	Q/GGW BF 0335—2021	阴极保护智能电位采集系统技术规范
6	Q/GGW BF 0119—2021	油气管道预警机泄漏监测规范
7	Q/GGW BF 0117—2021	天然气管道无人站技术规范

续表

序号	标准编号	标准名称
8	Q/GGW BF 0131—2021	油气管道监控与数据采集系统运行维护规范
9	Q/GGW BF 0132—2021	安全仪表系统运行维护规范
10	Q/GGW BF 0109—2021	油气管道区域化管理技术规范
11	Q/GGW BF 0103—2021	自动化仪表运行维护规范
12	Q/GGW BF 0135—2021	油气管道监控与数据采集系统报警信息管理规范
13	Q/GGW BF 0141—2021	语言交换系统运行维护规范
14	Q/GGW BF 0140—2021	卫星通信系统运行维护规范
15	Q/GGW BF 0118—2021	油气管道站场安防系统技术规范
16	Q/GGW BF 0115—2021	光通信系统运行维护规程
17	Q/GGW BF 0217.2—2021	压缩机组操作维护修理规范第2部分：电驱
18	Q/GGW BF 0203—2021	油气管道防雷防静电技术规范
19	Q/GGW BF 0205—2021	变频调速驱动系统运行维护检修规程
20	Q/GGW BF 0318—2021	管道完整性数据规范

中俄东线天然气管道工程技术规范是以集团公司重大科技专项"第三代大输量天然气管道工程关键技术研究"课题九"OD1422 X80管线钢管应用技术研究"科研成果为基础，通过大量现场实验，并且与钢厂、管厂进行反复讨论确定技术指标，形成包括中俄东线X80级螺旋缝埋弧焊管用热轧板卷、螺缝旋埋弧焊管、直缝埋弧焊管用热轧钢板、直缝埋弧焊管、IB555X80感应加热弯管、X80感应加热弯管母管、DN1200mm以上管件、DN1400mm绝缘接头、配套快开盲板、56in CLASS900全焊接球阀、线路工程、线路焊接、冷弯管制作等13项公司企标，作为中俄东线项目的采购技术要求和验收标准。

中俄东线天然气管道工程站场低温环境用管材管件技术条件是以集团课题"中俄东线站场低温环境用OD1422×1219 X80三通研制"科研成果为基础，形成包括中俄东线站场低温环境用钢制对焊管件、管件专用钢板、感应加热弯管、感应加热弯管母管、站内钢管、直缝埋弧焊管等6项公司企标，满足中俄东线低温条件下站场用管材、管件（三通）的技术要求，为中俄东线的建设提供了技术依据。

中俄东线天然气管道工程运行期相关标准是在中俄东线试点建设智能管道过程中，结合各专业业务发展需求、专业技术发展和信息化技术发展现状，梳理总结形成的包括智能管道工程建设、运行维护、数据融合挖掘等20项公司企标，为今后的智能管道建设、运行和维护提供了技术依据。

第二节　管理模式创新

一、工程建设管理模式创新

中俄东线工程建设战线长，参建单位及参建人员多，投资数额大，产业覆盖广，施工难度大，工期要求紧，因而对管理的要求更加严苛。中俄东线秉承"创新、协调、绿色、开放、共享"的发展理念，积极借鉴国内外先进经验，不断探索管理提升新路径，持续改进管理模式、管理方法、管理手段，通过管理创新带动了管道建设与管理水平提档升级。

（一）管理资源科学调配

中俄东线加强组织领导，搭建项目部和项目分部，优化要素保障，形成决策、管理、建设、技术保障的全方位组织架构，各部门、各机构通力合作、统筹谋划、协调推进。抽调精干力量，配强管理团队，配齐仪器装备，在黑河—长岭段建设过程中，先后投入自动焊机组25个、设备2000余台套、人员4000余名，为工程建设各项工作稳步推进提供了坚强的组织、资源保障。

（二）一体化管理模式

面对中俄东线这一史无前例的大工程，创新实施IPMT+监理+E+P+C+运营单位（一体化项目管理团队+监理+设计+采购+施工+运营单位）的运作机制，发挥建管一体化优势，把业主管理的触角延伸到设计、采办、施工的各个环节和施工现场的各道工序。通过"真抓、真管、真盯"的过程，对工程进度、质量安全、成本费用进行全方位把控。

一方面，引入IPMT新模式，业主与工程项目管理公司按照合作协议共同组建一体化项目部，实现对业主功能的延伸，业主管理可深入工程建设各个环节及施工现场各个工序，综合领导协调运作，优化配置各方资源，编制统一作业规定；另一方面，运营单位提早介入，抽调精干人员全程参与工程建设，进一步强化了业主对项目各方面要求的整体把控，有效缩短了生产管理团队的适应期，确保项目建设与后期运营无缝衔接。

通过实施新的管理模式，各参建单位共举一面旗帜、同奔一个目标，工作上相互协作、技术上相互支持、质量安全环保上相互监督，工作范围、职责、界面、程序等更加明确，较好地实现了组织机构与人员配置的一体化、项目程序体系的一体化、工程各阶段各环节的一体化以及管理目标的一体化，充分发挥了管道建设与运行管理一体化优势，凝聚形成干事创业的强大合力。

1. 工程管理触角延伸到一线

一体化项目管理团队每位成员都发挥了业主在管理上、技术上的主导作用，任何一个决策都不允许出现执行偏差，采取 PDCA 的闭环管理模式抓好落实。

在工程建设过程中，制定详细的工程建设计划，分解任务 3700 多项，明确每项任务时间点、责任人，建立强有力的调度指挥系统，严格执行"月计划、周控制、日落实"。管道建设者经受了冬季 -40℃ 极寒低温天气的考验，战胜了夏季林沼地的举步维艰和蚊虫肆虐，破解了 30.8mm 大壁厚、变壁厚、连头口自动焊焊接工艺难题，攻克了最大 40° 陡坡的山区施工，全面采用机械化大流水作业，努力将中俄东线建成促进经济发展、服务环境改善、造福人民的示范工程。

2. 多方位复评握牢质量控制主动权

中俄东线质量管理目标强化了整个项目管理团队的责任意识和使命担当。为了向国际先进水平看齐，中俄东线全面推广应用全自动化焊接、AUT 检测、机械化防腐补口等新技术，从加强"人、机、料、法、环"五大质量管理要素入手，采用"全工序责任链监督"的管理方式。成立了合格焊工管理委员会，加强准入管理，通过培训和考试提高人员技能；组成了焊接专家组，分析不合格焊口产生原因，及时纠正，提高一次合格率；加强焊材报验和使用管理，加强重点指标控制，如坡口形状、坡口面平滑度、错边量、焊接温度等；要求管厂标识管口长、短轴和外周长，保证对口质量；开展焊接质量问题全员共享活动，有效避免相同问题重复发生，全员在观念上、技术上、技能的提升上都有了大转变。

对于所有焊道的无损检测是最重要的管控环节，每一道焊口的检测结果都组织检测单位、监理、第四方检测单位和国外咨询专家进行复评，评定覆盖率达到 360%。中俄东线把质量管控作为重中之重严抓细管，获得集团公司质量量化审核优秀级，且得分是量化评审以来的最高分。

3. 建立关联数据库实现"全数字化移交"

中俄东线全力推进"全数字化移交"工作，在数据融合的基础上，建立关联数据库，进行全过程数据采集，初步实现实体管道与虚拟管道同步建成，推进我国油气管道建设由数字化向智能化转变。

设计数字化实现云端部署，统一标准、统一理念、统一存储、统一移交；采购数字化将物资信息与施工信息建立关联，可快速查询每道焊口的上下游钢管信息或者设备信息；智能工地为施工机组装备配置了数据采集系统，把互联网技术融入施工，实现了实时视频监控和施工数据采集与监视，对施工质量追溯和 HSE 管控发挥了重要作用；施工数据回流将 17 大类施工数据返回设计平台，进行设计—施工—设计的数据校验，自动生成竣工图。

4. 大党建为大工程添动力

中俄东线构建大党建格局，成立联合党工委（由工程参建各方相关人员组成），突出党建引领作用，充分调动各方面的积极性、主动性、创造性，进一步提升联合党工委和项目基层党组织、全线党员干部的政治站位，不断增强学习能力、创新创造能力、落实执行能力，进一步加强党支部的阵地建设，突出团队协调合作能力，创建品牌文化建设，开展好劳动竞赛和主题实践活动，建功能源通道建设。

2018年7月，全国引领性劳动和技能竞赛在中俄东线启动，全线参建员工以"建设智能管道样板、争创国优工程金奖"为己任，掀起了赛安全环保、赛工程质量、赛创新创效、赛计划进度、赛阳光工程的劳动和技能竞赛热潮，全线上下依靠集体智慧，在各个方面不断实现新的突破，为促进创新驱动发展、加快产业转型升级、推动重大项目建设、加强生态环境保护、深化开放合作共赢等发挥了积极作用。

2019年4月25日，在中国能源化学地质工会全国委员会召开的"中国梦 劳动美"——与共和国共成长、与新时代齐奋进，庆祝"五一"国际劳动节主题活动上，中俄东线天然气管道工程项目部第一项目管理分部被中华全国总工会授予全国工人先锋号；10月27日，中国能源化学地质工会、中华全国总工会文工团对中俄东线天然气管道工程（北段）及互联互通工程建设先进单位和个人进行了表彰，其中，中俄东线项目部经理罗志立获得"铁人奖章"荣誉称号。

2021年12月，中国施工企业管理协会授予中俄东线天然气管道工程（黑河—长岭）"国家优质工程金奖"（图6-13）。

图6-13 中俄东线天然气管道工程获"国家优质工程金奖"

二、运营管理模式创新

中俄东线北段智能管道建设对标国际先进管道公司，积极探索站场无人值守、管道天空地一体化管理新模式，为生产运行和管道管理提供了有力的技术支撑，助力公司区域化管理和降本增效，打造了"哈尔滨新模式"。

（一）运行管理优化探索

结合中俄东线智能化建设特点，从生产技术、实践做法、管控模式、组织机构等方面持续探索，对生产运行、管道管理等核心业务不断进行优化。

1. 生产运行方式转变

以提高管道自控水平和核心控制系统国产化为核心抓手，深入推进压缩机组及其辅助系统一键启停、自动分输、计量交接电子化和关键设备远程监测诊断等系列智能运行技术，探索站场无人值守运行模式，显著提高生产效率、降低经营成本、提升管控能力，助力于区域化建设，如图6-14所示。

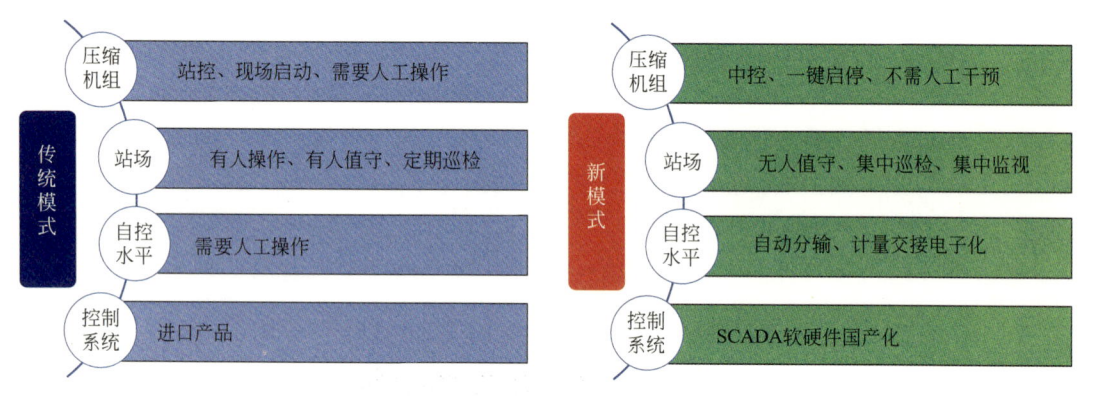

传统模式		新模式	
压缩机组	站控、现场启动、需要人工操作	压缩机组	中控、一键启停、不需人工干预
站场	有人操作、有人值守、定期巡检	站场	无人值守、集中巡检、集中监视
自控水平	需要人工操作	自控水平	自动分输、计量交接电子化
控制系统	进口产品	控制系统	SCADA软硬件国产化

图6-14 生产运行方式转变

1）压气站控制技术实现里程碑式转变

以往压气站启停站操作受压气站场工艺流程不能自动导通、站控系统与压缩机控制系统通信不稳定、辅助系统孤立控制等多项技术局限，不能实现远程一键启停。中俄东线组织优势力量进行科技攻关，优化压气站控制技术，对站控系统和压缩机控制系统整合优化，在核心控制系统SCADA软硬件成套国产化的基础上，实现了远程一键启停站，该技术可提高调度工作效率80%左右（国家管网调度中心提供数据）。

压气站远程一键启停站控制技术，实现了以往启停站耗时从10人1h到1人1min的历史性转变。国产新技术的推广应用，在提高压气站安全性的同时，显著降低了运营成本。

压气站远程一键启停站控制技术实现了国内四项创新突破，首次实现了国产压缩机组一键启停机、压气站一键启停站；首次实现了压缩机组控制系统、站控系统成套国产化应用；首次实现了压缩机组控制系统与站控系统高度融合；首次在站控系统实现了压缩机负荷分配控制。

2）探索无人站管理新模式

中俄东线建设过程中，对工艺系统、自控系统、工控系统安全及远程维护、站场风险管控等方面开展技术创新探索，站场智能巡检技术应用实现巡检模式智能化，激光可燃气体监测技术应用实现天然气泄漏PPM级全天候预警监测，周界安防联动技术实现站场安全防范可控，压缩机组远程一键启停技术为无人站建设奠定了基础，通过多种先进技术融合应用，实现了站场远程控制、集中监视、集中巡检、无人操作、有人值守的天然气站场运行管理新模式，积极总结技术和管理经验，编制并发布了企业标准《天然气管道无人站技术规范》，成为国内第一个无人站建设标准。

2. 管道管理方式转变

深入推进阴极保护远程监控、智能视频（无人机）监控、光纤监测预警、地灾监测预警等系列智能运行技术，探索天、空、地一体化管道管理模式，提高工作效率、降低经营成本、提升管控能力，助力于区域化建设，如图 6-15 所示。

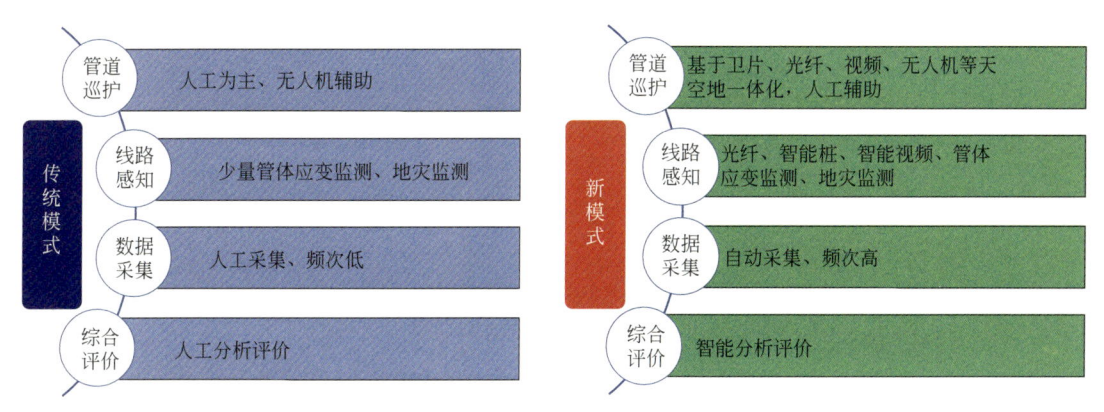

传统模式
- 管道巡护：人工为主、无人机辅助
- 线路感知：少量管体应变监测、地灾监测
- 数据采集：人工采集、频次低
- 综合评价：人工分析评价

新模式
- 管道巡护：基于卫片、光纤、视频、无人机等天空地一体化，人工辅助
- 线路感知：光纤、智能桩、智能视频、管体应变监测、地灾监测
- 数据采集：自动采集、频次高
- 综合评价：智能分析评价

图 6-15　管道管理方式转变

1）阴极保护实现全线实时远程监控

中俄东线将无需人工测量电位，实现了管道管理人员由现场测试电位到远程查看分析数据的工作方式转变，实现了远程调整恒电位仪运行参数和采集频率，解决了恶劣天气和环境下无法现场测试的问题，更减小了现场测试带来的安全风险。

阴极保护远程监控系统自动将数据上传至 IMS（资产完整性管理系统），减轻了基层工作人员繁琐的数据记录、上报与审核工作。通过自动采集系统消除了人工测量产生的误差，并且采集数据量大幅增加，有利于对数据综合分析。

阴极保护远程监控系统可实现阴极保护的专业化管理，有利于及时发现问题、及时通知、及时解决。实现了阴极保护大数据的积累，可以对不同时期数据进行对比分析，使数据价值最大化。

2）管道风险实时可控

结合油气行业特点，形成了具有完全自主知识产权的视频智能识别技术（包括从标记、训练到部署应用的一整套技术），目前已训练了 46 种成熟算法，适用于建设期、运营期和"两高"地区的安全智能化管控，目前识别准确率在 97.4%，在保障安全前提下提高效率，同时解决了市面其他 AI 公司简单算法存在的高误报警、接口不开放等问题。中俄东线视频智能监控系统与光纤预警系统协同预防第三方风险，通过智能识别与报警，可实现全天候防控。

管道本体及地质灾害监测技术对于预防土体移动给管道带来的附加应力风险效果显著，通过地表位移、深部位移、管体应力层层递进监测和预警，在"突发性"地质灾害孕育期有效识别防范，使风险可控。

通过光纤泄漏监测技术，实时发现管道裸露和气体泄漏风险，有效保障抢险时间，避免事态进一步发展，最大限度降低失效后果和影响。

3）探索"天、空、地"管理新模式

中俄东线建设过程中，在管道沿线布置了基于不同应用的智能感知技术，形成了面向管道本体安全的实时泛在感知能力，通过对新技术探索应用，不远的将来将形成基于卫星图片、航拍影像、光纤预警、地灾预警、视频监控、阴极保护监控、人工辅助的"天、空、地"管理新模式。通过智能管道建设，初步实现了资产数字化、可视化、智能化管理，提高了工作效率，降低了运营成本和安全风险，保障了中俄东线实现本质安全和卓越运营。

3. 作业模式方式转变

（1）管道动态风险智能评价。

基于多源数据融合挖掘分析应用的管道动态风险智能评价技术，集成建设期数据、检测数据、维护数据及智能阴极保护、气象与地质灾害、光纤预警、视频智能识别等实时感知数据，减少人为录入数据周期长、人为主观评价因素的影响，可随时自动出具评价报告且数据准确、及时，实现管道风险的动态智能评价，不受人员岗位调整的影响，且对新人起到培训提升效果。

（2）管道防腐层智能评价。

基于多源数据融合挖掘分析应用的管道防腐层智能评价技术，集成建设期数据、智能阴极保护桩采集的 ON/OFF 电位、交流电压、交直流电流密度、恒电位仪输出电压、电流等数据，可实现基于智能阴保桩的管道防腐层性能实时自动评价，可改变常规的管道防腐层全面外检测做法，有针对性地开展检测工作，节省大量人力、物力和时间。

（3）计量系统融合诊断与智能化管理。

基于多源数据融合挖掘分析应用的计量系统融合诊断与智能化管理技术，基于 SCADA 系统实时数据，融合计量诊断数据及视频智能识别数据，集成了遵循 AGA 标准的管存计算模块，结合内置的知识库诊断规则及专家经验，通过计量设备实时数据及历史数据分析，准确识别计量系统异常状态并及时预警，很好控制输差，把住秤杆子，实现了计量设备远程在线集中管理。

（4）仪表通信设备远程诊断。

基于多源数据融合挖掘分析应用的仪表通信设备远程诊断技术，可快速实现对自控类设备故障进行远程诊断并精确定位，对非硬件类设备故障实现远程维护和升级，减少不必要的现场检查和维护，维检修工作效率提高 50% 以上。

（5）站场智能安防、智慧工地及视频智能识别技术，解决了长输管道点多线长、地广人稀下的现场巡检、作业监护难的问题，且实现了黑屏管理，多层级减少用人、提高效率、降低成本。

（6）一键启停技术可提高调度工作效率 80% 左右。

（7）智能化技术使哈尔滨分公司实现无人站管理，站场值班室不再设运行值守人员；设分公司运营中心，实现"集中监视、集中巡检、集中维修"的运行模式。

（二）国际一流运营管理模式探索

国家管网北方管道公司哈尔滨分公司负责中俄东线黑龙江省境内管道的运营管理，是俄罗斯天然气进入中国后的第一棒。为适应管道智能化管控需要，以哈尔滨分公司为试点，对标国际先进管道公司，引入职能共享及建设服务支持体系等先进理念，推行精简高效的管理模式，着力打造智能管道示范企业。一方面，聚焦管理效率提升，优化劳动组织，实施"大部制"机关管理，推行精简作业区基层管理，实施远程+现场技术服务支持，站场实现远程控制、集中监视、集中巡检、无人操作、有人值守，达到国际领先水平。另一方面，聚焦素质能力提升，优化队伍结构，取消操作岗位，打破员工身份界限，畅通发展通道，全面打造复合型管理及技术人才队伍，助力公司区域化管理和降本增效，打造了"哈尔滨新模式"。

1. 组织方面

（1）哈尔滨分公司组织架构采用大部制模式，较传统科室模式设置精简45%；通过精简作业区，较现有作业区模式精简50%，如图6-16所示。

图 6-16　哈尔滨分公司组织架构精简

（2）人均管理管道里程10.43km，达到国际先进管道公司管理水平；较管道公司输气单位4.41km/人的平均水平提升136%。

2. 成本方面

哈尔滨分公司现有员工较设计定编精简60%，每年可节约人工成本2000余万元。

3. 效益方面

（1）中俄东线北段智能化建设产生经济效益估算近3000万元。

（2）2020年哈尔滨分公司全员劳动生产率较北方管道公司平均劳动生产率提升390%。待管道输量达产后，效益将更加明显。

4. 安全方面

（1）预警级别激光可燃气体检测、光纤测温监测预警、光纤振动监测预警、工控网络安全等技术应用，极大提高了管道本质安全水平。

（2）SCADA系统软硬件成套国产化，打破了油气长输管道调控系统长期依赖国外技术的垄断局面，解决了卡脖子问题，能源安全问题得到极大保障。

（3）结合油气行业特点，形成了具有完全自主知识产权的视频智能识别技术，目前已训练了46种成熟算法，适用于建设期、运营期和"两高"地区的安全智能化管控，目前识别准确率在97.4%，在保障安全的前提下提高效率，同时解决了市面其他AI公司简单算法存在的高误报警、接口不开放等问题。

三、智能制造成熟度评估

中俄东线参照《智能制造能力成熟度模型》（GB/T 39116—2020）和《智能制造能力成熟度评估方法》（GB/T 39117—2020）两项国家标准，对中俄东线北段智能管道成熟度等级进行评估。

成熟度等级评估域包含人员、技术、资源和制造四个能力要素，按照标准评估，中俄东线北段智能管道四个能力要素的得分分别为5、5、4.83、4.62，成熟度等级评估总得分为4.72，成熟度等级评定为四级（优化级），接近五级（引领级）（表6-5）。

表6-5 各评估域（子域）成熟度得分

能力要素	能力要素得分	能力域	能力域得分	能力子域	能力子域得分
人员	5	组织战略	5	组织战略	5
		人员技能	5	人员技能	5
技术	5	数据应用	5	数据应用	5
		集成	5	集成	5
		信息安全	5	信息安全	5
资源	4.83	装备	4.75	装备	4.75
		网络	5	网络	5
制造	4.62	设计	5	工艺设计	5
		生产	4.40	采购	4.5
				计划与调度	4.75
				生产作业	4.5
				设备管理	3.25
				安全环保	4.5
				仓储配送	4.93

续表

能力要素	能力要素得分	能力域	能力域得分	能力子域	能力子域得分
制造	4.62	生产	4.40	能源管理	4.5
		物流	5	物流	5
		销售	5	销售	5
		服务	5	客户服务	5
合计	4.72				

第三节 成果和奖项

通过中俄东线天然气管道工程试点建设智能管道，各专业共发表论文92篇、标准39项、专利7项、软著5项、成果鉴定2项、获奖3项，逐步建立技术知识体系，如图6-17所示。

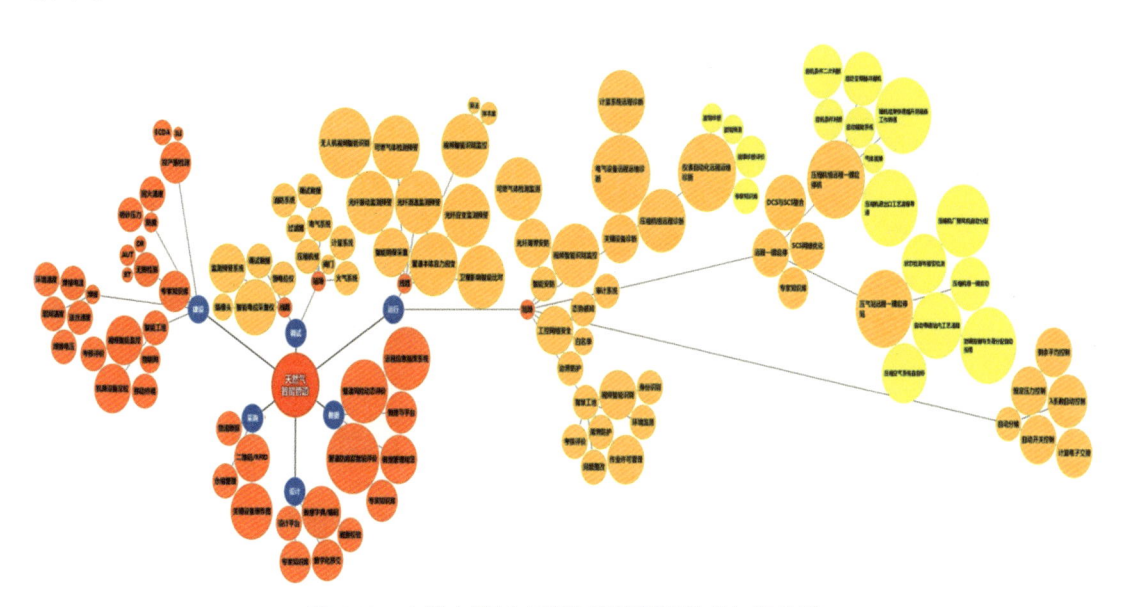

图6-17 中俄东线试点建设智能管道技术知识体系

《油气管道安全风险视频智能识别技术》通过了中国石油和化学工业联合会组织的科技成果鉴定，成果总体水平达到国内领先，部分达到国际先进；《中俄东线天然气管道建设及运行关键技术研究与应用》通过了中国石油和化学工业联合会组织的科技成果鉴定，成果总体水平达到国际先进水平，其中管道环焊缝强度理论研究达到国际领先水平，如图6-18所示。

图 6-18 取得的知识产权

中俄东线（黑河—长岭段）试点建设的基于新一代信息技术远程运维智能新模式荣获2018年度河北省"智能制造标杆企业"称号，见图6-19。

《中俄东线天然气管道建设及运行关键技术研究与应用》荣获2021年度中国石油和化学工业联合会科学技术奖——科技进步一等奖，见图6-19。

中俄东线（黑河—永清段）"管道智能在线检测"荣获2021年度国家工业和信息化部、国家发展和改革委员会、财政部、国家市场监督管理总局的智能制造优秀场景示范。

中俄东线天然气管道工程荣获2020—2021年度"国家优质工程金奖"（图6-13）。

图6-19 取得的成果荣誉

参考文献

[1] 中国石油管道公司. 气脉：中俄东线天然气管道工程北段建设纪实 [M]. 北京：中国工人出版社，2019，3.

[2] 黄泽俊，高顺华，王世君. 我国天然气管道核心装备国产化进程及应用展望 [J]. 天然气工业，2014，34（7）：1-6.

[3] 王振声，董红军，张世斌，等. 天然气管道压气站一键启停站控制技术 [J]. 油气储运，2019，38（9）：1029-1034.

[4] 杨云兰，邹峰，黄冬，等. 12.6MPa、DN1550快开盲板的研制与应用 [J]. 油气储运，2016，35（8）：843-848.

[5] 李柏松，杨晓峥，苏建峰，等. 2500kW级管道输油泵的国产化研制及应用 [J]. 油气储运，2017，36（8）：943-947.

[6] 姜绪彪. 长输管道多工况输油泵国产化应用研究 [J]. 流体机械，2015（5）：50-55.

第七章 展望

2015年，国家发布《关于推进"互联网+"智能能源发展的指导意见》。2017年，以"全数字化移交、全智能化运营、全业务覆盖、全生命周期管理"为目标的油气管道智能化建设全面启动，建成后将具备全方位感知、综合性预判、一体化管控、自适应优化能力。通过中俄东线智能管道试点建设，管道（站场）数字孪生体、实时泛在感知系统、核心控制系统软硬件成套国产化等关键领域创新实践取得新进展，智能管道建设初见成效，但距离智慧管网建设目标尚有一定差距，未来还要面临许多问题，有些问题甚至是当前面临的关键技术难题。集团公司重大科技专项《智慧管网建设运行关键技术研究与应用》从管道数字孪生体构建与应用技术、油气管道线路及站场感知技术、油气管道线路大数据分析与应用、油气管道站场关键设备大数据分析与应用、智慧管网知识网络构建与综合决策技术、智慧管网关键技术标准、智慧管网建设方案优化等七个课题着力攻关关键技术难题。

第一节 智能管道／智慧管网面临的若干关键问题

以CPS技术为核心的工业4.0方兴未艾，世界各国油气管道和我国油气管道智能化建设正处于起步阶段。据Gartner公司发布的新兴技术趋势报告，概括未来5～10年的三方面技术趋势：泛在的人工智能、透明化身临其境的体验、数字化平台。油气管道具有点多、线长、面广特点，在智能化／智慧化建设过程中，必然面临若干需解决的关键性问题。

一、在感知层需要解决的关键问题

如何确定管道全方位感知的内涵，具体来说即感知信息广度和深度、感知设备的最优配置方案（包括但不限于其最佳配置数量及配置位置）等。管道全方位感知应包括管道系统输送业务的所有关键环节，即上游交接点、运输各节点、下游交接点环节的信息全面采集。感知设备的最优配置方案，是典型的有约束优化问题，即以现有的法律、标准为约束，实现投资、损失及收益曲线的最优化。感知设备的配置数量越多，投资及维护成本越高，发生损失概率越小，损失成本越小，如图 7-1 所示。但需注意的是，以损失成本及投资维护成本简单加和为目标函数，除做建设维护投资与损失成本对用户同等重要的隐含性假设，也客观上要求我们具备准确表达目标函数与设备配置程度函数关系的能力，而这两者在实践中都有一定的困难。

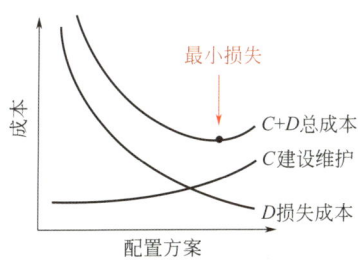

图 7-1　最佳配置方案

如何保证数据传输安全性的问题。站场和管道线路上不同类型的数据将通过管道专用光纤、物联网、其他专用网络（如设备专网）、第三方提供的通信系统（卫星通信、wireless 等）等进行传递，涉及外网、内网和工控网之间的数据传递，汇总后用于分析。数据类型的不同，使用不同的通信协议、现场条件的不同（如部分地区不具备移动网络的部署条件），对数据传输的要求必然是不一致的，数据传输的安全性将是一个严峻挑战。

二、在数据层需要解决的关键问题

（1）数据融合互联互通的问题。众多的感知系统和各统建系统，因由不同单位在不同时间进行开发，所采用的技术路线及数据架构完全不同，数据标准不一致，导致各系统间没有完全达到互融互通，影响数据传输及共享。

（2）数据存储管理的问题。基于油气管道本身特点，种类繁多的感知数据和挖掘分析产生的数据存储与管理涉及数据中心、分数据中心、灾备中心的建设，需要考虑分散存储、分布使用和集中存储、整合使用的关系，做到满足数据安全，提供快速、灵活的共享服务，是非常复杂的系统性问题。

三、在应用层需解决的关键技术问题

（1）如何实现管网全局全时段优化运行问题。在满足安全约束的前提下管输效益最大化是关键的技术挑战之一，其技术难度在于以下三个方面：一是管网本身的拓扑复杂程度；二是大型混合整数非线性规划难题的可解性和求解效率；三是如何将工程、管理技术要求转换为适宜的优化方程。优化方案在技术上是有必要条件的，如管输收益、管输成本、特别是能耗成本，其计算模型与真实数值之间的误差，必须显著低于优化模型本身的准确度。解决上述技术问题的可行思路之一是分层，通过分层，可将大型管网分解成若干区域性管网，这种做法将能直接解决管网拓扑、可解性和效率的问题。但新的问题是如何将分层中的各个关键点的数值（或约束）求解出来。

（2）如何发挥人工智能、大数据等技术合力和协同作用的问题。目前电力、物流、电商等相关行业人工智能、大数据技术应用已经达到较深的程度,油气管道目前也有很多监测和诊断技术,但目前各技术发挥合力和协同作用仍然相对较少。应以业务需求为导向,将相关技术整合,通过人工智能、大数据挖掘分析、数字孪生技术等,实现智能管道建设目标。

第二节　智能管道/智慧管网发展方向

中国油气长输管道行业在近半个世纪的发展历程中,经历了自动化、信息化、数字化阶段,即将进入智能时代。通过新一代信息技术与工业技术的深度融合,智能管道通过数字孪生体等技术可实现虚拟与现实的连接和交互,能够更加精确地模拟、监测、诊断、预测实体管道在现实环境中的真实状态和行为,将对油气管道建设运营产生深远影响!

中俄东线作为智能管道建设先行者,面向设计、制造、施工、运营各阶段,应用物联网、大数据、云计算、人工智能等先进技术,构建管道数字孪生体,实现虚拟管道与现实管道"同生共长",实现管道全生命周期管理,全面提升管道本质安全水平。随着智能管道建设持续深入推进,将实现复杂天然气管网的资源和市场自动匹配、效率和效益最佳组合的优化运行,实现管道卓越运营,完成数字管道向智能管道、智慧管网的转变。

根据我国《中长期油气管网规划》要求,加快构建"衔接上下游、沟通东西部、贯通南北方"的油气管网体系,推动各类主体、不同气源之间天然气管道实现互联互通,推进油气管道网销分开,放开管网建设等竞争性业务,引入更多的社会资本投资建设。

国家管网公司负责全国油气干线管道、部分储气调峰设施的投资建设,负责干线管道互联互通及与社会管道联通,负责原油、成品油、天然气的管道输送,统一负责全国油气干线管网运行调度,形成"X+1+X"的"全国一张网"管理模式,通过引入竞争机制,把管网公司建设成"输送平台、交易平台、信息平台、融资平台、创新平台、共生平台"。这将对实现能源安全新战略、深化油气体制改革、提高油气资源配置效率、促进油气行业高质量发展、保障国家能源安全、更好地为经济社会发展服务具有重要意义和深远影响。

无论从国家的机制体制改革、政府的法律法规要求,还是企业的资产规模扩大、管理提升需求升高,再加之信息技术、工业技术的不断进步,所有的内外部条件都催生了管道的智能化/智慧化建设、应用和推广。

通过智能管道/智慧管网建设,着力解决好"全国一张网"与上、下游"X"的衔接匹配,定期向社会公开剩余管输和储存能力,实现基础设施向所有符合条件的用户公平开放;着力解决好在全国范围内进行油气资源调配,提高油气资源的配置效率,保障油气能源安全稳定供应;着力解决好减少重复投资和管道资源浪费,加快管网建设,提升油气运输能力;着力解决好激发市场活力,降低终端用户用气成本,从而更好为经济社会发展服务;着力解决好风险预测预警可控,管道安全平稳运行,保障管道沿线人民群众生命财产安全。打造"创新、协调、绿色、开放、共享"的智能管道/智慧管网。

国家管网公司致力于打造"数字国家管网",大力推进数字化体系建设,加快推动物联网、人工智能等新兴技术与管网业务融合应用，不断加速公司数字化和智能化转型升级。未来，油气管网的数字基建将更加完善，管道全生命周期综合信息的互联共享与大数据分析能力将得以充分释放，管网的全方位感知、综合性预判、一体化管控、自适应优化能力也将得到更大提升。

与此同时，中国管道的技术与管理水平还参差不齐，要实现全面智能化升级还有相当长的路要走。管道智能时代的大幕已经开启，把握、利用好智能管道与智慧管网建设的重要窗口期与先发优势，引领、带动管道行业的技术进步与管理升级，这也是打造中俄东线智能管道样板工程的核心要义与使命担当。

参考文献

[1] 曾世辉，廖昆生，原虎军．油气管道及储运设施安全保障技术发展现状及展望[J]．石化技术，2019，26（9）：217，219．

[2] 黄维和，郑洪龙，王婷．我国油气管道建设运行管理技术及发展展望[J]．油气储运，2014，33（12）：1259-1262．

[3] 郑洪龙，黄维和．油气管道及储运设施安全保障技术发展现状及展望[J]．油气储运，2017，36（1）：1-7．

[4] 徐建辉，聂中文，蔡珂．基于物联网和大数据的全生命周期智慧管网实施构想[J]．油气田地面工程，2018，37（12）：6-13．

[5] 李海润．智慧管网技术现状及发展趋势[J]．天然气与石油，2018，36（2）：129-132．